中国四大盆地小麦丰产栽培

石书兵　谢德庆　李生荣 / 主编

中国农业科学技术出版社

图书在版编目（CIP）数据

中国四大盆地小麦丰产栽培／石书兵，谢德庆，李生荣主编 . —北京：
中国农业科学技术出版社，2017.1
ISBN 978 - 7 - 5116 - 2820 - 6

Ⅰ . ①中… Ⅱ . ①石…②谢…③李… Ⅲ . ①小麦 – 栽培技术 – 中国
Ⅳ . ①S512. 1

中国版本图书馆 CIP 数据核字（2016）第 269475 号

| 责任编辑 | 于建慧 |
| 责任校对 | 马广洋 |

出 版 者	中国农业科学技术出版社
	北京市海淀区中关村南大街 12 号　邮编：100081
电　　话	（010）82109708（编辑室）　　（010）82109702（发行部）
	（010）82109709（读者服务部）
传　　真	（010）82106650
网　　址	http：//www. castp. cn
经 销 者	各地新华书店
印 刷 者	北京富泰印刷有限责任公司
开　　本	710mm ×1 000mm　1/16
印　　张	19.25
字　　数	345 千字
版　　次	2017 年 1 月第 1 版　2017 年 1 月第 1 次印刷
定　　价	60.00 元

欧俊梅（绵阳市农业科学研究院）

宋勤璟（新疆农业大学农学院）

陶　军（绵阳市农业科学研究院）

魏有海（青海省农林科学院植物保护研究所）

吴全忠（塔里木大学植物科学学院）

伍　玲（四川省农业科学院作物研究所）

杨卫君（新疆农业大学农学院）

叶景秀（青海省农林科学院作物育种栽培研究所）

于月华（新疆农业大学农学院）

翟西均（青海省海西州种子站）

张俭录（都兰县农业技术推广中心）

张金汕（新疆农业大学农学院）

前言

　　小麦的栽培面积和总产量均居世界各作物之首，中国各地均有小麦种植。其中，以四大盆地为代表的区域，在品种选用、栽培技术和优质丰产等方面各具特色，在全国小麦生产中占有重要地位。

　　塔里木盆地是中国最大的内陆盆地，其西部地区远在3 000多年前就已有小麦栽培历史，同时也是小麦亚种和变种最多的地区之一，占中国小麦变种总数的43%左右。塔里木盆地边缘的绿洲带，因沙泥沉积而形成扇状平原的大小绿洲达100多个，这些地区光热资源丰富，灌溉农业发达，盛产小麦、玉米等作物，对新疆农业、经济和社会生态起着极其重要的作用。准噶尔盆地是仅次于塔里木盆地的中国第二大盆地，其边缘为山麓绿洲，盛产小麦、棉花，其南缘冲积扇状平原广阔，是新垦农业区，受冰川和融雪水补给，水量变化稳定，农业发达。柴达木盆地是中国面积最大，海拔最高的盆地。其四周高山环绕，地理生态环境复杂。盆地南北边缘区广泛分布洪积扇和洪积倾斜平原，由于得天独厚的自然生态条件，使其成为中国农作物著名的高产地区之一。20世纪50年代开始，随着香日德农场、格尔木农场、德令哈农场、诺木洪农场等一批国有农场的相继建立，柴达木盆地农业耕地得到较大扩展，多次创下中国乃至世界小麦高产纪录。"中国春小麦的高产产区在青藏高原，而青藏高原的高产地区在青海的柴达木盆地"。四川盆地是中国日照时数最少的地区之一，盆地中土壤疏松、肥沃，灌溉便利，农业十分发达，是中国重要的小麦主产区之一，占全国小麦总产量的5%左右，对四川及中国的粮食生产有举足轻重的作用。

　　《中国四大盆地小麦丰产栽培》的编委会成员包括国内多所大学及科研机构的专家学者、科研人员。前期以集体研究、讨论的形式确定了写作提纲并明确了写作分工，后期通过组织交流、会议研讨等形式对各章节的具体内容进行了修改及确认。本书以塔里木盆地、准噶尔盆地、柴达木盆地和四川盆地为对象，阐述了小麦在中国绿洲种植区域的生长发育规律和生理过程，介绍了它们在中国绿洲不同区域中的种植制度和栽培技术。全书共4篇，分别对塔里木盆地小麦丰产栽培，准噶尔盆地小麦丰产栽培，柴达木盆地小麦丰产栽培，四川盆地小麦丰产栽培等进行了论述。编写期间，编委会组织全体成员对中国四大盆地小麦生产进行了实地考察及研究，以确保本书内容的科学性、翔实性、实用性及可操作性。

本书是在中国农业科学院作物科学研究所曹广才先生的倡导下，由新疆农业大学农学院、青海省农林科学院作物育种栽培研究所、四川省绵阳市农业科学研究院、塔里木大学植物科学学院共同组织于 2014 年下半年开始，经相关领域学者和专家多次酝酿和讨论，确定了《中国四大盆地小麦丰产栽培》一书编写工作。2015 年 9 月，组织科研院所和高等院校有关专家召开本书编写会议，制定了编写计划和详细的编写提纲；2016 年 6 月，进行了由全体编委参加的集体审稿工作，完成了全书的编写、审稿、统稿和定稿工作。

本书是集体共同编著的科技专著，在统稿过程中力求全书体例的统一，编写上注重理论联系实际，强调实用性和可操作性，文字表达上力求简练，内容上深入浅出，结构确保系统完整。希望本书对中国小麦产业发展起到积极作用。

本书参考文献按篇编排，国内文献以作者姓名拼音字母顺序排列，国外文献以作者姓名英文字母顺序排列，同一作者的文献则按发表或出版年代先后为序。

在本书编写过程中参考了大量文献和数据资料，并汇聚了众多研究人员的科研成果，是集体智慧的结晶，在此对相关作者和编者表示感谢。本书编写和出版是在中国农业科学院作物科学研究所曹广才先生全面悉心指导下，在全体编者和中国农业科学技术出版社编辑人员共同努力下完成的成果，并得到了参编者所在单位的大力支持，在此表示衷心感谢。

本书面向广大农业科技工作者，也可作为农业院校相关专业师生的参考用书。

不当之处，敬请同行专家和读者指正。

石书兵

2016 年 9 月

目录

柴达木盆地篇

四川盆地篇

塔里木盆地篇

第一章　塔里木盆地自然条件和绿洲农业

第一节　自然条件

塔里木盆地位于新疆维吾尔自治区（以下简称新疆）南部，在天山与昆仑山、阿尔金山之间。东西长 1 400km，南北宽约 550km，面积 56 万 km²，为中国最大的内陆盆地。塔克拉玛干沙漠位于塔里木盆地中心，大沙漠东西绵延1 000km，南北宽约400km，面积 33.76 万 km²，是大型封闭性山间盆地。四周高山海拔 4 000～6 000m，盆地中部海拔 1 100～1 300m，地势西高东低，并稍微向北斜。地势的最低点是位于盆地东端的罗布泊洼地，海拔 781m。边界受东西向和北西向深大断裂控制，成为不规则的菱形，并在东部以 70km 宽的通道与河西走廊相接。

由于天山、昆仑山阻隔了印度洋和西太平洋暖湿气流的进入，所以降水量少，气候变化大。夏季炎热少雨，沙面温度高达 70～80℃。冬季异常寒冷，气温经常在 -25～-20℃，最低气温可达 -50℃。春季多风，平均每月大风4～5 次。风速常在 5m/s 以上，风沙危害严重。

塔里木盆地四周的高山阻隔了海洋性湿润气流，造成流域内气候极端干旱，盆地西北部山前平原区多年平均降水量为 50～70mm，东、南部山前平原为 16～32mm，降水多集中在 6—8 月，占全年降水量的 50%～60%，年蒸发量 1 000～2 000mm，为降水量的 10～40 倍。盆地内部的塔克拉玛干沙漠区，年平均降水量多为 25～50mm，北部为 50mm，南部 25mm，东部 15mm，沙漠腹心地区在 10mm 以下，年平均蒸发量在 2 100～3 400mm，塔中地区年蒸发量则高达 3 700mm，干旱控制着整个盆地，干旱指数达（60～140）∶1，太阳总辐射约 628kJ·cm⁻²，年日照 2 655h，日照百分率 60%，平原区≥10℃积温4 244.3℃，年均温 11.6℃，无霜期 190d 左右。

张山清等（2013）利用新疆 101 个气象站 1961—2010 年的逐月日照时数资料，使用线性趋势分析、Mann-Kendall 检测以及基于 ArcGIS 的混合插值法对春、夏、秋、冬四季和年日照时数的变化趋势、突变特征以及日照时数多年平均值和突变前后变化量的空间分布进行了分析。结果表明，塔里木盆地春季日照时数为：巴音郭楞蒙古自治州东北部为 750～800h；阿克苏地区大部以及巴音郭楞蒙古自治州东、南部为 700～750h；"南疆三地州"的喀什、和田和克孜勒苏州春季日照时数较少，只有 600～700h。夏季是新疆日照时数最多的季节，全疆平均为 899h，其空间分布总体呈现"北疆多，南疆少，东部多、西部少，平原和盆地多，山区少"的格局。南疆大部为 700～900h，塔里木盆地南缘和天山、昆仑山山区夏季日照时数较少，一般在 700h 以下。新疆秋季平均日照时数为 696.3h，其空间分布总体呈现"由东南向西北递减"的格局，南疆的巴音郭楞蒙古自治州东南部、和田地区东部秋季日照时数较多，为 750～840h；南疆的其余大部为 700～750h。冬季是新疆日照时数最少的季节，全疆平均 509.9h，其空间分布总体呈现"东部多，西部少"的格局，南疆的巴音郭楞蒙古自治州东部和南部、和田地区大部冬季日照时数较多，为 550～700h；南疆的其余大部以及天山山区为 450～550h。

新疆平均年日照时为 2 868.1h。受四季日照时数空间分布的影响，年日照时数空间分布呈现"东部多，西部少；平原和盆地多，山区少"的格局。南疆东部年日照时数较多为 2 900～3 450h；南疆的其余大部为 2 700～2 900h；天山和昆仑山山区年日照时数较少，一般不足 2 700h。

2000 年马志福等人研究发现，塔里木盆地冬季（1 月）平均气温随着地理经度、纬度、海拔高度的增加而递减。其中，地理纬度每增加 1°，温度递减 0.5℃；经度增加 1°，温度递减 0.2℃；海拔高度每增加 100m，温度降低 0.3℃。夏季（7 月）平均气温只随着地理纬度、海拔高度的变化而变化，纬度增加 1°，温度降低 0.6℃；海拔高度每增加 100m，温度降低 0.6℃。

第二节　塔里木盆地绿洲农业

一、塔里木绿洲的形成和演变

（一）塔里木绿洲的形成

1. 绿洲的类型

（1）按绿洲形成的历史划分

古绿洲：即形成最早，以后由于各种原因放弃，大部分已沦为沙漠、戈壁、风蚀地和盐碱滩，但有遗址存在，多分布在河流下游尾端。

旧绿洲：形成时间较早，到 20 世纪 40 年代还存在并一直延续至今，习惯上也称为"旧灌区"，多分布在河流出山后形成的冲积扇及冲积平原上段。

新绿洲：是新中国成立后兴修水利开荒造田扩大耕地面积发展起来的绿洲，习惯上也称"新灌区"，多分布在旧绿洲外围和边缘，位于冲积扇外缘及冲积平原中下段。

（2）按绿洲所处地貌类型划分

河谷绿洲：处山间谷地，水土条件具优，基本农田主要分布在河流阶地上。

冲积扇绿洲：处河流出山后形成的冲积扇上。由于河流水量多少不同，其所形成的绿洲大小也不一样，由于引水较方便，水源稳定，多是旧绿洲的主体部分。

冲积平原绿洲：受河流侧渗影响，沿河两岸多形成一定宽度的地下水淡化带，绿洲农田多分布于此。其上段多是旧绿洲，中、下段多为新绿洲。

河流尾端绿洲：位于中、小河流及较大河流的汊流尾端，地貌类型为散流干三角洲。古代引水开垦条件较好，有很多古绿洲分布。现也有旧绿洲，但引水灌溉条件差，受风沙威胁大或盐渍化重。

2. 绿洲形成因素

（1）自然因素

水文：在无灌溉即无农业的干旱区，它决定着绿洲的分布和范围，绿洲的兴衰与水量和河道变化密切相关，断水往往是绿洲衰亡的根本原因。

地貌：制约着引水的难易，在不同的生产水平下于不同的地貌类型上形成不同的绿洲。

土壤：影响开垦利用，很多古代绿洲分布在沙漠腹地，此处土壤盐渍化轻，疏松易于开垦。

植被：对绿洲的形成也有间接影响，古代绿洲多分布在河流下游，与这里水草丰茂可兼营畜牧业，胡杨林可起到天然防护作用有关。

（2）社会因素

生产力水平：如水利技术的发展和生产工具的改进，是扩大灌溉面积开垦土地的先决技术条件。

人口增长：西汉时盆地人口仅 23×10^4，到了清末增加到近 180×10^4，1949 年为 309×10^4，1990 年达 721×10^4，因此不扩大绿洲就难以维持人类生活的基本需要。

（二）绿洲的发展和演变规律

1. 绿洲的发展

塔里木盆地古绿洲、旧绿洲和新绿洲在不同地貌类型上的分布格局（图1-1），反映了盆地绿洲发展演变的 3 个不同阶段。

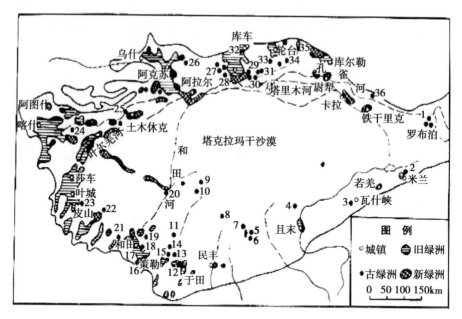

注：古代绿洲：1 楼兰；2 古米兰；3 瓦什峡；4 古且末；5 铁英；6 达乌孜勒克；7 安迪尔；8 尼雅；9 喀拉墩；10 马坚里克；11 丹丹乌里克；12 墨哈斯；13 旧达玛沟；14 乌曾塔提；15 卡纳沁；16 买力克阿瓦提；17 约特干；18 阿克斯比尔；19 热瓦克；20 麻扎塔格；21 藏桂遗址；22 古皮山；23 拉-普；24 达缓城；25 托乎沙赖；26 喀拉玉尔滚；27 大望库木；28 通古孜巴什；29 穷沁；30 黑太沁；31 什加提；32 皮加克；33 黑太尔；34 若果特；35 野云沟；36 营盘

图 1-1　塔里木盆地绿洲分布变化图（樊自立，2001）

（1）下游简易引水阶段　根据历史和考古资料，新疆在 300 多年前就有了原始农业。纪元前后，按《汉书·西域传》记载："西域诸国，大率土著，有城郭田畜，与匈奴、乌孙异俗"。当时除盆地东部都善国（今罗布泊一带）是以牧为主外，其余由土著民族建立的"城郭之国"是以定居农业为主并兼营牧业，多数分布在河流下游。究其原因在自然方面，首先是河流下游三角洲上地形平坦，坡降平缓，河流较多，水网发育，无缺水之虑，也不需要修建大型复杂水利工程，只是人工对自然水流加以疏导，有简易引水工程就可灌溉。其次，三角洲上植被繁茂，土壤肥沃，这由楼兰、尼雅及喀拉墩等遗址附近还保留有大片枯死的胡杨林，在未被风蚀的地表还有厚的腐殖质层及残留密集的草本植物根系可知。胡杨是天然绿色屏障，所以古代建在塔克拉玛干沙漠腹地的绿洲，虽风沙危害严重，但生态并不恶化。草甸植被是良好的四季草场，为兼营牧业创造了条件。社会方面原因，当时生产力水平低下，据《洛阳伽篮记》（公元 530 年）对盆地东南部且末的记载："不知用牛，来耕而田"。在以木制工具为主和手工劳动的时代要想兴修大的水利工程和较大规模开发土地是不可能的。适应生产水平低下，先民们利用河流下游引水方便的有利条件，最早在那里建立绿洲是顺乎自然的。这和古代埃及人在尼罗河下游，巴比伦人在底格里斯河和幼发拉底河下游建立古代文明是一样的。

（2）引水移向山前地带阶段　这一时期水利技术有了很大发展。拦河筑坝已由内地传入塔里木盆地，《水经注·河水篇》（公元512—518年）中记载，敦煌人索迈在楼兰屯田，"横断注宾河"，就是事实。灌区规划设计也相当成熟，如米兰遗址，保留有完整的灌溉渠系，干、支、农渠布局合理，设有总闸和分水闸，两侧引出7条支渠，顺地形脊岭分布，采用双向灌溉集中输水方式，有效控制了全灌区川。修建大型输水渠的技术也已具备，在今沙雅县东发现有长达100km的古渠，其规模和汉代关中的白渠相当。生产工具也有很大改进，在拜城克孜尔千佛洞有两幅西晋时的壁画，一幅是描绘两个人在用力挖地，手握铁锄，宽刃方头，与新疆现广泛使用的"坎土馒"相似，另一幅是二牛抬杠的犁耕图。宽大的铁犁铧与内地发现的汉代铁犁铧相似。可见，铁制工具和牛耕技术在当时已很普遍，水利工程的修建和开垦土地有利于扩大绿洲。

生产力水平提高，可使人们在河流出山口处建坝引水，开挖渠道通过戈壁砾石带，在冲积扇上扩大绿洲。在山前地带修建引水工程水源有保证，能引入灌区的水量多，可开发出更多的土地，以适应人口增长的需要。不像在河流下游，水量经沿途渗漏蒸发越来越少，在绿洲面积不大时可以满足，绿洲要发展扩大就受到限制。另外，还可以多引春水，春水对农业生产至关重要，无春灌播种，就无秋来收获。塔里木盆地河流多依靠冰川和降水补给，径流年内分配不匀，夏季洪水要占60% ~70%，而春水比例只有5% ~15%，按农田用水供需平衡，春水要占到35%才能满足需要，所以春季特别缺水，若绿洲位于河流下游、上游对春水稍加堵截，下游就无法生存。随着山前绿洲不断扩大，引走的春水和总水量增加，输往下游的水量就越少，使下游绿洲灌溉无保证。结果便由山前地带绿洲逐渐取代了河流尾端绿洲。

（3）平原水库调蓄阶段　农业进一步发展，绿洲需要继续扩大，单纯依靠从河道自然引水灌溉已远不能适应需要，就必须修建人工水库对径流进行调节，以拦蓄夏洪和冬闲水进行灌溉。特别是新中国成立以后，盆地人口增长很快，原有绿洲已不能承载新增人口，必须开荒增加耕地。由于农业机械化的发展，使耕地面积扩大速度很快，到1990年全盆地达 $120 \times 10^4 hm^2$ 较1949年增加 $50 \times 10^4 hm^2$。新垦土地的灌溉用水，主要依靠平原水库对径流的调蓄，截至1990年全盆地共修建大中小型水库189座，总库容 $32.0 \times 10^8 m^3$。由于平原水库多是利用冲积扇扇缘带洼地和冲积平原中下部的河滩低地建成，这就决定了依靠水库灌溉的新垦绿洲多位于旧绿洲的外围和边缘，最典型的例子像阿拉尔、卡拉一铁干里克和巴楚小海子等垦区绿洲。新绿洲的特点是以国营农场为主，连片开发，而旧绿洲中多是小片夹荒地，这也促使新绿洲只得在旧绿洲外围和边缘发展。

2. 绿洲演变规律

据考古资料和历史文献记载，早在 10 000 年前的中石器时代，在克里雅河上游就有人类活动，但古代形成的绿洲大多在唐代至宋代废弃，从各个古城年代及所处位置便找出绿洲演变的规律。在天然绿洲状态下，绿洲的演化主要受自然流水河道的限制。同人类社会发展的规律一样，绿洲地区人类最早从事的是狩猎及采集生产，这就要求早期人类选择自然条件优越、水草肥美、野生动物较多的绿洲地区，因此最早的遗址多发现于低山地区有河流的山间盆地中。

汉代以后，随着人类生产技术水平的提高及内地人口的大量迁人，狭小的河谷和山间盆地已经不能满足人类生存的需要，人类活动下移到山前平原地区，出现了农牧交错发展时期。这一时期人类征服自然的能力十分有限，在水资源利用上，尚无能力控制大河水，而以利用流量较小且相对稳定的泉水为主，或利用大河在下游没人沙漠前在河流三角洲上流动分散、缓慢的水流，因此这一时期的人类生活遗址主要分布在各大冲洪积扇泉水滋出带及一些河流的下游地段，它们比现代人类生活区更深入盆地内部，后来多为沙漠掩埋。

唐代以后直至清朝末期，人口迅速增加，生产力水平进一步提高，人类活动区域沿河流向具有更广阔绿洲土地和稳定水源的上游地带转移。到了近代，人口激增，农业生产规模迅速扩大，同时一系列水利设施修建，对水资源的利用程度加大，人类活动范围呈现出向四周放射扩大的趋势，最终形成现代绿洲分布格局。综上所述，随着农业生产由牧业→农牧交错→农业变化和水资源利用从自然时期→小规模利用时期→大规模开发利用时期的变化，绿洲经历了由自然到人工和由低山带→盆地内部→山前平原的转变，从而形成了现代绿洲分布格局，而这种转变都是由于自然和人为作用下水系变化引起的。

3. 绿洲规模

绿洲的分布受着自然条件和经济技术的强烈影响。土地面积的大小和水资源的多少，起着重要作用。以天山为界，天山以南土地面积占新疆土地面积的 71.33%，流域面积占新疆的 62.03%，绿洲面积占新疆的 60.38%，而塔里木盆地绿洲面积（约 103 900km²），占新疆绿洲面积的 53.78%。由于水源量的不同，绿洲分布也大不一样。例如，在塔里木盆地西部和南部（克孜勒苏、喀什、和田）土地面积占塔里木盆地土地面积的 63.09%，绿洲面积只占塔里木盆地绿洲面积的43.04%，而只占土地面积36.91%的阿克苏地区和巴音郭楞州，绿洲面积占塔里木盆地总土地面积的56.96%。见表1-1。

表1-1　塔里木盆地各地州绿洲分布（迪丽拜尔·艾拜都拉，2006）

地区名称	绿洲总面积（km²）	占新疆绿洲面积（%）	占全区绿洲面积（%）
全区	103 900	53.78	100.00
巴音郭楞洲	36 500	18.89	35.09
阿克苏地区	22 700	11.75	21.86
喀什地区	18 200	9.43	17.54
克孜勒苏地区	10 300	5.33	9.87
和田地区	16 200	8.39	15.64

二、塔里木盆地种植业结构

（一）种植业结构转变过程

新疆维吾尔自治区是中国重要的农业大区。塔里木盆地是新疆最重要的农业种植区。改革开放以前，盆地农业发展长期停留在"以粮为纲"的状态，粮食的种植面积占农作物总面积的70%以上。从20世纪80年代起，盆地开始进行多熟制高效种植模式的实践。在稳定粮食产量的同时，加快发展经济作物，使经济作物面积得到扩大，种植业结构由粮食为主的一元结构转变成粮、经二元结构。从90年代开始，盆地农业进行了重大的调整，在"高产、优质、高效"的指导思想下，种植业生产格局从偏重粮食生产转变为注重以棉花为主的经济作物生产，粮食作物的面积逐渐下降，经济作物的面积比例增大。棉花的种植面积从1990年的435.2hm²，增加到2000年的1 012.3hm²，年增长率为13.25%，播种棉花的比例从1990年的14%增加到2000年的29.8%。1990年的棉花的产量不到500 000t，到了1997年冲破了前者两倍，2000年则到了1 500 000t以上。在这一阶段棉花变成了盆地农业的主导地位。

当前塔里木盆地林果业的开拓已经变成了当地各地农民收益的另外一个重大的源泉。特别是中国参与WTO及西部大开发政策落实之后，农业及畜牧业的市场化、国际化历程给塔里木盆地的各行业带来了更多的机会和挑战。从2000年以来，新疆特色林果业快速发展，并且每年以6 678hm²的规模迅速在增长，1997年新疆林果种植面积为220 000hm²，至2007年已经超过了87.77hm²，而且在南疆塔里木盆地就突破了600 000hm²，占全疆耕地面积的26%以上。这样大规模的种植面积，导致塔里木盆地的林果业超速占有整个种植业结构的主体地位。

（二）塔里木盆地主要农作物

粮食作物主要有小麦、水稻、玉米、高粱等。

经济作物有棉花（陆地棉、海岛棉）、油菜、胡麻、秋葵、大豆、油葵、甜菜、小茴香、芝麻、大蒜、西瓜等。

盆地瓜果资源丰富，著名的有库尔勒香梨，阿克苏冰糖心苹果和薄皮核桃，库车白杏，阿图什无花果，叶城石榴，和田玉枣，伽师瓜等。

（三）塔里木盆地作物熟制

1. 一年一熟模式（单作模式）

4月上中旬播种棉花，行距（66±10）cm，10月吐絮收花。或4月上中旬播种玉米，行距40cm，9月底10月初收获。或4月上中旬播种高粱，行距40cm，9月底10月初收获。

2. 一年两熟模式

小麦套种玉米、冬小麦复播地膜玉米、小麦复播水稻，麦棉套种，玉米棉花套种，小麦套种西瓜，棉花套种小茴香，棉花套种芝麻，棉花套种大蒜等一年两收模式。

3. 一年三收模式

秋播冬小麦20行，行距15cm，播幅300cm，预留空行宽180cm，次年5月上旬在预留空行套播晚熟地膜玉米4行，株距23cm，6月下旬小麦收获后，小麦带机械整地铺膜播种8行地膜玉米，株距30cm。一年三收模式小麦产量6 468kg/hm^2，套种玉米产量6 923kg/hm^2，复播玉米产量达到6 140kg/hm^2，一年三收模式玉米产量达到1.3063×10^{4}kg/hm^2，与两熟模式玉米的产量8 736kg/hm^{2}相比，玉米增产4 327kg/hm^2，增产49.4%，三茬合计产粮食1.953×10^{4}kg/hm^2，较小麦复播玉米两熟模式增产2 090kg/hm^2，增产12%。

4. 粮果间作

葡粮间作，杏麦间作，梨麦间作，核桃麦间作，桃麦间作，苹果麦间作，枣麦间作等模式。

5. 果棉间作

枣棉间作，杏棉间作，葡棉间作，核桃棉间作等模式。

6. 农林间作

桑棉间作，粮桑间作，毛渠栽桑，林带及林带边种苜蓿等模式。

三、小麦在农业生产中的地位

小麦是新疆主要的农作物，种植面积占粮食作物总面积的50%以上，产量占粮食总产的41.7%，是保障新疆全区粮食安全的关键。新疆维吾尔自治区党委、政府历来高度重视粮食生产，制定了一系列扶持和促进小麦生产的政策措施，实现了全区小麦总量平衡、自给有余。有了多项倾斜政策扶持，有各级政府的高度重视、农业部门的积极努力，保障了10年来小麦生产总体向好，播种面积、总产稳定提高。

从表1-2可以看出10年来新疆小麦生产呈现3个特点：一是小麦种植面积稳步增加。10年来新疆小麦播种面积稳步增加，由2004年的987.12万亩，增加到2013年的1 766.40万亩，增加779.28万亩，增长78.94%。特别是近3年稳定在1 600万亩以上。播种面积的稳定增加，保障了总产量的持续增加。二是小麦总产量持续增加。10年来新疆小麦总产量持续增加，由2004年的345.94万t增加到2013年的640.87万t，增加294.43万t，增长85.25%。人均占有量由2004年的174kg增加到2013年的260kg，增加86kg，增长49.4%。三是小麦单产基本稳定。10年来新疆小麦单产基本稳定在350kg/亩以上（极个别年份除外），最高年份是2007年达377.72kg/亩，最低年份是2008年，只有300.46kg/亩。

表1-2　新疆小麦面积和产量统计　　　　（万亩、万t、kg/亩）

年份	2004	2005	2006	2007	2008	2009	2010	2011	2012	2013
播种面积	987.12	1 142.76	1 110.17	951.03	1 316.96	1 729.98	1 680.02	1 616.97	1 719.3	1 766.40
总产量	345.94	400.71	400.31	359.22	395.69	630.7	623.49	576.64	609.75	640.87
平均单产	350.45	350.65	360.59	377.72	300.46	364.57	371.12	356.62	354.50	362.81

注：新疆统计年鉴，2005—2014年

2013年，新疆地方粮食作物播种面积197.47万hm²，比上年增长3.54%；当年产量1 334.2万t，增长4.4%。其中小麦104.4万hm²，增长2.8%；当年小麦产量556.1万t，增产15.6万t。2013年，新疆兵团粮食作物播种面积27.14万hm²，减少3 273hm²，减幅1.2%，粮食总产206.31万t，增加19.17万t，增幅10.2%。其中，小麦播种面积13.36万hm²，增加2 440hm²，增幅1.9%，产量84.77万t，增加15.93万t，增幅23.1%。

2013年阿克苏地区小麦种植面积11.54万hm²，增加0.25万hm²，单产6.74t/hm²，总产77.76万t；喀什地区小麦种植面积22.4万hm²，单产5.97t/hm²，总产133.7万t；和田地区种植小麦面积8.08万hm²，总产量48.18万t，单产397.51kg/亩；巴州地区包括库尔勒市、和硕县、轮台县、且末县、焉耆县、和静县、博湖县2013年种植面积在50万亩左右，2015年种植90万亩，2016年突破120万亩，单产393kg/亩左右。

第二章　塔里木盆地绿洲小麦丰产栽培主要技术环节

第一节　选用品种

一、品种类型

（一）春小麦

1. 春小麦分布

在塔里木盆地春小麦主要分布在以下两大区。

（1）焉耆盆地　本区为天山南麓的山间盆地，包括焉耆、和静、和硕、博湖四县和境内新疆兵团第二师所属的团场，是温暖中筋春麦区。

（2）温宿县山前盆谷地　新疆兵团第一师的四团、五团及喀什、和田境内的温凉山区、丘陵地带及河流下游地区，宜种植中、强筋春小麦。

2. 春小麦生育期

新疆春小麦出苗至成熟的总日数，受光、温等生态条件的综合影响，而以温度为主导。总的说来，越是炎热的地区，春小麦的全生育越短，越是冷凉的地区则愈长。以适期播种的中熟品种为例，在比较炎热的吐鲁番、哈密，全生育期多在 90d 以下，最短者仅 85d 左右；在南疆平原地区，则多为 90～100d；而在北疆天山北坡海拔 1 000～1 200m 地区，生育期延长到 105～110d，海拔 1 600m 以上地区，则可达 120d，甚至 130d 以上。

3. 三段生长特征

（1）播种至出苗（营养生长阶段）　南疆春小麦的播种适期，开春早的地方于 2 月底 3 月初即可开始播种，冷凉山区要延迟到 4 月上中旬。播种至出苗的天数，因播种出苗期间温度的状况、土壤水分及播种深度变化，但在适期播种及播深适宜（4～5cm）情况下，一般为 10～12d。据各地测定，在适期播种条件下，春小麦播种至出苗所需≥0℃的积温，大体为 110～170℃，比冬小麦略多。

（2）出苗至抽穗（营养生长与生殖生长并进阶段）　新疆春小麦的抽穗

期，一般在 5 月下旬至 6 月上旬，少数冷凉地区也迟到 7 月上旬才抽穗。新疆春小麦出苗至抽穗的天数，既受地理纬度的影响，也受海拔高度的影响。例如，南疆和北疆相比，出苗至抽穗天数，阿勒泰（塞洛斯）需 49d，吐鲁番 58d，库尔勒 59d，喀什和焉耆 60d。

（3）抽穗至成熟（生殖生长阶段）　新疆春小麦的成熟期，各地差别甚大：早的地区如吐鲁番盆地于 6 月中旬即可成熟，一般平原地区多在 7 月内成熟，海拔较高的冷凉地区多在 8 月中下旬成熟，个别高寒山区要到 9 月成熟。喀什、焉耆、阿克苏等地，春麦结实期间的平均气温为 22～23℃，其抽穗成熟的天数多为 40d 左右。

（二）冬小麦

1. 冬小麦分布

冬小麦主要分布在塔里木盆地周围，包括库尔勒、阿克苏、喀什、和田、新疆兵团第一师、第二师、第三师、第十四师所属的团场。本区范围较大，农田主要集中在塔里木盆地北部和西部。该区适合发展中、强筋冬小麦。选用优质高产、多穗型、早熟冬麦品种，有利提高棉粮复种指数。

2. 冬小麦生育期

新疆冬小麦的全生育期，习惯上把冬季停止生长的一段时间包括在内。这样计算的结果，以中熟品种为例，其全生育期在北疆一般为 290～300d，在南疆为 260～280d，即北疆比南疆长 25～30d。因此，长期以来在人们的印象里，就是北疆冬小麦生育期长，南疆的冬小麦生育期短。但冬小麦的实际生育期并不包括入冬以后温度 ≤0℃ 的一段话时间（越冬期）。如将这段时间扣除，仍以中熟品种为例，其实际生育期南疆大体为 154～160d，北疆只有 144～148d。

3. 三段生长特点

（1）播种至出苗、越冬（营养生长阶段）　南疆冬小麦的播种适期，在 9 月下旬或 10 月初。在适期播种情况下，出苗期多在 9 月下旬和 10 月上旬。播种至出苗的天数，因播种出苗期间温度的状况、土壤水分及播种深度而变化，但在适期播种及播深适宜（4～5cm）情况下，一般为 6～8d。但不论是早播或稍晚播种，播种至出苗所需 ≥0℃ 的积温，大体为 120℃ 左右。

（2）返青至抽穗（营养生长与生殖生长并进阶段）　各地多年资料观察表明，冬小麦返青至抽穗的时间，南疆的天数明显地多于北疆。例如，南疆和北疆相比，中晚熟品种要多 16～18d，中熟品种也要多 10～15d。南疆返青至抽穗所需 78d±天数，而北疆为 61d±天数。

（3）抽穗至成熟（生殖生长阶段）　新疆冬小麦的成熟期因地区不同而有一定差异。南疆多数地区早熟品种如唐山 6898 多在 6 月中旬成熟，中晚熟品种如新冬 20、22 号等多在 6 月下旬成熟。抽穗至成熟的天数南疆地区为 38~42d。

二、品种更新换代和良种简介

(一)春小麦

1. 更新换代

小麦是新疆第一大粮食作物。长期以来,培育高产小麦品种是新疆小麦育种的主要目标。自 20 世纪 60 年代以来,新疆春小麦主要栽培品种演替过程是:60—70 年代主要种植喀什白皮、伊犁 1 号、红星、欧柔、7101 等;70 年代后期到 80 年代早期大面积种植的春小麦品种是喀什白皮、赛洛斯等,其中喀什白皮推广时间最长,面积最大;80 年代后期到 90 年代中期是新春 2 号、3 号等;90 年代中期以后,在生产上种植面积较大的春小麦品种有新春 6 号、新春 7 号、新春 11 号和新春 17 号等,其中新春 6 号推广成效最大;21 世纪以来选育审定了一批春小麦品种,包括新春 20 号、新春 22 号、新春 26 号、新春 32 号和新春 38 号等,产量和品质得到了不同程度的提高,正在生产上大面积示范推广。

2. 良种简介

(1)新春 38 号 是由新疆农垦科学院作物研究所与新疆九禾种业有限责任公司以原 212 为母本,97-46-3 为父本进行杂交,经多年单穗选择,北育南繁联合选育而成的集高产、稳产、优质、多抗于一体的超高产春小麦新品种。原代号为 2002－59,2012 年通过新疆自治区农作物品种审定委员会审定命名。

早熟,生育期 94d,比对照新春 6 号晚熟 2d。幼苗直立,叶色深绿;株高 86cm 左右,茎秆粗壮,分蘖力较弱。穗纺锤形,护颖白色,无茸毛,长芒;穗长 9.73cm,每穗小穗数 18.15 个,结实小穗数 17.24 个;籽粒白色、角质,腹沟深度中等,饱满度好,落粒性中等偏紧,主穗粒数 45 粒左右,千粒重 50.0g 左右,容重 795g/L 以上。籽粒蛋白质(干基)含量为 15.04% 左右;湿面筋含量(湿基)为 36.0% 左右;面团形成时间为 15.5min;面团稳定时间为 30.8min,面团延伸度为 221mm;最大抗延阻力为 619EU;拉伸曲线面积为 200.2cm^2,属优质强筋小麦品种,品质达到国家一级强筋小麦标准。抗病性强,中抗叶锈病和条锈病,高抗白粉病,生长势极强,抗倒伏能力较强,丰产性、稳产性好。

(2)新春 32 号 原名 98-3-9,是新疆兵团农五师农业科学研究所于 1998 年以永良 11 号为父本、本所高代材料 97-18 为母本,杂交后经南繁加代,系统选育而成。2009 年 2 月通过新疆自治区农作物品种审定委员会审定,审定编号：新（审）麦 200903 号，并被命名为新春 32 号。

该品系生育期 104d，单株成穗率 1.03，株高 83.97cm，穗长 9.17cm，小穗数 16.38 个，结实小穗数 15.85 个，穗粒数 39.02 个，千粒重 47.80g，单株粒重 1.99g。籽粒白色、角质、饱满度较好，落粒性中。免疫-高抗（条、叶）锈病；免疫-高抗白粉病。黑胚率 2.48%，抗倒伏能力较好，生长势较好，稳产性中。

（3）新春 22 号　是新疆农垦科学院作物所与宁夏永宁县小麦育繁所以 Tal 为母本、永 1265 号为父本进行杂交，后代选择采用系谱法，经多年南繁北育联合选育而成的高产、优质、抗病的春小麦新品种。原代号为 03-8（永 T3168），于 2006 年 2 月通过新疆农作物品种审定委员会审定。适宜在新疆春小麦区种植。

该品系早熟，生育期 98d，芽鞘绿色，幼苗直立，叶色深绿。株高 82cm 左右，茎秆较粗，分蘖力中等。穗纺锤形、长芒；护颖白色、无茸毛，穗长 10.07cm，每穗小穗数 17.84 个，结实小穗数 16.83 个，主穗粒数 52.49 粒，千粒重 44g 左右。免疫到高抗白粉病，中抗到高抗锈病；生长势强，稳产性较好，抗倒伏能力较强。

（4）新春 16 号（原代号 9710）　是新疆农垦科学院作物所 1997 年用 86-26B 做母本、93 鉴 29 做父本杂交，经南繁北育 7 年系谱选择育成，2004 年 3 月通过新疆自治区品种审定委员会审定，定名为新春 16 号。

该品系中早熟，生育期 95d。芽鞘绿色，幼苗直立，叶色深绿。株高 85cm，茎秆较粗，熟时为黄色。穗纺锤形，长芒、白壳，无茸毛，斜肩，嘴锐，脊明显。穗长 10.6cm，小穗排列中等，每穗粒数 40 粒。粒白色，角质，卵圆粒形，腹沟中等。千粒重 44g，容重 756g/L。高抗白粉病，中抗叶锈病、条锈病。抗倒伏性强，落粒性中等。

（5）新春 6 号（原代号"21-27"）　是新疆农业科学院核技术生物技术研究所 1985 年以半矮秆、高蛋白种质"中 7906"为母本、辐射突变体"改良型新春 2 号"为父本进行杂交，通过多代单株选择，温室加代和南繁于 1989 年育成的春小麦新品系。该品系 1990—1993 年参加新疆春小麦区域试验和生产试验，1993 年由新疆农作物品种审定委员会审定命名。1998 年该品种又通过全国农作物品种审定。

该品系早熟，生育期 88d 左右，幼苗直立，苗色深绿，叶片短宽，株高 85cm，卵形角质，腹沟深度中等，籽粒重 50g，容量 800g/L。耐高温干旱能力强，落粒中等，中度感染条叶锈病和白粉病，产量 6 000 ~ 7 500kg/hm²。群体结构基本苗为 675 万株/hm²，最高茎蘖数 1 200 万个/hm² 左右，有效穗数

675～750万穗/hm², 每穗粒数 28～32 粒, 千粒重 45g。籽粒粗蛋白含量 13.5%～15.3%, 湿面筋含量 30.9%～36.7%, 沉淀值 24～31ml, 吸水率 50.9%～60.6%, 面团形成时间 3.7～4.2min, 稳定时间 4.7～5.1min, 弱化度 45～80BU, 评价值 52～56 分, 最大强度 285EU, 抗拉强度 215EU, 延伸性 160mm, 抗拉面积 62.4cm²。由于新春6号是高产稳产优质中筋品种, 因此新疆的农民非常喜欢种植。

(二) 冬小麦

1. 更新换代

自20世纪60年代以来, 南疆冬小麦主要栽培品种演替过程是: 60—70年代主要种植乌克兰83号、乌克兰0246、红冬麦 (阿克苏地方优良农家品种)、敖德萨16、胜利5606等; 70年代后期到80年代早期大面积种植的冬小麦品种是胜利5606、冬麦78选、解放4号、阿良2号、新冬2号、喀什1号、喀什2号、喀什3号、喀什4号等; 80年代后期到90年代中期种植的代表性冬小麦品种是奎冬3号、A冬2号、A冬3号、巴冬4号等; 90年代中期以后, 在生产上种植面积较大的冬小麦品种有新冬16号、新冬20号、新冬22号等, 其中新冬20号和新冬22号推广成效最大; 21世纪以来引进和选育审定了一批冬小麦新品种, 包括邯郸5316、农大211、石冬八号、新冬28号、新冬32号、新冬33号、新冬45号等, 产量和品质得到了不同程度的提高, 正在生产上大面积示范推广。

2. 良种简介

(1) 新冬45号 是于2004年以自育系99/20为母本, 与新冬20、98-5229、藁优9409、石4185多父本杂交选育而成。2006年F₂代单株选择获得04/34-13单株。2007—2008年建立株行, 再次进行田间选择。2009—2010年参加品系比较试验, 均表现优质、高产、早熟, 产量明显优于对照品种, 居参试品种之首。2011—2012年参加新疆维吾尔自治区南疆冬小麦区域试验。2012—2013年度进入新疆维吾尔自治区南疆冬小麦生产试验。

全生育期243d左右, 比对照新冬22号早熟3d, 属冬小麦中早熟品种。幼苗半匍匐, 分蘖力较强, 分蘖成穗率较高。株高83cm左右, 株型紧凑, 叶姿挺直, 旗叶上举, 穗层整齐, 茎秆黄色无蜡质, 叶耳绿色。穗圆锥形, 穗长7.6cm, 长芒, 红壳, 护颖卵型, 颖肩斜型, 颖嘴锐角, 穗表面无蜡质, 落粒性中等。籽粒白色, 椭圆型, 腹沟浅, 冠毛少, 粒质硬, 籽粒饱满整齐, 千粒重42.1g, 容重785g/L。中抗叶锈病, 高抗白粉病, 抗寒性强, 抗倒性较好。粗蛋白质 (干基) 含量13.61%, 湿面筋含量30.4%。2011—2012年区域试验, 新冬45号2年12个区试点平均产量534.56kg/667m², 产量位居第1位;

较对照新冬 22 号增产 9.18%。2013 年自治区南疆生产试验，新冬 45 号单产 496.10kg/667m²，较对照新冬 22 号增产 4.76%。具有丰产、抗倒、耐肥水等特点，适宜中上等水肥条件的地块种植，可在新疆南疆小麦主产区种植。

（2）新冬 28 号　是以 92/45 为母本，以新冬 20 号为父本，杂交后系选育而成，2005 年 2 月通过新疆维吾尔自治区品种审定命名，现已在北疆地区大面积推广种植。

在北疆地区生育期 266d 左右，成熟期一般在 6 月下旬，与新冬 22 号相同。株高 75cm 左右，根系发达，茎秆坚硬，抗倒伏、抗病性强。分蘖力强，分蘖成穗率高。穗纺锤形，长芒，白壳，穗长 8.1cm，小穗数 17.8 个，结实小穗 16 个，穗粒数 34.4 个，穗粒重 1.3g，籽粒白色，卵圆形，角质，千粒重 43g，容重 814g/L 左右，冬前幼苗匍匐，叶色浓绿，抗寒性强，越冬性好。该品种属中强筋小麦，品质较好，蛋白质含量 15.0%，湿面筋含量 40.1%，沉淀值 28ml，精粉出粉率 72.1%，面团形成时间 3.5min，稳定时间 9.5min，面团延伸性 174mm，拉伸面积 68.4cm²，适合制作拉面、饺子、馒头等面食，很受当地群众欢迎。

（3）石冬八号（原代号 95-7）　是新疆石河子农科中心小麦室以 73-13-63 作母本，82-4009 为父本杂交，经多年系统选育而成的高产、稳产、早熟、抗病、优质冬小麦新品种，2002 年底通过石河子农作物品种审定委员会审定命名为石冬八号。

该品系属冬性早熟品种，全生育期 269d，比新冬 17 号早熟 6～7d。幼苗半匍匐，苗期越冬性好，分蘖力中等，主茎优势明显，早春返青早，拔节快。株高 72～78cm，株型紧凑，穗层整齐，茎秆坚硬，抗倒力强。苗期耐盐碱能力强，出苗整齐。适应性强，较耐干热风。高抗锈病和白粉病。抗黑穗病、雪腐病，较抗细菌性条斑病。早抽穗，芒长有锯齿，抗鸟害。千粒重 52～57g，容重 790～805g/L。籽粒蛋白质含量为 15.12%，湿面筋 38.6%，沉隆值 42.0ml。1998 年品系鉴定试验，石冬 8 号平均产量为 573.7kg/亩较对照（新冬 17 号）增产 22.7%。1999 年参加品系比较试验，平均产量 622.95kg/亩，比对照（新冬 17 号）增产 16.5%，产量居第一。2000—2001 年参加地区冬小麦品种（系）区域试验，平均产量 455.63kg/亩，较对照（新冬 18 号）增产 10.59%。2002 年 152 团大面积生产示范，平均单产 621kg/亩。多年多点试验表明，该品种高产、稳产、适应性强、抗倒、抗病、早熟，适应于石河子、塔城、博乐、昌吉、伊犁、阿克苏等麦区种植。

（4）新冬 22 号（原奎冬 5 号，原名 89-4114）　品种于 1998 年通过自治区审定。1984 年以抗寒性特强的诺斯塔为母本，以早熟抗倒的实秆麦花春 84-

1 为父本进行杂交，以品质优的 76-4 为母本，以抗病性好的洛夫林 13 号为父本进行杂交。1985 年再以（诺斯塔×花春 84-1）F_1 为父本，以（76-4×洛夫林 13 号）F_1 为母本进行复交；后进行系统选择，1989 年性状稳定，开始参加试验，株系号为 89-4114。

该品种株高 80～90cm，茎秆壁厚而坚实，基部 1～2 节近实心，抗倒伏能力强，越冬性好，抗锈病。该品种分蘖成穗率高，穗大粒重，灌浆速度快，落黄成熟好，千粒重一般 46～48g，丰产性能好。该品种容重 810g/L，蛋白质含量 14%，品质优良，生育期 260d，较早熟。该品种其丰产性和早熟性能够很好地适应南疆地区冬小麦＋玉米两熟制两早配套栽培的需要，受到南疆特别是阿克苏地区广大农民的普遍欢迎。2000 年该品种在阿克苏地区引进、种植，面积逐年增加。2006 年种植面积已达 5 万 hm^2，并继续保持增加的趋势。平均单产近 6 750kg/hm^2，其中 1 万 hm^2 麦田单产达到 7 500kg/hm^2。在生产过程中，单产水平达到 8 250kg/hm^2 甚至 9 000kg/hm^2 的条田也常见。新冬 22 号品种的推广应用极大地促进了阿克苏地区甚至整个南疆地区冬小麦生产水平的提高。

（5）新冬 20 号　新疆农科院粮食作物研究所从河北农科院粮油作物研究所引进，原系号冀 87-5018。1995 年新疆农作物品种审定委员会审定，审定编号：新农审字第 9509 号。

弱冬性、早熟类型。全生育期 238d 左右。籽粒白色、饱满、角质，千粒重 39～41g，容重 803g/L。穗长方形，长芒白壳。穗长 7.1cm，主穗粒数 40 粒，结实小穗数 18 个左右，小穗排列紧密。芽鞘浅绿，幼苗半直立；株高 70～75cm，株型紧凑，茎秆粗壮，抗倒伏能力强，穗层整齐。分蘖力中等，分蘖成穗率较高。抗寒性较强，耐水肥，抗倒伏性强。中抗条叶锈病，耐白粉病。新冬 20 号蛋白质含量 16.5% 左右，沉淀值 27.5ml，湿面筋含量 42.3%。面团形成时间 2.8min，稳定时间 1.7min，衰弱度 90BU，面团最大强度 170EU，延伸性 219mm。1994 年参加自治区南疆早熟组区域试验，平均亩产 499.36kg，比对照冀麦 26 增产 3.42%，居第二位。熟期最早，一般亩产 450～500kg，最高单产 600kg/亩。1995 年在喀什、和田、阿克苏等地进行生产示范，经专家评估示范点单产普遍为 500～550kg/亩。是目前南疆冬麦区主栽品种。

第二节　整　地

冬小麦的土壤耕作，包括深耕和播前整地两个环节。

种植小麦要求深耕。深耕能加深耕层，改善土壤的通气性，增强土壤的保水保肥能力，利于土壤微生物的活动和土壤养分的转化。这些都有利于小麦根系向纵深发展，有利于提高产量。土壤耕翻深度，应根据原来的基础和土质而定，机耕深度一般在 25 ~ 30cm，不应浅于 22cm，畜力耕地耕深也应保持在 20cm 左右。

新疆冲积平原的农业，属于干旱地区的灌溉农业，土壤耕作既不同于一般多雨地区，也不同于一般旱作农业，冬小麦地的土壤耕作有其本身的特点。其一，种冬小麦的地，每年均应深耕，而不用免耕法。因前茬作物经过多次灌溉后，土地往往十分板结，渗水性显著下降，只有经过深耕，才能确保灌溉深透，并利于调节土壤的水、肥、气、热状况。新疆是大陆性气候，土壤有机质分解快，积累少，要通过施肥等来恢复和提高土壤肥力，施肥特别是基肥应结合耕翻作业来进行。南疆大部分盐碱地，要靠深耕翻晒，提高洗盐效果。而免耕法要求地面有足够的地面覆盖物，而在灌溉地区播种，要同时进行打埂作畦或开沟作业，地面覆盖物过多，会影响整地和播种质量。其二，必须耕灌结合，实行播前灌溉，然后整地、播种、镇压一条龙作业。因新疆降雨量少，蒸发量大，种冬小麦，必须灌足底墒水，且灌水时间必须与计划播期紧密配合，灌水后整地、播种等作业均应迅速适时进行，形成一个统一有机整体，不能脱节，以利保墒，获取全苗。其三，灌水后只能进行耙地作业，不采用深耕。灌水后若再用拖拉机深翻，然后再机械播种，土壤容易跑墒，耕作层虚而不实，影响播种质量，即使能保证出苗，冬灌后土壤也容易下沉，分蘖外露，加重麦苗越冬死亡。采用灌后耙地播种，利于加快作业进程和提高作业质量。用轻型圆盘耙耙地之后播种，整地作业进展快，工效高，成本低，土壤细碎，上虚下实，合乎播种质量要求。耙地深度一般为 8 ~ 10cm。圆盘耙后面须带上一列耱子或一根长的圆木，以提高碎土和平地效果。

兵团根据国有农场多年生产经验，对播前整地质量曾提出"齐、平、松、碎、净、墒"六字要求，作为一种规范化的作业质量指标，已在新疆大面积推广。

齐，就是条田地块规划整齐，地头、地边都要犁到、耙到，不要浪费土地。

平，就是地面平整，既有利于机械化作业，提高播种质量，又有利于灌水，保证小麦生长一致，便于机械收割和管理。盐碱地的格田高差一般不超过 10cm，一般地区要顺坡平整，地里不得有高包、洼坑等现象。

松，就是耕作层疏松，上松下实，土壤不板结，具有良好的通气性和保水、保肥性，利于小麦根系伸展，增强吸收能力。

碎，就是土壤细碎，没有大的坷垃，既有利于保墒，又有利于提高播种质量。

净，就是地里要干净，没有大的作物根茬等，既有利于提高播种质量，又可防止土块架空、跑墒、吊根和越冬死苗。

墒，就是保墒良好，墒情一致。不仅播种时有足够的面墒确保全苗，而且要有足够的底墒，不使出苗后受旱。

上述"六字"要求，在中国北方干旱地区，也是冬小麦达到全苗匀苗、齐苗和壮苗的重要保证。

要达到上述的整地质量要求，应根据各地土壤、气候、作物种植等具体情况而采取相应措施。

中国西北地区专门用来种麦的休闲地（歇地），应紧紧抓住深耕晒垡这个环节，特别是伏耕。伏耕能有效地消灭杂草，破除土壤板结，有利于灌水脱盐和促使土壤熟化，增加土壤有效养分的含量，一般伏耕地较不伏耕地增产10%～20%。重茬麦田和夏熟作物地，如油菜、豌豆、蚕豆、亚麻地等，夏收后应立即深翻，令其曝晒，熟化土壤，消灭杂草。混播草木樨的麦茬地和其他绿肥地，麦收后应抓紧时间灌水，促进绿肥作物生长，增加产草量。翻耕绿肥地，一定要使绿肥有足够腐烂时间（10～15d）。翻地时，要使其覆盖严密。为了提高翻压绿肥的质量，可在每个犁铧上方犁架上，安装一个圆切刀，直接切地翻压。玉米、甜菜、高粱等晚秋作物茬地冬麦时，鉴于当时播期临近，气温降低，来不及耕地后再灌水。应抢在收获之前（15～20d）进行茬地灌溉，然后集中人力、机力，突击抢收、施肥、犁地、整地、播种。犁地后，应及时耙耱，使土壤细碎、沉实；播种后，应及时镇压，防止跑墒。

第三节　播　种

一、适期播种

冬小麦的播种，必须强调"适时"。所谓"适时"，是指在当地气候条件下，以冬前能形成壮苗为标准。

播种过早，苗期气温高，植株生长迅速，导致冬前过旺，分蘖过多，有机营养物质制造虽多，但消耗大，积累少，越冬时细胞液浓度降低，抗寒力下降，易受冻害死亡；或者越冬后转弱早衰，延迟返青；有些弱冬性品种甚至会在越冬前拔节，越冬冻害加重。播种过早，由于气温偏高，田间害虫如金针虫、蚜虫、麦秆蝇等发生多，危害重，尤其麦秆蝇在新疆危害更突出，往往造成枯心苗增多，茎蘖减少，死苗断垄现象严重。播种过早，麦苗也易受多种病害如叶锈病、黄矮病、红矮病等侵害。据一些研究资料，麦田传毒害虫（蚜虫、飞虱、螨类、叶蝉等）的数量及其传毒速度，均随气温增高而增加，新疆一般冬麦品种在过早播种（平均气温20℃以上）情况下，均有可能感染病毒病，如八农7416在北疆、新冬2号在和田地区，在过早播种的情况下，感病株可达20%以上。

播种过晚，由于气温低，出苗迟，种子养料消耗多，种子出苗率低，苗弱而不整齐。同时，麦苗冬前生长时间短，分蘖少，质量差，成穗率低；次生根少，甚至不能形成次生根。过于晚播的冬性品种，往往需第二年春天才能完成春化阶段，幼穗分化开始晚，且在较高的温度条件下进行，幼穗分化时期短，不能形成大穗。晚播的麦田，成熟期延迟，灌浆期间往往会受到高温和干热风危害，千粒重降低，减产严重。农谚说："晚播弱，早播旺，适时播种麦苗壮"。

适宜的播种期，须根据当地气候特点和品种特性等确定，以小麦入冬前能达到壮苗为标准。

什么样的苗是壮苗？各地要求有所不同。一般来说，壮苗应从两个方面衡量，一是个体，二是群体。北方冬麦区，一般中量播种的麦田，入冬前基本苗 300×10^4 株/hm^2 左右，单株主茎长出 5~6 片叶，单株分蘖 2~4 个，蘖大而壮，次生根 4~6 条，总茎数 $(900~1\ 200) \times 10^4$ 株/hm^2。肥水条件较好的麦田，在精量播种的情况下，入冬前基本苗 150×10^4 株/hm^2 左右，单株主茎长出 6~7 片叶，分蘖 3~5 个，不徒长，次生根 6~8 条，总茎数 $(900~1\ 050) \times 10^4$ 株/hm^2。达到壮苗的标准，除要求有适宜的水肥等条件外，其关键是要有一定数量的 ≥0℃ 的有效积温，所以气温高低是确定播期的主要依据。适期播种，实质就是合理利用热量，争取壮苗越冬。

冬小麦适宜播种期的气温是当地昼夜平均气温稳定在 18~16℃。确定适宜播期还可用越冬前长成壮苗需要的有效积温进行推算。据石河子农学院多年测定，北疆地区，冬前小麦主茎每长出一片叶（或一个分蘖）需要 ≥0℃ 的积温 65~75℃，形成壮苗主茎需要 5~6 片叶，共需 ≥0℃ 的积温 450~570℃。小麦一般在 3~2℃ 基本停止生长。因此，从当地气温稳定至 0℃ 的时间向前推算，当 0℃ 以上积温达到 520℃ 左右的日期，即为适宜播种期。各地能长成标准壮苗的最适宜播种期，一般只有 10d 左右，包括能长成一般壮苗在内的适宜播种期，共 20d 左右。

中国冬小麦分布区域很广，大体上纬度每增加 1°或海拔升高 100m，播期应推迟 3~4d。新疆南北疆各地播期相差较大。概括地说，各地最适播期，和田、喀什一带为 9 月 25 日至 10 月 5 日。

在上述播期内播种，小麦从播种到越冬一般有 40~50d 的生长时间，≥0℃的积温可达 450~520℃，恰好能使主茎长成 5~6 片叶，达到壮苗要求。播种期用气温或者积温作依据时，应参考历年实际播种期和当年的气象预报，以便对具体播期适当提前或者延后。

就一个地区或单位来说，在确定具体播种期时，不能仅从热量条件考虑，虽然热量条件是影响小麦生育速度的主导因素，但土壤肥力、地势、土壤水分、品种、种植方式等因素对适宜播种期的确定都有影响。因此，在分析热量条件的同时，还要根据以下几个因素对小麦播种期进行调整，具体安排先后顺序。

一般来说，地力瘦或阴坡地麦苗生长慢，分蘖少，应先播，而地力较肥或阳坡地麦苗生长快，分蘖多，应晚播；沙性较强、地势较高的地应早播；盐碱地和地下水位高的泉水地带，由于地温较低，种子发芽慢，应适当提前播种；冬性强的品种春化阶段长，应早播，而冬性弱的品种麦苗生长快，易发旺，不抗寒，应适当推迟播种；山区和气候变化剧烈的风口地区，播期应比平原地区要早些。

适期播种是个相对概念，不同年份在考虑播期时，必须抓住主要矛盾，灵活掌握。有些单位鉴于小麦播种面积较大，不易在适期范围内将小麦全部播完，为了使小麦冬前获得足够的积温达到蘖足苗壮的要求，在时间安排上宜偏早而不能偏晚，在适期稍前开始播种，争取在适期范围内播完，尽量减少晚茬麦的播种面积，做到"早中求适，适中求快，快中求早"，缩短播期。

"包蛋麦"，又称"土里捂""黄芽麦"，即临冬前播种，使种子在入冬前萌动但不出土，越冬后才出苗，这是冻害严重地区或在播期已经延误的情况下采用的一种补救措施。华北农民说："冬前不发股，不如土里捂"。如果由于晚播，麦苗冬前只长 1~2 片叶，根系尚无吸收土壤养分的能力，而越冬期间体内营养又继续消耗，返青后麦苗干重则仅及种子重的 40% 左右，其长势确不如"土里捂"的麦苗。而黄芽麦抗寒能力强于无蘖弱苗，其主要原因是生长点入土较深；种子内贮藏的养分冬前消耗少，可供给越冬和返青生长；麦芽不出土，受土层和雪层保护，株体小，呼吸消耗少，冬前分蘖节含糖率虽不算高，但冬后胚乳养分分解却明显高于晚播小麦。黄芽麦的产量一般不如适期播种小麦高，但高于晚播的冬小麦。种好"黄芽麦"的关键是掌握好播种时期，即在当地小麦停止生长前 12d 前后播种，冬前≥0℃有效积温 50~70℃。"黄芽麦"出苗率和分蘖均较低，播种量应适当增加，开春后应作好耙地等管理。

二、合理密植

合理密植的主要标志是个体健壮、群体结构合理。只有使个体和群体、营养器官与结实器官的生长相互协调，才能充分有效地利用温、光、水、肥等条件，提高光合生产率，达到穗大、粒多、粒饱，夺取高产。

小麦的产量是由单位面积上的穗数、每穗粒数和粒重构成。3 个构成因素中，穗数是构成小麦产量的基础，而麦苗的主茎则是成穗数量可靠的保证，也就是说，为了达到穗多增产的目的，就要保持相应的基本苗数。没有足够的穗数，穗粒数和粒重虽会增加，但补偿不了因穗数减少而造成的产量下降。但是，穗数不是越多越好，超过一定范围以后，穗数继续增加，穗粒重就逐渐下降，甚至反而减产。合理密植，既要达到足够的穗数，也要达到穗大、粒多、粒重的目的。只有 3 个因素协调发展才能获得高产。

大量试验研究和实践证明，多穗植株的平均穗粒重高于单穗或少穗的植株；不同麦田之间穗数相近时以基本苗少的产量高，基本苗相近时以穗数多的产量高。这表明，提高单株成穗率是小麦增穗增产的重要途径。小麦由低产变中产阶段，由于生产条件限制，分蘖成穗率低，需要适当加大播种密度，依靠主茎保持足够的穗数；中产变高产阶段随着生产条件的改善，应适当增加分蘖穗的比重，不宜继续加大播种密度，而是通过提高单株成穗率来求得增产；高产更高产阶段，则要适当降低播种密度充分发挥单株增产潜力，在稳定穗数的基础上，主攻穗粒重，争取更高的产量。

合理密植是保持群体合理结构，促进个体良好发育、协调产量构成因素、实现均衡增产的基础。合理密植的基本原则是：根据地力、播种期并参照种植方式和品种特性确定播种密度，肥地、早播宜稀，瘦地、晚播宜密，以能够达到预定的群体结构和相应的基本苗为指标，针对不同麦田的肥力水平和播种时间加以适当调整。在特定的条件下，如土壤肥力高，肥水足，播期适宜，农机具配套，应积极推广"精量"或"半精量"播种技术，降低播种密度。南疆有些地区基本苗减少到 $120 \times 10^4 \sim 150 \times 10^4$ 株/hm^2，精细播种，培育壮苗，建立小群体，壮个体，充分发挥分蘖优势，提高光能利用率，尽量减少无效生长消耗，夺取高产、高效益；如果前茬作物成熟迟，小麦播种过晚，也可以采用"独秆栽培方法"，实行高度密植，基本苗增加到 600×10^4 株/hm^{2}左右，以苗保穗，基本上不依靠分蘖成穗，在合理增加物质投入、保证播种质量及全苗安全越冬的基础上，力争秆壮、穗大、高产。

掌握适宜的播种量，是确定合理密植的起点。近年来一些生产单位推广"以田定产，以产定穗，以穗定苗，以苗定籽"的四定办法，即根据土壤肥力和施肥管理水平，定出各地块的产量指标；产量确定后对穗粒重作出估计，确定收获穗数；再对单株成穗率作出估计，确定基本苗数。基本苗数确定后，即可根据1kg种子粒数、发芽率和估计田间出苗率等，计算出单位面积播种量。

种子发芽率是在室内良好条件下的试验结果，由于麦田耕作质量、墒情、地下害虫和播种质量等因素的影响，田间实际出苗数少于发芽率数字。鉴于田间出苗率测定较困难，一般把田间出苗率按发芽率减去10%～20%。目前新疆大面积生产中，田间出苗率多在70%～80%，先播种后浇水的麦苗（群众称"水打滚"或"干播湿出"），其田间出苗率一般只有50%～60%。

小麦高产的途径，大致可归纳为以下三种类型：

第一种类型：以主茎穗和分蘖穗并重达到高产。土壤应为中上等肥力水平，选用分蘖力中等、秆壮抗倒大穗品种。单位面积基本苗 300×10^4 株/hm² 左右，年前茎蘖数 $12\ 000 \times 10^4$ 茎/hm²，最高茎蘖数 $15\ 000 \times 10^4$ 茎/hm² 左右，最后成穗 600×10^4 株/hm² 左右，主茎穗和分蘖穗各占50%左右，每穗30粒以上，千粒重35g以上。

第二种类型：以分蘖成穗为主达到穗多高产。土壤应为高肥力水平，选用分蘖能力强、抗倒伏品种，采取精量匀播，单位面积基本苗 240×10^4 株/hm² 左右，收获穗数 625×10^4 株/hm² 左右。

第三种类型：适当增加播种密度，以主茎穗为主，争取部分分蘖成穗，达到高产。

新疆小麦目前大部分地区仍处在中低产阶段，夺取冬小麦高产，一般应采用上述第三种途径。在中等肥水条件及中等产量（单产 3 750～4 500kg/hm²）情况下，南疆播量在180～210kg/hm²。

三、机械化播种作业质量要求

小麦播种质量的好坏，直接影响全苗、齐苗、匀苗和壮苗。为保证机械化播种质量，兵团在总结国有农场多年生产经验的基础上，曾提出了"八句话"的要求，即播行端直，下籽均匀，接行准确，播深一致，覆土良好，镇压确实，行距固定，提放整齐。这"八句话"概括了机械化播种质量的各项具体要求，在地平墒足的基础上，如能认真做到，即可达到全苗、齐苗、匀苗和壮苗的目的。这"八句话"在新疆各地多年普遍推广应用，效果良好。

播行端直：不重播、不漏播、播行整齐，便于管理，不论条田多长，看上去成一条线，不能弯曲。

下籽均匀：不仅每行种子要播得均匀，而且各行的下种量也要大体相等，彼此相差不能超过10%，更不能出现"疙瘩苗"和断垄现象。

播深一致：播种深度限在 4～5cm，不能过深或过浅，防止出现"露籽"现象。

覆土良好：玎沟器过去之后，种子一定要被细土覆盖严密，不能开"天窗户"。

接行准确：上一个播幅和下一个播幅之间的衔接行恰到好处，不宽不窄，误差只允许在 3～5cm。

镇压确实：镇压器过后种子与土壤紧密接触，确保种子顺利发芽，防止表土失墒，影响出苗。

行距稳定：播种机在播种过程中，开沟器要固定不变，以保证行距准确。

提放整齐：麦田要播整齐，播种机要在地头起落线处起落。

为了确保机械播种作业质量，除了及早作好农机具准备和调试外，必须作好播前精细整地、种子清选等工作，尽量为机械作业创造良好条件。

播种结束后，应及时开好毛渠。若采用窄深毛渠，则应在播种后 2～3d，于种子萌动之前，趁土壤有墒时开沟作毛渠，把埂子拍实保墒，争取埂子上种子能长出一部分麦苗，增加收获株数。必要时，也可在埂子上补播一些种子，争取多出一些苗。若麦田平坦，应尽量采用浅宽式毛渠，争取在毛渠里保住一部分麦苗，以提高土地利用率。浅宽式毛渠有利于机车在田间进行追肥、喷药等作业，麦收时也能节省平毛渠的劳力。浅宽毛渠一般宽 1.2～1.4m，深 3～4cm（不超过播种深度），播后待种子萌动扎根时，将表土刮去，堆在毛渠边两个埂子上。毛渠间距视地形而定，一般为 40～50m。

第四节　种植方式

一、单作

南疆小麦种植需视土壤条件、产量高低、播种机具和集约化程度等而定。新疆以灌溉农业为主，小麦生产机械化水平比较高，主要种植方式有以下几种：

（一）等行距条播

这种播种方式的优点是：麦苗在田间分布较均匀，容易保证一定数量的基本苗，对光能和地力的利用比较充分，植株生长一致，能维持合理的群体结构。机械化播种的，一般采用15cm等行距条播。这种播种方式，适合于一般中产田，因其对土壤覆盖度大，也适合于盐碱地和草多的地采用。目前兵团各农场广泛采用这一播种方式（占小麦播种面积80%以上）。用24行谷物播种机进行15cm等行距条播，可播种、打埂、作畦一次完成，其畦宽分别为3.6m、1.8m或1.2m不等。但这种播种方式行距太窄，既不利于通风透光，又不利于中耕、锄草、深施肥等田间管理，因而不太适合于高产田栽培。

（二）宽窄行条播

宽窄行条播也叫大小垄种植。宽窄行的格式有多种，石河子等地区一般都是用24行谷物播种机进行行距调整，有的宽行是20cm，窄行是10cm，互相间隔，也有的宽行是30cm，播3个窄行（行距7.5cm），也有些单位为方便操作，将24行播种机排种杯每隔一行堵住一个，即宽行是30cm，窄行是15cm。

在单产5 250～6 000kg/hm² 栽培情况下，宽窄行栽培一般能够增产，其原因有两点：一是宽窄行为麦田精细管理创造了有利条件，可在宽行中进行中耕、锄草、深追肥等作业，促使小麦健壮生长；二是改善了田间通风透光的条件，提高了光能利用率。（35＋15）cm 宽窄行播种与20或25cm等行距播种相比，宽窄行田间实际光照面积增加40%，灌浆初期2/3株高处的受光（光照强度）多36.8%，基部叶片有效光合时间（即光强在2 000lx以上的时间）每日多1小时40分钟。

采用宽窄行播种，必须与中耕、锄草等配套措施相结合。否则，在宽行中容易滋长杂草，盐碱地上容易出现返碱，反而导致减产。

二、间套作

环塔里木盆地独特的地理、气候环境使得果粮间作已成为一种重要的农业生产模式。果麦间作创造的良好的微气候环境，为干旱、高温、多风的环塔里木盆地种植业的稳产、高效创造了有利的生产环境和条件，近年来发展很快，在一些区、县，果麦间作已成为主要的农业生产模式。

（一）杏麦间作

1. 应用地区和条件

杏麦复合种植模式是果麦复合的一种，环塔里木盆地杏树种植面积达12.1×10⁴hm² 以上（胡柏文，2006），其中大部分采用杏麦复合种植模式（图1-2），因此杏麦复合是环塔里木盆地面积很大的一种种植模式。

2. 杏麦间作对小麦生长发育的影响

（1）小麦播种时间　适期播种。距树50～80cm播种小麦。播期应根据各乡镇的气温、土壤、品种等差异而定。以轮台县为例，小麦适宜播期在9月10—30日。以播期调播量，早播低播量，晚播高播量；高肥力地低播量，低肥力地高播量。9月20日前后播种的小麦，播量20～25kg/亩；9月30日后播

图 1 - 2　杏麦复合种植模式（文卿琳，2016）

种的小麦，播量不低于 25kg/亩。严禁撒播，墒情适宜的情况下，施肥、播种、镇压环环相扣，均匀播种，深度一致，深度 3～5cm，行距 13～15cm（播种越晚，行距应越窄）。

（2）杏麦间作对小麦生育进程的影响　张建雄等人于 2010 年对杏树和间作农作物的物候期做了细致的观测。小麦和杏树的主要生长期交错，对小麦的影响时间从叶幕出现（4 月 20 日左右，小麦处在拔节期）开始，到杏子成熟期（6 月 15 日左右，小麦处于蜡熟期）达到最严重并延续到小麦成熟，影响时间约为 66d，占小麦全生育期天数的 25%。由于间作系统中杏树的存在影响了间作带中作物的生长和发育，推迟了作物的物候期。结果表明间作带内的冬小麦成熟期推迟 3～5d。

（3）杏麦间作对小麦光合作用的影响　黄爱军（2013）等人研究，杏麦间作系统中小麦行东、行中和行西冠层顶部入射的光合有效辐射量（PAR）显著低于单作田。如杏麦间作田中小麦行东、行中和行西冠层顶部入射的日平均光合有效辐射量为单作系统的 44.2%。从空间上看，由于受太阳方位角的影响，果麦间作系统内，行东和行西测点 PAR 的分布基本上均呈对称形状，行东测点下午受光量较多，行西测点上午受光量较多，但行东和行西日平均 PAR 无明显差异。果麦间作系统对小麦冠层顶部的散射辐射也有影响。在杏麦间作系统中，其行东、行中和行西小麦冠层日平均散射辐射量为单作系统的 68.6%。

2010 年张建雄等人，设计 5 种杏—麦间作类型，依次为 4m×6m（树龄 8a）（4m 为株距，6m 指行宽，以下类同），3m×6m（树龄 8a），2m×4m（树龄 5a），1.5m×4m（树龄 5a）和 1.5m×4m（树龄 6～7a），小麦行距 12cm。研究发现，不同复合系统内小麦冠层光照强度的变化程度不同。冠层光照强度的强弱表现为灌浆期＞开花期＞孕穗期，且6m 幅宽的光强大于4m 幅宽的光强；在不同杏树模式下小麦冠层 PAR 表现为 $6 \times 4m > 6 \times 3m > 4 \times 2m$（5a）＞ $4 \times 1.5m$（6～7a）＞ $4 \times 1.5m$（5a），同一系统内小麦不同生育时期小麦冠层 LAI 表现为 $6 \times 4m > 6 \times 3m > 4 \times 1.5m$（5a）＞ $4 \times 1.5m$（6～7a）＞ $4 \times 2m$（5a）。小麦冠层 ALA 均呈现由小增大再减小的变化趋势（8m 幅宽除外）。

（4）杏麦间作对小麦产量结构及产量的影响　2010 年张玉东，刘春惊等人对南疆杏麦复合系统3 种主要复合种植模式中距杏树不同距离小麦的产量及其构成因素进行了研究与分析。结果表明，在南疆杏麦复合系统中，杏麦间作类型对小麦产量影响很大，3 种主要杏麦复合种植模式中，宽幅复合种植模式（6m×3m、6m×4m）对小麦产量的影响远小于窄幅复合种植模式（4m×1.5m）的影响。间作小麦与杏树的距离越近，对小麦产量影响越大，南北走向的复合种植模式，对间作麦区东边的影响远大于西边。不同复合种植模式对小麦产量构成因素的影响中，4m×1.5m 复合种植模式对小麦穗数和千粒重的影响较大，对穗粒数影响较小；而6m×3m、6m×4m 两种复合种植模式对穗数和穗粒数影响最大，对千粒重的影响较小。

2012 年雷钧杰，赵奇等人，在杏麦间作条件下，以杏树为基点至两行杏树中间位置由近及远将小麦种植带分为3 个冠区（冠下区、近冠区、远冠区），对3 个冠区的小麦生长发育及产量构成因素进行研究，选用'新冬20 号'作为试验材料，研究杏麦间作复合群体小麦幼穗分化、干物质积累、叶面积指数、籽粒灌浆、产量构成因素的变化。结果表明：单作田小麦幼穗分化快于间作田；在间作田内，距杏树越近，小麦单株干物质积累强度越低；单作田小麦叶面积指数高于间作田；单作田平均灌浆速率大于间作田；穗粒数、千粒重、产量均表现为单作田大于间作田，单作田产量最高，间作田平均产量比单作田减产49.72%；在间作田，千粒重与成穗数均表现为远冠区＞近冠区＞冠下区。结果表明杏麦间作复合群体中小麦生长发育不及单作田，造成小麦产量不同程度降低。

（5）杏麦间作对小麦株高的影响　2010 年张玉东，刘春惊等人，设置3 种杏、麦复合种植模式，分别为 4×1.5（5 年杏树）、6×3（8 年杏树）和 6×4（8 年杏树）。4×1.5（5 年杏树）复合种植模式：杏树行距4m，行间种植小麦，小麦行距12.5cm，杏树株距为1.5 m；6×3（8 年杏树）和 6×4（8 年杏树）复合种植模式：杏树行距6m，行间种植小麦，小麦行距12.5cm，杏树株距分别为3 和4m。研究不同杏麦复合种植模式对小麦株高的影响。结果表明总的规律是：在杏树近端，离杏树越近，小麦株高越低；在杏树远端，小麦株高变化不大；对东侧麦区小麦株高的影响远大于西侧，间作麦区小麦株高变化呈偏态分布；宽幅杏麦复合种植模式（6×3、6×4 杏麦复合模式）对小麦的株高的影响比窄幅杏麦复合种植模式（4×1.5 杏麦复合模式）对株高的影响大。

（6）杏麦间作对小麦品质性状的影响　杏麦复合间作杏树对间作小麦蛋白质含量影响较少，杏麦复合间作杏树对沉淀值影响最大，对硬度和容重的影响居中。间作杏树对小麦品质影响的总趋势是：距离杏树越近，品质性状越差，且对东侧麦区小麦品质的影响大于西侧麦区。杏麦间作小麦品质受基因型、杏麦复合及其互作的影响，受基因型影响最大的品质性状是蛋白质，而杏麦复合效应对容重影响最大。

3. 杏麦间作的模式和关键技术

（1）杏麦间作模式　目前，阿克陶县推行的主要杏麦间作模式为：巴仁杏种植实行 12m×4m 模式，即田间杏树行距 12m，株距 4m，巴仁杏每亩栽植14 株，杏保护带宽 1m，间作粮食作物播幅 13m，平均杏树占地面积 56m^2（占地 7%），间作粮食作物占地面积 610m^2（占地 93%）。还有 10m×4m、8m×4m、6m×4m 等间作模式。行间种植小麦，小麦等行距 12.5cm。

轮台县主要间作模式为：10 年以下杏树采用 6m×4m、6m×3m 或 8m×2m、8m×4m、8m×6m 的间作模式。

（2）关键技术

品种选择：选择高产、优质、抗病性和熟期适宜的品种，如新冬 18 号、新冬 20 号、新冬 25 号、新冬 22 号。建议选用新冬 22 号。

整地：深耕 25cm 左右，剔除田间杂草残体，耙耱合墒，使土壤上虚下实、无坷垃，播前平整疏松，以利出苗。

种子处理：种子用种衣剂处理，40% 拌种双可湿性粉剂，按种子量的0.2% 进行拌种，可以防治根腐病、虫害、黑穗病，促进小麦健壮生长。用25% 多菌灵或 15% 粉锈宁拌种，防治小麦锈病、白粉病、腥黑穗病，用量为种子重量的 0.2%～0.3%。

适期播种：播期应根据各乡镇的气温、土壤、品种等差异而定，轮台县小麦适宜播期在 9 月 10—30 日。

施肥：前茬作物收获后，施腐熟农家肥 1 500～2 000kg/亩①、尿素 10～15kg/亩、磷铵 15～20kg/亩、硫酸钾 3～5kg/亩。在小麦起身、孕穗、灌浆期，分别进行叶面喷肥，可选择磷酸二氢钾、抗旱型喷施宝等叶面肥料，以提高籽粒饱满度和品质。

---

① 1 亩≈667m^2。全书同

灌水：杏树比间作作物耐旱，只要 0 ~ 60cm 土壤含水量保持在田间持水量的 60% 以上，杏树不会受旱，而这一土壤含水量正是小麦、玉米等间作作物灌溉的下限。因此，只要根据间作物需水量与需水规律，认真浇好冬麦、复播玉米的几次关键水，即可同时满足间作作物和杏树对水分的需求。

化控及化学除草：4 月中旬小麦拔节前后，用矮壮素 150g/亩对水 25 ~ 30kg 化控，用除草剂二甲四氯 200g/亩，对水 25 ~ 30kg，无风天气用手压喷雾器，喷头要带防风罩，喷雾防除。严禁使用 2，4 – D 丁酯。

4. 效益分析

2010 年张玉东等人研究结果表明：6 × 3m、6 × 4m、4 × 2m、4 × 1.5m（5a）、4 × 1.5m（6 ~ 7a）杏—麦复合系统的产值分别是对照（单作麦田）的 2.5 倍、2.4 倍、2.1 倍、1.6 倍和 1.5 倍。可见，杏—麦复合系统的经济效益优于单作田。结果还表明复合系统具有明显的降温、增湿、防风作用，8m、6m、4m 带型条件下系统平均防风效能分别为 40.2%、43.6% 和 50.7%。可见，杏农复合系统具有明显的经济和生态效益。

2014 年孙红滨等人，对采用杏树—小麦间作模式的 79 户农户，总种植面积为 371.3 亩进行调查。其中 63 户属于幼树期，种植面积为 305.50 亩；产果期的有 16 户，种植面积为 65.80 亩。研究结果表明，在杏树的幼树期，杏树间作小麦的总产值为 985 元/亩，其中杏树的产值为 174 元/亩，占总产值的 18%，小麦的产值为 811 元/亩，占总产值的 82%。总投入为 511 元/亩，其中物质投入为 252 元/亩，人工投入 114 元/亩，投入产出比 2.27，物耗产值率为 3.53。每亩纯收入为 551 元/亩，其中杏树的纯收入为 106 元/亩，小麦的纯收入为 445 元/亩。在杏树的产果期，杏树间作小麦的总产值为 1 320 元/亩，其中杏树的产值为 435 元/亩，占总产值的 33%，小麦的产值为 885 元/亩，占总产值的 67%。总投入为 454 元/亩，其中物质投入为 291 元/亩，人工投入 163 元/亩，投入产出比 2.91，物耗产值率为 4.54。每亩纯收入为 866 元/亩，其中杏树的纯收入为 249 元/亩，小麦的纯收入为 517 元/亩。

通过以上分析可以看出，杏树间作小麦模式的收益较单独种植杏树的经济效益高。

（二）枣麦间作

1. 应用地区和条件

红枣树适应性强，具有耐干旱、耐涝的特性，对土壤没有严格的要求，土壤含盐量在 0.3% 以下，pH 值在 8.5 范围内的碱性土均能正常生长。新疆环塔里木盆地地区光热资源非常丰富，气候条件适宜红枣栽培，因此红枣成为近年来新疆环塔里木盆地地区大力发展的特色林果之一。据调查（洪明等，2012），南疆四地州（喀什、和田、阿克苏、巴州）均有枣树种植，骏枣和灰枣树体本身具有抗寒、抗旱、耐瘠薄、耐盐碱等特点，同时又是优良的鲜食、制干兼用品种，所以南疆四地州红枣的主栽品种为'骏枣'和'灰枣'，其他品种如'赞皇'、'壶瓶枣'、'圆脆枣'等由于产量或商品性差，逐渐在调查区域内退出了主栽品种。其中以喀什和阿克苏地区种植面积较大，四地州红枣种植总面积31.6万hm^2，占全疆红枣总种植面积的90.40%。在和田地区、阿克苏、巴州地区都均有枣树和小麦间作种植，这种情况多出现在维吾尔族居住区。通过间作种植户实现了一年两熟（巴州、阿克苏地区的枣麦间作），甚至一年三熟（和田地区的枣麦/胡萝卜/大白菜间作）。如泽普县，枣—麦间作种植的面积是41 870亩，占总耕地面积的11.33%。

2. 对小麦生长发育的影响

（1）小麦播种时间　冬小麦播种时间一般为9月下旬或10月上旬，如泽普县冬小麦播种时间为9月20至10月10日。以播期来调整播量，如早播低播量，晚播高播量，高肥力低播量，低肥力高播量等。9月20日前后播种的小麦，播种量20~25kg/亩；10月5日前后播种的小麦，播量不低于25kg/亩。

（2）小麦的生育特性　在枣—麦间作系统中，位于上层的枣树对位于下层的小麦形成遮挡阳光作用，改变了小麦的光照情况，使麦田中的光强减弱，光照时间缩短，影响了小麦的生长发育。据观测（俞涛等，2009），枣—麦间作内行东、行西小麦单株平均高度与对照相比低了0.2和7.6cm，小麦平均株高矮了1.4cm，穗长短了0.3cm。

（3）对小麦产量的影响　小麦与不同年限枣树间作，小麦的产量有所不同。据研究（张伟，2014），2年生枣树小麦复合系统中，间作小麦产量较单作小麦降低了7.55%，3年生枣树—小麦复合系统中，间作小麦产量较单产显著降低了17%，但差异不显著，4、5、6年生枣树小麦复合系统中，间作小麦产量较单作小麦分别显著降低了17.7%、24%和30.4%。复合系统中，枣树和小麦产生了种间竞争，导致两种作物的产量都有所下降，且枣树树龄越大，对小麦产量的影响越大。

枣树对小麦产量的影响主要通过遮阴使得间作物冬小麦的穗粒数、有效穗数、千粒重和产量显著降低。据郭佳欢等人喀什岳普湖的研究（2016），单作对照处理的穗粒数、有效穗数、千粒重和产量分别比间作处理高14.7%、15.9%、33.5%和53.0%。

从土地当量比（LER）看，红枣与小麦间作的LER都大于1，但对产量和地上部生物量的影响有所差异，通过对比小同年限的枣树—小麦复合系统可发现，4年生枣树—小麦复合系统的LER最高，分别为：产量1.45，地上部生物量 1.67。2 年生枣树—小麦复合系统的 LER 分别为：产量 1.44，地上部生物量 1.38。3 年生枣树—小麦复合系统的 LER 分别为：产量 1.29，地上部生物量 1.23。5 年生枣树—小麦复合系统的 LER 分别为：1.38，地上部生物量 1.32。6 年生枣树—小麦复合系统的 LER 分别为：产量 1.24，地上部生物量 1.51。7 年生枣树—小麦复合麦复合系统的 LER 分别为：产量 1.20，地上部生物量 1.30（张伟，2014）。

3. 规格、模式和关键技术

环塔里木盆地红枣种植面积占全疆红枣总种植面积的 90.40%，种植模式可分为直播建园单作种植模式、栽植前期间作后期单作种植模式和栽植间作种植模式 3 类，多以枣麦、枣棉间作为主（图 1 - 3），其中枣粮间作模式与河北、山西等地的红枣间作模式一致。在该种栽植模式下红枣的株行距通常为：2m×6m，（和田地区），0.5m×4m（阿克苏地区）。

┌─ 关键技术：────────────────────────────

南疆地区粗放的农田灌水模式导致果粮之间用水矛盾进一步凸显，果实膨大期需要供水的时候，粮食作物正处于成熟期几乎不需要太多的水份供应；而果树成熟期为保证果品质量几乎不需要供水的时候正是复播粮食作物需水的高峰期，农民为保果品质量而放弃复播粮食作物。

提高水资源的有效利用率，改大水漫灌的粗放灌水模式为膜下、林下滴灌的精细灌水新模式避免果粮需水不同步的矛盾问题，进一步提高水的有效利用率。

└──────────────────────────────────────

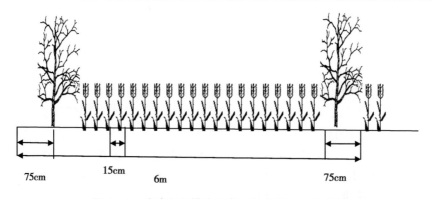

图 1 - 3 枣麦间作模式示意（吴全忠，2016 年）

4. 效益分析

枣麦间作可显著提高土地、资金、养分等利用率，经济效益提高，以泽普县红枣—小麦为例。

（1）单麦种植的经济效益分析 单麦种植模式下，所有要素总投入为482.9元/亩，其中种子投入为50.5元/亩，占要素总投入的10.46%；肥料投入为112.9元/亩，占要素总投入的23.38%；农药投入为23.7元/亩，占要素总投入的4.91%；动力投入为97.1元/亩，占要素总投入的20.11%；用水投入为88.4元/亩，占要素总投入的18.31%；人工投入为110.3元/亩，占总投入的22.84%。可见，单麦种植模式下，肥料投入占总投入的比重最大，农药的投入比重最小。其他要素比重大小依次是：人工要素投入＞动力要素投入＞用水要素投入＞种子要素投入。单麦种植模式下，小麦一亩地的产量在400左右，根据历年小麦的收购价格（2.0～2.2元/kg）计算，一亩地的总收益在800～920元/亩。再按一亩地482.9元的总要素投入折算，单麦种植模式下小麦的纯收入在317.1～397.1元/亩。

（2）枣—麦间作种植的经济效益分析 为分析不同阶段与不同作物间作模式的投入产出比，对枣—麦间作模式的总产值、生产总成本、纯收入进行了核算。在幼枣—麦模式中每亩的总产值为1 089元，其中红枣的产值为169元/亩，小麦的产值为920元/亩，分别占总产值的15.5%、84.5%。在间作模式的总投入上为829元/亩，其中物质总投入为591元/亩，人工投入为238元/亩，投入产出比为1.3，该间作模式下每亩的纯收入为260元，其中红枣纯的收入为200元/亩，小麦的纯收入为460元/亩。

在红枣（产）—麦间作模式中每亩的总产值为3 189.7元，其中红枣的产值为2 471.7元/亩，小麦的产值为718元/亩，分别占总产值的77.5%、22.5%。总投入为829元/亩，其中枣的投入为394元/亩，小麦的投入为435元/亩；物质总投入为1 113.7元/亩，其中枣的投入为630.8元/亩，小麦的投入为482.9元/亩；人工投入为277.6元/亩，投入产出比为2.86，该模式下每亩的纯收入为2 076元/亩，其中红枣纯收入为1 840.9元/亩，小麦纯收入为235.1元/亩。

三、多熟种植

新疆塔里木盆地属荒漠性气候灌溉农业区，是新疆的粮棉瓜果主产区，播种面积118.2×10^{4}hm^2，占新疆地方（新疆通常分地方和兵团两块，这里主要指非兵团管辖范围内）播种总面积的52.8%，生态气候类型差异小，光热资源丰富，年总辐射量达544～649kJ/cm^2，光合有效辐射281～314kJ/cm^2 ≥10℃年积温4 000℃以上，平均日照时数2 550～3 500h，无霜期180～210d。优越的光热资源集中在3—10月，适合多熟立体种植，有两熟面积21.4×10^{4}hm^2，多数为小麦、玉米一年两熟。

（一）一年两熟模式

1. 6∶2 模式

小麦带宽70cm，种6行小麦，留空行50cm，5月上中旬套种2行中晚熟玉米。

2. 8∶2 模式

小麦带宽100cm，种8行小麦，留空行50cm，5月上中旬套种2行中晚熟玉米。

3. 11∶2 模式

小麦带宽120cm，种11行小麦，留空行50cm，5月上中旬套种2行中晚熟玉米。1991—1996年在塔里木盆地的和田、喀什、阿克苏、克孜勒苏州四地州采用上述模式，实施"吨粮田"工程，累计实现吨粮田面积 $35.5 \times 10^4 hm^2$，平均粮食单产 $15\ 684\ kg/hm^2$，比普通两熟田增产粮食 $7\ 554\ kg/hm^2$，新增产值 $6\ 490$ 元$/hm^2$，扣除新增投入，增加纯收益 $4\ 998$ 元$/hm^2$（何雄，1998年）。

（二）一年三收模式

两种栽培模式（孟凤轩，崔新建等，2003，新疆农业科学）：

1. 20∶4∶8 一年三收模式

1996年秋，在阿瓦提县阿衣巴格乡安排了一年三收种植模式大田生产试验，面积 $0.57 hm^2$，占一块条田的1/3，另外2/3以常规小麦复播地膜玉米作为对照。小麦品种为冀麦5418，套播玉米品种为掖单12，复播玉米品种为701。20∶4∶8 一年三收模式，1996年秋播冬小麦20行，行距15cm，播幅300cm，预留空行宽180cm，1997年5月上旬在预留空行套播晚熟地膜玉米4行，株距23cm，6月下旬小麦收获后，在小麦带机械整地铺膜播种8行地膜玉米，株距30cm。施肥灌水总量同小麦复播地膜玉米两熟模式相同。

结果表明：1996—1997年阿瓦提试验示范，一年三收模式在播种冬小麦时，留行宽度加大到180cm，套种玉米机械整地播种较顺利，播种质量得到保证，留行小麦的边行效应较好，小麦产量 $6\ 468\ kg/hm^2$，套种玉米产量 $6\ 923\ kg/hm^2$，复播玉米产量达到 $6\ 140\ kg/hm^2$，一年三收模式玉米产量达到 $1.306\ 3 \times 10^4 kg/hm^2$，与两熟模式玉米的产量 $8\ 736\ kg/hm^2$ 相比，玉米增产 $4\ 327\ kg/hm^2$，增产49.4%，三茬合计产粮食 $1.953 \times 10^4 kg/hm^2$，较小麦复播玉米两熟模式增产 $2\ 090\ kg/hm^2$，增产12%。采用一年三收种植模式，将留行宽度增加到机械可以进地作业的情况下，适当增加小麦的播种量，减产较少，合理控制玉米密度，可望使产量超过 $1.953 \times 10^4 kg/hm^2$。

2. 18：3：3一年三收模式

1997年秋，安排了几种模式试验和大田生产推广，当年的三熟模式主要有18：3：3、9：2：1、12：2：2、16：3：3等，选择18：3：3一年三收模式同小麦套种玉米两熟模式进行对比试验，示范地在和田县吐沙拉乡，面积约4hm²。小麦品种为和麦1号，套播玉米品种为掖单12，复播玉米品种为701。小麦18行，播幅220cm，预留空行180cm，4月下旬套播玉米3行，株距14cm，麦收后复播玉米3行，株距20cm，面积约1.73hm²。施肥灌水量同小麦套种玉米两熟模式。

结果表明：1997—1998年和田试验示范，同小麦套种玉米两熟模式比较，一年三收模式的小麦加大了播种量，基本苗和单位面积收获穗数同小麦套种玉米两熟模式的小麦接近，同两熟模式的小麦相比减产6%，小麦减产很少。一年三收模式的套种玉米同两熟模式的套种玉米产量相近，18：3：3一年三收模式的复播玉米产量3 395kg/hm²，三茬合计年产量1.828×10⁴kg/hm²，较小麦套种玉米两熟模式增产2 290kg/hm²，增产14.3%。

第五节 施 肥

小麦生长发育需要多种营养元素，除 C、H、O 外，其他营养元素如 N、P、K、Ca、Mg、S、Fe、Mn、Zn、Cu、Mo、B 主要来自土壤。土壤本身不能满足小麦高产需要各种营养元素，必须通过施肥加以补充。施肥的种类和数量符合小麦的要求，可以提高小麦产量，改善籽粒品质，降低生产成本提高肥料的经济效益。

一、小麦需肥特性

由于气候、土壤、栽培措施、品种特性等条件的变化，小麦植株在整个生长期内所吸收的 N、P、K 数量，及植株不同部位的分配也不同。N、P、K 三要素的吸收数量是因地力基础、产量水平、品种特性、土壤质地而异的。产量越高，需肥总量增加，但每生产100kg 籽粒的需 N 量有减少趋势，而对 P、K 的吸收量有所增加。一般认为每生产100kg 小麦，约需吸收 N 3kg 左右，P_2O_5 1.25kg、K_2O 2.5kg，N、P、K 三者的比例约为1：0.42：0.83。其中 N、P 主要集中于籽实，分别占全株总含量的76% 和82.4%，K 则主要集中于茎叶，占全株总含量的77.6%。

（一）冬小麦需肥规律

1. 冬小麦吸收大量元素特点

冬小麦与其他作物相比，需肥量大，一是由于冬小麦生育期较长，并且大半处于低温时期，土温较低，有机质分解慢；二是幼苗期长，基肥易流失，三是在干旱条件下，P、K 的养分形态不易被根系吸收，K 又不能通过灌水来供应。

冬小麦在不同生育时期对 N、P、K 的需求差别很大。小麦一生对 N 的吸收有两个高峰，一个是分蘖到越冬需要量占总需要量的 13.5%，此时是小麦以器官建成为主的时期，N 素代谢旺盛，要求充分的 N 素营养以充分满足营养器官建成生长的需要。另一个是拔节到孕穗期，吸收量占总需要量的 37.33%；对 P、K 的吸收，随着小麦生长的推移逐渐增多，到拔节以后大为增加，P 以孕穗—成熟期间最多，约占总量的 40%，而对 K 的吸收高峰出现较早，麦苗起身以后，体内积累的 K 素大量增加，开花前后达到最大值。但在籽粒建成阶段，植株体内的 K 素含量明显下降，成熟后期的积累量一般相当最大值的 70%～80%（河南农学院，1975）。

2. 冬小麦吸收微量元素特点

从冬小麦吸收微量元素的强度和阶段吸收量来看，拔节到开花对 Zn、Mn、Mo 的吸收最大，点总吸收量的 35%～50%。同时，对 Cu 的吸收强度和吸收量也比较大。返青至拔节是对 Cu 的吸收强度和吸收量最大的时期，同时对 Zn、Mn、Mo 的吸收强度和吸收量也较大。由此可见，拔节期前后是微量元素营养的关键时期，此外，开花至成熟阶段，吸收量占总吸收量的 23%～30%，后期补施微肥是丰产的保证。

3. 冬小麦营养元素的分配和积累规律

各个生育时期植株体内的养分含量对于 N、P 来说是一定的，这是由植株本身的生物学特性决定的。对于 K 则不一定，是随着环境变化而变化的。其原因是由于这三种元素在植物体中所起的作用不同的造成的。N 是构建植物体细胞原生质的主要成分之一，P 是细胞核的重要成分，二者都是植物器官建成所必需的组成元素，在生育期，某一器官的建成都需要一定的 N 和 P_2O_5，而相同的生育时期建成的器官是相同的。对于 K，由于是促进植株体内碳水化合物形成和转化，抵御外界不良环境条件影响的元素，所以对器官建成的作用不像 N 和 P 是建成器官的物质基础，而是加快器官建成和强化组织，因此，受外界影响较大。

冬小麦全生育期可以分为 3 个生长中心，即苗期的营养生长为主时期；中期是以成穗为主的营养生长和生殖生长并进时期；后期以籽粒建成和增粒为中心的生长生殖时期。

N 肥的吸收和分配随生长中心的转移而变化（表1－3）。苗期主要用于分蘖和叶片等营养器官建成，中期主要用于茎秆和分化中的幼穗，后期则流向籽粒。籽粒中 N 素来源于两个部分，大部分是开花以前植株吸收的 N 的再分配，小部分是开花以后根吸的 N。

P 的积累与 N 素基本一致，但吸收量远小于 N，苗期叶片和叶鞘是 P 素累积中心，拔节至抽穗积累中心是茎秆，抽穗至成熟转向穗部。

K 在苗期吸收主要分配到叶片、叶鞘和分蘖节，拔节至孕穗只运往茎秆，开花期 K 的吸收达最大值，其后 K 的吸收出现负值，向籽粒中转移量很少。

表1－3　冬小麦不同生育期吸收氮、磷、钾比例（吴全忠，2016）

生育时期	吸收百分比（%）		
	氮	磷	钾
越冬期	14.87	9.07	6.95
返青期	2.17	2.04	3.41
拔节期	23.64	17.78	29.75
孕穗期	17.4	25.74	36.08
开花期	13.89	37.91	23.81
乳熟期	20.31		
成熟期	7.72	7.46	

（二）春小麦对营养元素的要求

春麦一生需要 15 种以上营养元素。N、P、K 是需要最多的元素，春小麦每生产 100kg 籽粒需要吸收 N 2.97kg，P_2O_5 0.99kg，K_2O 3.37kg，其比例约为 3∶1∶3.4。

除 N、P、K 外，春小麦生长发育要求数量比较多的元素还有 Mg、Fe、B、Zn 等。这些元素虽然需要量很少，但其作用很大。

（三）春小麦需肥规律

1. 氮磷钾的吸收特点

在 N、P、K 三种营养元素中，春小麦吸收和消耗的 K 最多，N 略次，P 磷最少。春小麦对 N 的吸收以拔节前最高，对 P 的吸收持续时间长，整个进程比较平缓，春小麦对 K 的吸收进程快，持续时间短。春小麦一生中吸收 N、K 有两个高峰。拔节—孕穗期，吸收 N、K 量占一生中吸收 N、K 量的 30.37% 和 30.01%；开花—乳熟期，吸收 N、K 量占总量的 28.33% 和 28.54%。除此以外，分蘖—拔节期吸 N 量也较多，点总量的 14.99%。春小麦对 P 的吸收以开花—乳熟期最多，吸收量占总吸收量的 30.31% 。孕穗—开花期和拔节—孕穗期，分别占总吸收量的 25.88% 和 20.54% 。也就是说从拔节以后到乳熟之前，春小麦对 P 的吸收量一直比较多。

2. 春小麦的需肥临界期

小麦的某个生育时期，如果因为某种营养元素不足而严重影响产量的这个时期，就叫该元素的需肥临界期。春小麦的需 N 临界期在四分体期（挑旗期）；需 P 肥的临界期是在断乳期（三叶期）。

3. 春小麦的肥料效应

肥料施入土壤后有一个分解转化和被作物吸收利用的过程，这个过程是肥料的效应期。春小麦的肥水效应比冬小麦慢。如第 5 叶龄期施肥，要在第 7 和第 8 叶龄期时才明显表现出施肥效果。如想使第一个分蘖发育成穗，根据叶、蘖同伸关系，第一分蘖与第 4 叶同伸，那么就应该用好种肥，或者肥水提前 2 叶龄期进行。依此类推。

二、小麦的合理施肥

（一）有机肥与无机肥结合

从一些高产区的经验来看，小麦施肥应做到有机肥与无机肥相结合。有机质含量和养分状况是土壤肥力的重要因素。小麦的产量高低与土壤有机质和养分含量密切相关。有机肥料具有肥源广、成本低、养分全、肥效期长、有机质含量多特点，对土壤理化性状改善有良好作用，对小麦具有持续增产的作用。但有机肥养分含量低，需用量大，肥效发挥慢，当作物急需养分时，还必须以化肥作补充，以利增产。南疆土壤有机质积累少，分解快，有机质含量偏低，增施有机肥具有明显的增产效果。

（二）坚持氮磷配合

新疆土壤普遍缺 P、少 N、K 有余。由于 Ca 和 Mg 的固磷作用，土壤中有效 P 含量低，因此，不仅要补充 N，更要增施 P 肥，以协调 N、P 比例。

（三）施足基肥

基肥是小麦增产的基础。小麦的基肥用量一般占施肥总量的 60% ~80% 。黏性土壤保肥能力强，基肥比重可大些，沙性土壤肥料容易分解，保水能力差，基肥比例应略少一些。有机肥料、化肥的大部分也应作基肥翻入，P 肥和一部分的 N 肥宜作基肥施用。施足基肥是提高麦田土壤肥力的重要措施，基肥不仅可以满足小麦生长初期所需的养分，扩大麦苗叶面积，促进次生根生长，壮苗早发，提高成穗数，同时也对壮秆大穗也具有重要作用。

　　基肥最好以有机肥为主，配合施用少量 N、P 化肥。N 素容易挥发，P 素和 K 素在土壤中移动性差，N、P、K 速效性肥料就施入 8cm 以下，以提高肥效。

　　保肥能力强的黏质土壤，可将全生育期 N 肥总量的一半以上做底施用；中肥麦田 N 肥作为底肥、追肥的比例为 1∶1；保肥能力较差的沙质土壤适当少些，占全期 N 肥总量的 40% 左右做底肥为宜。在缺 P 地块，用 P 肥总量的 20% 做种肥，80% 做基肥。在沙性土壤上，用 K 肥总量的 50% 做基肥，其余与 N 肥配合作追肥施用。

（四）带好种肥

　　带好种肥不仅是培育壮苗、保证冬小麦越冬的重要措施，也是最有效的增产手段。新疆大部分土壤有效 P 缺乏，在这种土壤上施用 P 肥为主的种肥，其增产效果特别显著。种肥施在种子附近，肥料集中，肥效快，同时也可以减少土壤对 P 的固定，肥料利用率高，能有效地协调土壤中 N、P 比例，促进根系发达，幼苗粗壮，特别是在瘦田和晚茬麦，作用更明显。种肥以 P 肥为主，N 肥为辅。种肥用量不宜多，以有效成分算，N、P 以 15～22.5kg/hm² 即可。种肥深施，施肥与播种同时进行，肥料施于种子侧下方 2.5～4cm 深处（或种床）。

（五）适时追肥

　　因地制宜，依苗情而定。沙土地施肥是少量多次，防止脱肥。黏土地追肥量可大，但追肥要适当提前，以防贪青晚熟。追肥深施采用人力器械或机具将肥料施于土壤 6.6～9.9cm 深处，施肥部位在小麦株行两侧 8～15cm 处，施后用土覆严。

（六）追施微肥

　　施用微量元素时，应根据土壤 B、Zn、Mn 等土壤中的含量及小麦缺素症状针对性地使用微量元素。

（七）小麦平衡施肥技术

　　平衡施肥，即配方施肥，是依据作物需肥规律、土壤供肥特性与肥料效应，在施用有机肥的基础上，合理确定 N、P、K 和中、微量元素的适宜用量和比例，并采用相应科学施用方法的施肥技术。小麦平衡施肥技术就是根据小麦的需肥规律、土壤供肥性能和肥料效应，在秸秆还田的基础上，提出 N、P、K 肥的合理施用数量、施用时期和施用方法。

　　小麦平衡施肥确有增强作物抗性，促进健壮生长的功能。平衡施肥后小麦表现抗病，生长势强，植株性状增大的态势，茎叶健壮，叶色深绿，叶绿素增加，光合作用增强。基本苗、冬前茎数、最大茎数、单株分蘖数、株高增加。

同时，平衡施肥有提高小麦产量与改善品质的作用。亩穗数、穗粒数增加、千粒重增加，小麦产量、效益提高（表1-4）。

表1-4　冬小麦平衡施肥农艺性状调查分析（孜热皮古丽·赛都拉等，2014）

处理	有效穗数/ （万/亩）	株高/cm	穗粒数 /个	单穗重/g	千粒重/g
平衡施肥	37.0	73.6	36	1.44	40
常规施肥	36.7	71.4	32	1.22	38
对照	25.4	57.3	14	0.42	30

平衡能提高肥料利用率，由于养分的平衡供应，使 N、P、K 充分发挥了互补作用，肥料利用率明显提高（表1-5）。

表1-5　平衡施肥与习惯施肥肥料利用比较（谭晓君等，2015）

处理	作物吸收量			施入肥料量			盈亏		
	N	P_2O_5	K_2O	N	P_2O_5	K_2O	N	P_2O_5	K_2O
配方区	12.02	5.43	28.04	11.4	11.5	0	-0.62	6.16	-28.04
习惯区	12.51	5.56	29.19	6.9	11.96	1.98	-5.61	6.4	-27.21

1. 平衡施肥原则

（1）因土施肥　由于小麦种植所涉及土壤类型多，在性质上差异很大，主要依据不同土壤肥力状况、质地、酸碱性等土壤性状进行分类施肥。

（2）因小麦品种特性施肥　小麦种植逐渐向优质专用发展，并且高产品种更新很快，应根据不同小麦的品种类型和需肥特点进行施肥。

（3）依据肥料特性施肥　由于各地肥料种类较多，不同肥料特性各异，施肥方法也不相同，在肥料应用上有机与无机相结合，大量、中量、微量元素配合，用地与养地相结合，从而实现高产、稳产、可持续发展。

2. 平衡施肥的基本方法

（1）养分丰缺指标法　养分丰缺法是利用土壤养分测度数据和已有田间试验结果，将土壤肥化划分成若干个等级，根据各种养分等级确定适宜的肥料种类和用量。

为制定养分丰缺指标，首先要在不同土壤上安排田间试验，设置全肥区和缺肥区处理，最后测定各试验地土壤速效养分含量，利用土壤养分的测定值与小麦吸收养分量之间存在相关性原因，通过田间试验把土壤养分测定值按小麦相对产量的高低，制成小麦土壤养分丰缺指标。

缺氮的相对产量(%) = 缺氮处理产量(N_0PK)/全肥区产量(NPK) ×100

缺磷的相对产量(%) = 缺磷处理产量(NP_0K)/全肥区产量(NPK) ×100

缺钾的相对产量(%) = 缺钾处理产量(NPK_0)/全肥区产量(NPK) ×100

一般以相对产量 >90% 为养分含量"高"；70% ~90% 为养分含量"中"；70% ~50% 为养分含量"低"；小于50% 为养分含量"极低"。利用养分丰缺指标要建立南疆小麦 N、P、K 推荐指标（表1 – 6）。

表1 – 6　南疆农田土壤养分现状评价（张炎，2006）

地区	有机质	全氮	碱解氮	速效磷	速效钾	有效硼	有效锰	有效锌	有效铜	有效铁
巴音郭楞盟	中	—	中	中	低	中	低	低	—	中
阿克苏	中	极低	中	中	中	中	低	中	高	中
克孜勒州	高	中	中	中	中	—	—	—	—	—
喀什	中	低	中	中	中	中	低	中	中	高
和田	低	极低	中	中	低	高	低	低	低	中

水利条件较好、土壤肥力较高、土层深厚，麦田的目标产量是500kg/亩，其配方是优质有机肥 3 ~4m³/亩，全生育期限施纯 N 10 ~11kg/亩，P_2O_5 6 ~7kg/亩，K_2O 4 ~5kg/亩，微量元素基施、拌种、浸种或喷施。

水利条件尚可，目标产量为 400 ~500kg/亩，其配方施肥为优质有机肥 4m³/亩左右，全生育期施 N 素 8 ~9kg/亩，P_2O_5 5 ~6kg/亩，K_2O 3 ~4kg/亩，微量元素基施、拌种、浸种或喷施。

低肥麦田属水利条件较差的人工堆垫及旱地，目标产量小于 300kg/亩，其配方是施有机肥 3 ~4m³/亩，全生育期施 N 肥 6 ~7kg/亩，P_2O_5 5 ~6kg/亩，K_2O 3kg/亩，微量元素基施、拌种、浸种或喷施。施用方法为全部底施，或可追施部分或滴施。

小麦抽穗至灌浆期，用0.4% ~0.5%的磷酸二氢钾水溶液喷施叶面，6 ~7d 喷一次，连喷 2 ~3 遍，可以增加粒重、促进成熟，提高抵抗干热风的能力。

（2）养分平衡法　该法是以实现小麦目标产量所需养分与土壤供应养分量之差作为施肥量的依据，以达到养分收支平衡的目的。其施肥量公式为：

$$施肥量(kg) = \frac{计划产量所需养分量(kg) - 土壤当季供给养分量(kg)}{肥料养分含量(\%) \times 肥料当季利用率(\%)}$$

计划产量所需养分量根据100kg 籽粒所需养分量来确定；土壤供肥状况一般以不施肥麦田产出小麦的养分量测知土壤提供的养分数量；在大田条件下，N 肥的当季利用率一般为30% ~50%，P 肥为 10% ~20%，高者可达到

25%~30%，K肥为40%~70%，有机肥的利用率一般为20%~25%。中低产田应增施P肥，做到N、P肥配合，每亩小麦产量在400kg以下时，N、P肥比以1:0.5为宜；每亩产量在500~600kg时，N、P肥比以1:0.4为宜。

（八）滴灌小麦施肥

与常规灌小麦一样，滴灌小麦施肥原则应以"施足底肥、早追苗肥、普施拔节肥、补施穗肥"为准。一般犁地前施N量占总量的25%~45%，P占70%~80%，K占50%~70%（每hm^2施纯N 67.5~107.5kg，P_2O_5 82.5~92.0kg，K_2O 37.5kg，深施18cm以下）；生育期滴施纯N 176.5~201.0kg、P_2O_5 21.5~32.4kg、K_2O 30.8~44.5kg。从滴灌分蘖水开始，共分4~6次施入，前期和后期较少，拔节—扬花期较多。

第六节　灌　溉

一、灌溉水源

盆地绿洲农业是典型的灌溉农业，没有灌溉就没有农业。

（一）内陆河

塔里木河由发源于天山的阿克苏河、发源于喀喇昆仑山的叶尔羌河以及和田河汇流而成。流域面积$102km^2$，最后流入台特马湖。是中国第一大内陆河，全长2 179km，是世界第5大内陆河。涵盖塔里木盆地的绝大部分。塔里木河流域是环塔里木盆地的阿克苏河、喀什噶尔河、叶尔羌河、和田河、开都河、孔雀河、迪那河、渭干河与库车河、克里雅河和车尔臣河等九大水系144条河流的总称。流域总面积$102×10^4 km^2$。占中国国土总面积的9.41%。

除塔里木河、孔雀河、渭于河不能形成产流外，其余的河流均为自产自消河，大部分上源有冰川消融补给，故年变差系数不大，但年内变化较大，6—8月的径流量占总径流量的40%~65%，个别达70%，然而灌溉用水的春季仅占年径流的10%~24%，个别占6%。因此，塔里木盆地春季缺水严重。

塔里木河流域水资源的形成以冰雪融水补给为主，并有降雨径流加入，各河流均以河流出山口为界，出山口以上为径流形成区，径流量沿程递增；河流出山以后，沿程渗漏、蒸发，用于灌溉、流入湖泊或盆地，径流量沿程递减，最后消失于湖泊、灌区或沙漠中。流域多年平均（1957—2010年系列）水资源总量为$430.2×10^8 m^3$，其中，地表水资源量为$409.9×10^8 m^3$，地下水与地表水不重

复量为 $20.4 \times 10^8 m^3$，盆地内多年平均降水资源为 $1\,001.453 \times 10^8 m^3/$年，其中，山丘区为 $855.245 \times 10^8 m^3/$年，平原区为 $146.208 \times 10^8 m^3/$年。

塔里木盆地远离海洋，又被高山围限，受地形封闭的影响，大气环流被隔之山外，偶尔受孟加拉湾水汽的波及，昆仑山中段和和田河流域可形成降水，北冰洋的大气环流过蒙古入疆后，多变为干冷空气，遇到高温天气反而更为干燥。唯有大西洋的水汽，才能在西部山地形成较多的降水机会。所以，塔里木盆地降水稀少，山地与平原具有明显的垂直分带规律，即降水随海拔的升高而增加。托木尔峰地区年降水 $400 \sim 800mm$，最高可达 $900mm$。一般中低山区年降水 $200 \sim 300mm$，砾质平原降水 $60 \sim 90mm$，细土平原 $36 \sim 60mm$，沙漠地带降水量 $24 \sim 36mm$，帕米尔山地及昆仑山地区，西段递增率 $8 \sim 12mm/100m$，在和田河上游为 $14 \sim 16mm/100m$，若羌以东的阿尔金山山地递增率小于 $6mm/100m$。塔克拉玛干沙漠年降水量不足 $40mm$。平原区的蒸发是降水的数十倍到百余倍，由此证明，降水远远不能满足作物生长的需要。

（二）地下水

南疆处于中国新疆南部地区，整体气候环境偏向干燥、风沙等状况，但对于固有的地下水资源，南疆地区开发与利用量较少。按照地质勘测结果，到 2010 年，南疆五地州地下水可能实现的地下水可开采量为 $71.5 \times 10^8 m^3$，开采潜力为 $54.7 \times 10^8 m^3$，而 2005 年实际开采量仅为 $16.8 \times 10^8 m^3$。南疆地下水存储量比较丰厚，但因条件限制而未能得到充分地开发与利用。比如，农业经济发展初期，南疆对地下水资源利用量不足 50%，大量水资源自然流入地下或蒸发散失，导致固有水资源利用率偏低。塔里木河流域水资源总量为 $429 \times 10^8 m^3$，地表水资源量为 $398.3 \times 10^8 m^3$，地下水资源量为 $30.7 \times 10^8 m^3$。塔里木盆地地下水资源是为 219×10^8 亿 m^3，实际开采量不足 $1 \times 10^8 m^3$（$0.940\,7 \times 10^8 m^3$），生产井数 13 372 眼，其中农业用井 11 494 眼。塔里木盆地地下水资源丰富，还具有较大开发潜力。按 0.62 的开采系数，塔里木盆地，矿化度 $<1g/L$ 地下水可开采 $59.75 \times 10^8 m^3$，$1 \sim 21g/L$ 可采 $30.77 \times 10^8 m^3$，$<2g/L$ 可开采 $90.52 \times 10^8 m^3$。

由于灌溉农业是绿洲农业的典型特点，稀少的天然降水不能满足农作物生育的正常需求，因此绿洲农业是依赖山地冰雪融化地表水和地下水的灌溉农业。2004 年四源一干，耕地面积 $11\,190km^2$，其中灌溉水田 $497.87km^2$，水浇地 $10\,692.53km^2$，灌溉草场 $189.80km^2$，灌溉林地 $3\,846.67\ 189.80km^2$。2002—2008 年，四源一干所属区耕地面积由 2002 年的 $109.45 \times 10^4 hm^2$ 增加到 2008 年的 $169.30 \times 10^4 hm^2$，增加 54%，农作物播种面积由 2002 年的 $135.01 \times 10^4 hm^2$，增加到 $179.34 \times 10^4 hm^2$，增幅达 32.9%，并且新增的耕地面积绝大多数为新开垦土地。随着耕地面积和播种面积的增加，水资源不足的矛盾将越来越突出。

（三）内陆湖、水库，对小麦生产发展的贡献

湖泊作为干旱区水资源的重要载体，维系着脆弱生态系统的平衡及人类经济社会发展的需求，是干旱区水分循环的重要组成。湖泊、水库对塔里木盆地小麦生产具有重要作用。塔里木河流域内湖泊、水库共 903 个（2010 年），水域面积 2 467.95 km^2，近年来呈现出面积减少的趋势。目前，塔里木河流域"四源一干"已修建各类平原水库 200 多座，总库容 28.08 × $10^8 m^3$，其中大型水库 6 座，总库容 12.89 × $10^8 m^3$，76 座平原水库设计灌溉面积为 51.16 × $10^4 hm^2$，有效灌溉面积为 36.54 × $10^4 hm^2$，占"四源一干"总灌溉面积的 24%，设计供水量 35.99 × $10^8 m^3$。

（四）气候变化对水资源的影响

受气候变暖影响，河源冰川融水增加，塔里木河四条源流天然来水近 50 年来呈增加趋势，20 世纪 50 年代平均 216.0 × $10^8 m^3$ 增加到 2000—2006 年的 260.3 × $10^8 m^3$，增加 44.30 × 10^8 m^3，但由于人类活动和粗放型农业，四条源流净入塔里木河干流水量由 20 世纪 50 年代平均 60.0 × $10^8 m^3$ 减少到 2000—2006 年的 44.6 × $10^8 m^3$，50 年减少了 15.4 × $10^8 m^3$。

塔里木河上、中、下游耗水比例失调，改变区域水资源分配，导致下游生态环境继续退化。源流与干流水量的再分配是造成下游生态环境恶化的主因。在塔里木河干流，上游区间耗水量从 20 世纪 50 年代 13.45 × $10^8 m^3$/年，增加到 2006 年的 33.55 × $10^8 m^3$/年，从 2001 年起上游已成为干流最大耗水区。历史上，干流中游是最大耗水区，多年平均耗水量 22.03 × $10^8 m^3$/年，至 2006 年减少到 16.93 × $10^8 m^3$/年，与多年均比较减少了 5.10 × $10^8 m^3$/年；下游区间多年平均耗水量 6.55 × $10^8 m^3$/年，20 世纪 50 年代达 13.53 × $10^8 m^3$/年，耗水量减少。虽然近年处于偏丰时段，平均水资源利用量比多年平均增加，但源流补给干流的水量仅占总来水量的 2.2%，即源流多来水的 97% 已在源流区就被消耗和利用了。

在径流开发利用区，由于源流和干流上游耕地不断增加，水资源被大量利用，导致干流水量逐年减少，由此带来干流出现了一系列的生态问题，说明如何协调源流与干流，干流上中下游用水的关系是解决塔里木河生态问题的关键。

塔河流域水资源不合理利用是导致水资源利用紧张和生态问题突出的根本原因。因此如何转变流域水资源利用方式，建立节水型经济是实现生产、生活和生态三水的合理配置和高效利用的关键所在。

二、节水灌溉方式

长期以来，新疆小麦生产普遍采用漫灌、沟灌、畦灌等地面灌方式，虽然灌水设施和技术不断提高，取得了很大成绩，节水、增产、增效，社会效益、生态效益明显，但耗水量仍然较大，尤其是在作物用水季节较集中的时期，作物之间争水矛盾更加突出，往往顾此失彼。推广的低压喷灌等技术仍然有很多弊端，如用水量仍较大，喷水不均，地面上有时产生径流，喷水在空气中漂浮、蒸发量损失大，容易受风、雨等天气影响。随着新疆在棉花膜下滴灌上应用的成功，膜下滴灌在小麦上逐渐应用。

节水灌溉技术是比传统的灌溉技术明显节约用水和高效用水的灌水技术的总称。节水灌溉技术大致可分为节水灌溉工程技术和节水灌溉农艺技术。节水灌溉工程技术包括：渠道防渗技术、低压管道输水灌溉技术、喷灌技术、滴灌技术、渗灌技术和雨水汇集利用技术。节水灌溉农艺技术包括：作物调亏灌溉技术、作物控制性分根交替灌溉技术、改进地面灌水技术（改进地面灌水技术有波涌灌和膜上灌两项）。

（一）小麦滴灌

麦田滴灌技术是新疆麦区针对实际生产需求，在棉田滴灌技术的基础上发展起来的，是一种先进的节水灌溉技术，它能在植物需水的任何时候和地点，将水分、养分均匀持续地运送到作物根部附近，最大限度地降低了土壤水分渗漏和农业用水的浪费，较常规灌溉节水 1 500 ~ 2 500 m^3/hm^2；另外，由于改变麦田根区供水方式，改善了小麦根系特征与水分利用效率之间的关系，增产节水效果显著，种植面积不断扩大，成为新疆重点推广的麦田节水项目之一。

1. 滴灌小麦的耗水规律

（1）冬小麦的耗水规律

冬小麦耗水量：小麦耗水量是指小麦从播种到收获整个生育期间消耗水分的总量。小麦一生耗水量一般为 400 ~ 600mm，其中土壤蒸发量占总耗水量的 30% ~ 40%，植株蒸腾量为 60% ~ 70%。生产 1kg 籽粒平均消耗水分的总量，称耗水系数。耗水系数是衡量水分利用率的重要指标。在生产中旱地比灌溉地的耗水量及耗水系数虽低，但产量不高。耗水量随着产量的提高而增加，但耗水系数却随着产量的提高有所降低，因此，高产有利节约用水，是提高水产比的重要方式。

冬小麦各生育期的耗水量：小麦不同生育时期的耗水量与气候、品种、产量水平和田间管理状况有关。种子萌发时要保持田间持水量的 60% ~ 65%，小麦幼苗期耗水是虽不多，但对表层土壤含水量要求严格，田间持水量若低于55%时，应及时灌水；出苗至拔节期田间持水量应保持60%~80%，拔节以前植株不高，温度低，耗水量少，其中以土壤蒸发量为主。拔节至孕穗期，植株生长迅速，耗水量急剧增加，若土壤水分不足，不但影响每亩收获穗数，而有对穗粒数影响也很大，田间持水量应保持80%左右。抽穗至成熟期，田间持水量一般应保持75%~70%，若水分不足，会引起粒重降低；水分过多，易倒伏，病虫害加重，植株贪青晚熟等现象。

（2）春小麦需水规律　南疆春季多风，夏季高温干旱，麦田土壤蒸发与植株蒸腾量都较大。据测定，通过春小麦一生耗水 5 955m³/hm²，其中播种到分蘖期耗水占全生育期总耗水量的 4.6%；分蘖到拔节占总耗水量的 16.2%；拔节到抽穗占总耗水量 24.3%；抽穗到乳熟占总耗水量的 35.8%；乳熟到蜡熟占总耗水量的 12.9%；蜡熟到收获占总耗水量的 6.2%。春小麦最大需水期是从拔节一直持续到乳熟。

春小麦的需水临界期是孕穗期，这个时期正是幼穗发育的四分体期至花粉粒形成期。此时期受旱将会严重影响花的发育，结实粒数大幅下降，对产量影响很大。

开花至乳熟期，春小麦蒸腾作用强烈，籽粒形成和灌浆对水分敏感。此时期正是新疆高温、干旱、干热风较多的季节，小麦生理和生态需水量都较大，这时若干旱缺水，容易造成籽粒灌浆强度下降，甚至停止发育形成秕粒，减产严重。

2. 滴灌小麦不同生育时期耗水量

（1）小麦苗期耗水量　苗期小麦根系发育还不够完善，主要分布在 10~20cm，耗水也主要集中在该土层。由于小麦植株较小，叶面蒸腾强度不大，根系耗水相对较小，而土壤棵间蒸发相对较大，苗期小麦在 10~20cm 土层的耗水强度随灌溉定额的增加而增加，小麦苗期对水分的需求是相对较高的，早期的灌溉水量影响小麦的长势，40cm 土层以下高水、中水、低水处理的耗水量差别不大。

（2）小麦分蘖期耗水量　分蘖期小麦根系发育已经完成，植株生长速度较快，土壤水分的多少直接影响到小麦的有效分蘖率。充分灌溉小麦植株长势较好，有效分蘖率较高，水分亏缺小麦植株相对矮小，出现过早拔节现象。

（3）小麦拔节期耗水量　拔节期阶段较长，耗水量最大，此时小麦植株茂密，土壤棵间蒸发较小，耗水主要表现在植株蒸腾上，也即根系吸水。

（4）小麦抽穗期耗水量　抽穗期时间较短，但耗水强度大，小麦需水旺盛，如果不及时灌溉，将会造成小麦严重减产。水分亏缺小麦穗长较短，主要消耗 20cm 土层水分，水分充足时主要消耗 40cm 土层中水分。根系主要分布于 0～60cm 土层。

（5）小麦灌浆期耗水量　小麦灌浆期，水分消耗随供水增加而加强，灌水量主要被根系吸收；水分亏缺，会造成浅层土壤水分消耗很快，大部分灌水量被该土层吸收，造成小麦灌浆饱满度不够，千粒重偏小。

3. 小麦滴灌栽培管带布置方式

中国在小麦的灌溉中运用滴灌始于 20 世纪 90 年代，通过小面积的小区试验，初步得出了滴灌小麦的灌溉制度。万钢研究认为，滴灌毛管布置采用一管六行的麦田，距滴灌带近的单行出苗较好，成穗数及单穗粒数较多，千粒重较大，同时管侧第 3 行土壤含 N 量要高于管侧第 1、第 2 行土壤含 N 氮量。当前生产中滴灌小麦毛管配置有一管六行、一管五行和一管四行 3 种，生产实践及研究表明，一管四行布置较一管六行布置在相同灌水量和灌水频率下受水更加均匀，根区水分状况优良，水肥利用率高，小麦生长稳健，避免了水分的"就近分配"产生的高低行现象。

小麦滴灌栽培时，田间管带使用数量、布置方式、首端压力大小等，对水肥滴灌效果和经济效益等影响很大。

4. 管带数量对滴水质量的影响

2008 年，148 团在总结 1.6 万亩春小麦滴灌栽培经验后，于 2009 年结合大田生产，在机 3.6m 播幅，24 行条播的基础上，将滴灌带布置采用两种不同形式进行大田生产试验。

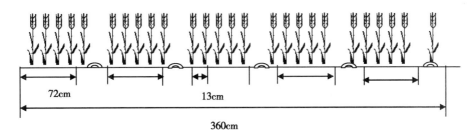

图 1－4　一机五管示意图（吴全忠，2016）

第一种为一机四管，一管滴六行小麦，毛管间距为 90cm，铺毛管行间距 20cm，滴头流量 1.8L/h，支管轮灌。第二种为一机五管（图 1－4），一管滴六行小麦，毛管间距为 72cm，铺毛管行间距 21cm，滴头流量 1.8L/h，支管轮灌。大田试验表明，第二种管带配置优于第一种，主要表现为，滴水周期短，湿润峰相接快，各行供水均匀，有利于小麦出苗和整齐生长。目前一机五管，一管滴五行冬、春小麦的种植方式，已成农八师各团场主要的管带配置方式。

5. 毛管首端压力和流量以及土壤不同对滴灌质量的影响

滴灌小麦滴水的质量，同样为一机四管、一管滴六行（图1-5）或者一机五管，一管滴五行小麦，但由于毛管首端压力、末端压力和滴头流量不同，而滴水持续时间、滴水量和土壤湿润深度差异很大。运行压力大，滴头流量较大时，滴水持续时间短，水量大，各麦行土壤湿均匀度高。采用一机四管，一管六行，缩小滴灌带行距，加宽两边交行的间距，既有利于麦行灌水均匀，又有利于小麦发挥边际效应，并且由于行间距加大，为麦茬免耕复播带方便。

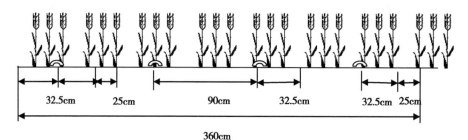

图1-5　改进一机四管，一管六行滴灌示意图（吴全忠，2016）

在土壤盐渍化面积较大的地区，小麦地面灌溉土壤返盐重，田间出苗率低，冬前长势弱，僵苗多，黄尖重，分蘖少，开春后随着气温上升和水分蒸发，土壤返盐加重，麦苗大量死亡。采用一机六管（图1-6），一管四行，抑制盐碱效果显著，小麦出苗率高，长势好，有效穗增多，亩产可提高80～100kg。

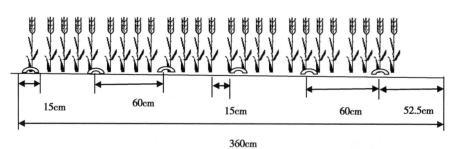

图1-6　盐渍化土壤一机六管滴灌（吴全忠，2016）

6. 滴灌与常规灌溉的比较

滴灌小麦灌水次数增多，地面经常保持小麦生长最佳需水状态，有利小麦生长，水分利用率高，避免水分大量向深处渗漏，也避免土壤表层水在行间大量蒸发和造成土壤板结，影响根系呼吸等（表 1 - 7）。

表 1 - 7 滴灌小麦与常规灌小麦植株、群体及产量结构特征（王冀川，2011）

年份	地点	灌溉方式	播期（月-日）	播量（kg/hm²）	基本苗（万/hm²）	最高总茎数（万/hm²）	株高（cm）	收获穗数（万/hm²）	穗粒数（粒）	千粒重（g）	单产（kg/hm²）
2008	148团	常规灌	3-11至3-20	375~420	465~510	600~675	84~87	525~570	26~28	38~40	5 175~6 375
		滴灌	3-12至3-14	345~375	540~570	720~780	91~94	570~690	28~32	41~43	6 450~9 480
2009	148团	常规灌	3-14至3-17	390~450	480~540	615~705	83~86	540~600	25~27	39~40	5 256~6 720
		滴灌	3-12至3-21	360~375	570~645	750~870	88~92	600~720	27~31	42~44	6 810~9 810
	51团	常规灌	2-28至3-7	420~465	420~495	540~585	90~91	540~600	23~26	32~33	42 602~5 320
		滴灌	2-28至3-1	420~450	450~495	615~690	92~96	595~640	25~28	33~36	4 800~6 150
2010	148团	常规灌	3-12至3-18	375~435	480~510	630~720	86~90	600~675	25~29	39~41	5 850~7 025
		滴灌	3-12至3-18	330~360	540~615	750~810	90~91	6 902~765	28~31	41~43	7 920~9 400
	51团	常规灌	3-6至3-10	420~450	435~480	585~645	93~96	585~630	24~25	33~35	4 630~5 510
		滴灌	3-5至3-8	375~420	510~540	645~750	99~101	645~750	27~30	36~37	6 270~8 325

滴灌小麦与常规灌相比较能促进小麦早发，滴灌小麦苗期生长发育明显快于常规小麦。据研究，苗期株高比常规小麦苗期株高高 0.9cm，叶片数滴灌小麦比常规小麦多 0.4 ~ 0.7 片，滴灌小麦每株分蘖比常规小麦每株分蘖多 0.9 ~ 1.8 个。

在生育进程上，滴灌小麦与常规灌小麦有差异。研究表明，滴灌小麦分蘖期比常规小麦分蘖期提前 2d 开始，滴灌小麦比常规小麦穗分化提前 4d 完成，滴灌小麦成熟期比常规小麦成熟期晚 4d。

滴灌能显著提高小麦产量。滴灌小麦较常规灌结实率提高了 1.90% ~ 5.57%，每 hm² 收获穗数由原来的 525×10⁴ ~ 600×10⁴ 穗普遍增加 45×10⁴ ~ 150×10⁴ 穗，差异显著，穗粒数提高 2 ~ 4 粒；千粒重提高 3 ~ 4g、株高提高 2 ~ 7cm，增产 1 000kg·hm⁻² 以上。

滴灌小麦节约用水，田间不设毛渠，减少输水和灌溉过程水分渗漏、地面蒸发、流失及土地不平导致灌溉不均，造成浪费。生育期间田间灌水由原来每 hm² 6 300 ~ 6 700m³，减少到 4 500 ~ 4 800m³，节约 25% ~ 30%。采用滴灌灌溉操作方便，可及时通过滴水调节田间土层温度和农田小气候，缓解干旱区小麦生长后期受干热风等的影响，提高灌浆质量，增加粒重。

滴灌小麦节省肥料，肥料溶于水，水肥一体化，随水滴肥，施肥均匀，大大提高了肥料的利用效率，N 肥利用率提高 30% 以上，P 肥利用率提高 18% 以上，节省肥料 20% 以上。

滴灌种植的春小麦整个生育期滴水 7 ~ 8 次，比地面灌种植春麦单产一般都提高 1 200 ~ 1 500kg/hm²。滴灌相比于常规灌溉在小麦生育期内灌溉次数由 3 ~ 5 次增加到 8 ~ 12 次，每次灌水量由 80 ~ 100m³ 减少到 20 ~ 40m³，属于典型的高频次、低灌量的局部节水灌溉技术。滴灌与漫灌相比根系活力强，后期叶绿素含量高并且可延长叶片功能期，提高光合产物向籽粒中分配比例，水分利用效率提高。

7. 不同滴灌量对小麦生长发育、光合特征和产量的影响

水是作物生长发育的生活因子之一，土壤含水量的多少直接影响作物的生长发育。研究发现，中度和严重水分胁迫减少了植株的穗数、有效小穗数、穗粒数，使生物产量降低，穗脖长缩短。小麦在干旱缺水的条件下并不总是表现出产量降低的情况，一定时期内水分的有限亏缺可能都有利于增加单位面积产量并且在一定程度上达到节水的目的。也就是说，对小麦施加一定限度的缺水后再复水，往往在产生生理以及产量形成上的"补偿或超补偿效应"，能够在节约一定用水的情况下，可以获得较高的产量，甚至能在一定程度上提高单位面积产量（表 1 - 8）。

表 1 - 8　不同水分胁迫对小麦产量构成的影响（吴全忠，2016）

处理	穗长 （cm）	小穗数 （个）	不孕穗 （个）	穗粒数 （个）	千粒重 （g）	产量 （kg/hm²）
I	5.5	42	3	20	15.3	3 619
II	5.9	45	3	22	15.6	4 603
III	6.94	48	2	33	17.62	7 114
IV	6.96	51	2	36	18.59	8 140
CK	6.51	48	1	39	18.61	8 137

8. 不同滴灌量处理的小麦群体干物质积累及分配特点

干旱明显缩短了小麦的生育期，随着受旱程度的加重，小麦生育期缩短的现象趋于明显。不同滴灌处理间土壤水分的差异从分蘖期以后显现，从而影响分蘖成穗率，随生育期延迟，土壤水分亏缺加重，进而影响灌浆，导致小麦粒

重显著下降。另外，适度滴灌可提高小麦的产量构成，如千粒重和穗粒数提高显著提高。因此，滴灌适水处理可有效调节小麦个体生长，水分利用率较高，小麦产量构成协调，经济系数和产量较高。滴灌亏缺和过量滴灌均对小麦产量形成不利。过量灌溉田间耗水量较大，水分生产效率低下，用水不经济；水分严重亏缺时，作物生长势受到较大影响，株高和产量构成因子下降，产量降低。

不同滴灌量影响物质积累、转移和运输。对冬小麦的生长研究表明，随着滴量水平的降低，干物质积累下降，花前营养器官贮藏同化物转运量、转运率和对籽粒产量的贡献率以及花后干物质积累量和对籽粒产量的贡献率差异显著。随滴灌量的减少，花前营养器官贮藏同化物转运量、转运率和对籽粒产量的贡献率增加，花后干物质积累量和对籽粒产量的贡献率减少；花后干物质同化量及对籽粒产量的贡献率的横向差异也随之增加。不同滴灌水量，孕穗前处理间叶面积指数差异较小，孕穗后差异变大。但过量滴灌并未使干物质积累明显增加，而真正影响个体生长势的条件为土壤水分亏缺。

不同滴量地上部总干物质在各器官的分配量有所不同，但叶片、茎秆和穗部干物质分配趋势基本相同。严重干旱时，物质更多地向支持生长的茎秆运输，造成叶生长下降，从而减弱了个体的光合能力，影响植株生长；水分过多造成叶片生长旺盛，群体光合环境恶化，输向茎秆的干物质减少，造成茎秆细弱易引起严重倒伏，同时营养生长过旺影响了籽粒干物质的转移，导致穗重下降；适宜水分茎秆与叶片干重比例相当，合成器官生物量积累稍占优势，从而使得小麦个体生长稳健，群体分布合理，有利于协调营养生长与生殖生长的矛盾，在保证充足的同化物合成与积累的前提下，促进物质向生殖器官转移，使得产量构成优化，产量和生产效率较高。

土壤水分调节小麦营养器官的生长重心，干旱，严重影响个体生长，导致小麦株高矮小，叶片提前结束其功能期，加速其养分向籽粒重运输，对籽粒贡献率最大；土壤水分充足，叶片生长繁茂，贪青晚熟，推迟营养生长向生殖生长的转换时期，茎、叶营养转向籽粒较少，不利于产量形成；土壤水分适宜，有利于调节小麦营养生长与生殖生长的关系，麦株长势稳健，干物质分配合理，茎、叶对籽粒贡献率均较高，充分发挥了贮藏物质的转化功能，达到了较高的生产效率。

滴灌量的增加，冬小麦总耗水量增加，土壤贮水消耗量却明显减少，籽粒产量和水分利用效率呈现增加趋势，灌溉水利用效率呈现下降趋势。其中适度灌溉处理与超额水分之间产量差异不显著，但都显著高于水分亏缺处理，水分利用效率以适度灌溉最高。

9. 不同滴灌量处理的小麦光合特性

不同滴灌量影响小麦光合特性。据研究，不同水分处理春小麦单叶光合速率，随生育期推移，净光合速率（Pn）均呈现单峰曲线变化，在孕穗—扬花期间达最大值，此后逐渐下降。水分亏缺 Pn 最低，且在孕穗期后下降迅速；高水量 Pn 较高，但后期（扬花以后）下降过快；适水滴灌植株长势稳健，Pn 上升时间较早，且峰值后推到扬花期，此后下降较缓，表现出较强的叶片光合能力。

滴灌春小麦的 Pn 在扬花期的日变化表现为从 10：00 起，随光合有效辐射（PAR）强度的增加而不断升高 14：00 达一天中的高峰，16：00 前后有不同程度的光合"午休"现象，灌水量越少，光合"午休"越严重，充分灌溉和适量灌溉"午休"不明显。对于有"午休"的处理 Pn 在 18：00 有所回升，随后 Pn 开始快速下降，但亏水下降更快。

就其单叶的一天平均 Pn 值而言，非水分亏缺处理明显高于限量滴灌处理，说明保证滴灌水量可以充分提高春小麦叶片的光合能力。

春小麦在不同滴灌量条件下，群体光合速率（CAP）随生育期均呈先增加后减小的单峰型曲线变化，在孕穗前增长缓慢，孕穗后增长加快，扬花期（5月下旬）达到最大值，随后迅速下降。不同处理间表现为，苗期未滴灌水前土壤水分相同，CAP 无差别；滴灌水后至拔节期处理间的 CAP 差异开始显现，表现为滴灌量越大 CAP 增速越快，在扬花—灌浆（5月下旬至6月）各处理差异最大，以高水处理最高，亏水处理最低，滴灌量越小的 CAP 变化越平稳。适水处理的 CAP 虽低于高水，但扬花以后下降缓慢。

（二）滴灌技术简介

随着国内节水灌溉技术的普及和发展，滴灌作为节水效果最好的灌溉技术之一受到社会关注。滴灌不仅是一种缺水地区有效利用水资源的灌水方式，同时还是一种现代化农业技术措施的有效载体。近年来，滴灌在中国引起重视并得到前所未有的推广，其发展速度之快超出原先的预料。

滴灌目前主要应用在大田小麦、棉花、温室大棚、果园及绿化带等。近年来，滴灌应用领域出现了一些明显变化势头，如由温室大棚室内小单元滴灌向室外露地的大单元滴灌扩展；由蔬菜滴灌向多种经济作物滴灌延伸；除了高附加值作物滴灌，一般作物滴灌也开始有应用。此外，城市和道路绿化地带也尝试应用滴灌技术。滴灌主要应用领域还是集中在经济作物，和管灌、喷灌相比，目前应用的范围和数量仍十分有限。

一般当湿润度 A < 0.33 或水分供求差 I > 500mm（333.5m^3/亩）地区，主要采用改进地面灌水方法、滴灌（包括地下滴灌）。在湿润度 A > 0.33，水分供求差I＜500mm的地区，适宜发展喷灌。不同喷灌技术的允许风速为：远射程喷灌小于2～2.5m/s；中射程喷灌小于sm/s；短射程喷灌小于6～7m/s；悬臂多支点式喷灌小于8～10has。当风速小于允许风速的频度大于90%的地区，方可采用喷灌。

任何节水灌溉方法都有一定的适宜条件和适宜的作物。根据新疆节水灌溉分区结果、不同分区主要作物参照腾发量、灌区地形、地貌和类型特征以及气候条件、缺水程度、农业生产水平和作物结构等因素；同时考虑新疆不同地区节水灌溉发展经验和技术成果以及节水灌溉综合效益最佳的要求，分析确定一是昆仑山北麓干旱缺水引、蓄灌区包括和田地区的七县一市和巴州所辖的两个县。应当重点搞好渠系配套和防渗工程，根据经济发展水平可适当发展微灌和管道灌溉技术。大力推广改进地面灌技术，根据经济实力，在果树适当发展微灌技术。该区不适宜发展喷灌技术。二是位于天山南麓，塔里木盆地西北部，西为帕米尔高原，平原地区地势西高东低，包括巴州（除且末、若羌）、阿克苏地区、克州、喀什地区，共辖28个县、4个市。应当继续加强渠道防渗工作，改进灌溉方法，积极推行先进的节水灌溉技术。主要大田农作物可全面推行先进的改进地面灌技术；根据各地区经济实力，在特色园艺作物上可推广微灌技术；喷灌技术可在天山南麓前山地带（具有自压条件最好）发展，即作物水分供求差小于500mm的地区，其他地区不适宜发展喷灌；对于井灌区应以发展低压管道输水灌溉技术为主，渠道防渗为辅。

第七节　田间管理

一、冬小麦常规管理

（一）麦苗越冬前的田间管理

小麦从出苗到越冬期是奠定冬小麦生长基础，争取穗数的主要时期，田间管理的中心任务是在植株营养生长的阶段促进麦苗全苗、匀苗、齐苗和壮苗，确保安全越冬，为春发稳长打下良好基础。

麦田管理的主攻方向要视苗情进行，弱苗要促根、增蘖；旺苗应抑制地上部分生长，促进根系发育，使弱苗和旺苗都转为壮苗。

1. 查苗补种

播后查看麦田要及时，对缺苗断垄的地段应及时补种。

2. 因苗管理

由于土壤、播期、整地质量等不同，麦田之间可能出现弱苗、旺苗和壮苗等现象，对这些麦苗应查明原因，及时采取相应措施，促弱苗、控旺苗，尽可能使其转成壮苗。如底墒不足、土壤疏松、植株受旱的麦田，应采取镇压提墒，使根系和土壤密接，或于三叶期灌水，灌水后适时耙地保墒；如播种过深、土壤板结和盐碱较重，麦苗较弱，根系发育不良，应耙地清垄、通气，促进根系生长。土壤严重缺 N、P，会使麦苗根少，叶色变黄或变紫，应早追 N、P 肥并灌水。过旺的苗，适当镇压，抑制地上部分生长，促进根系发育，或在入冬 10～15d 前进行深中耕，切断一部分根系抑制其生长。晚播弱苗，入冬前应中耕松土，提高地温，促进生长。

3. 临冬前追肥

在 10 月底至 11 月初麦苗接近停止生长，临冬灌水前施肥，随后灌水、土壤冻结，肥料贮存于土壤中，"冬肥春用"能促进早春壮苗早发，巩固冬前分蘖，促进早春分蘖和提高收获穗数，有利增产。这对有些地区地下水位较高，早春返浆，不能入地施返青肥的地区，或春旱缺墒的地区，肥效不能发挥，灌水又降低地温，或者灌溉时缺水的地区，冬前追肥对春季小麦发苗效果显著。

4. 适时冬灌

冬灌具有贮水防旱，稳定地温、防冻、压盐的作用，有利麦苗安全越冬和返青后生长。冬灌能使耕层土壤温度稳定，变化幅度小，有利于麦苗越冬生长。适时冬灌，越冬期间麦苗耕层土壤水分一般可达田间持水量的 80% 以上，能维持越冬到返青对水的需求。除冬前土壤水分过多和冬季积雪量较大的地区可以不进行冬灌外，一般麦田都要冬灌 1～2 次，每次灌量 60～68m³/亩，需要压盐碱的麦田可适当加大灌量，但亩灌量一般不宜超过 100m³。

5. 越冬保苗

南疆冬季寒冷，冬小麦越冬时间长。小麦在返青时要酌情追施返青肥，对晚弱麦苗追施返青肥能促进分蘖和成穗。

(二) 返青至拔节期的管理

小麦越冬后，当日平均气温升到 3℃ 以上时开始返青，小麦越冬前出现未长成的老叶继续生长，随后春季第一片新叶露头，当田间有 50% 以上植株新叶长出 0.5～1cm 时称返青期。小麦返青期间生长的中心主要是生长新根、新叶、分蘖和幼穗开始分化。

早春田间管理的主要任务是促进麦苗早发稳长，促弱苗为壮苗，巩固冬前分蘖，控制无效分蘖，调整群体结构，协调地上部分和地下部分的关系，为中、后期健壮生长打下基础。

1. 中耕耙地

主要作用是提高地温，促进小麦返青生长；破除板结，改善土壤通气状况，促进根系发育；保蓄土壤水分，减少蒸发。

2. 酌施返青肥

返青肥应在小麦返青前夕或返青初期追施，目的在于促进麦苗返青生长，增加早春分蘖，巩固冬前分蘖，提高亩穗数，促进中部叶片增大和基部节间生长。返青肥应采取弱苗多施，壮苗少施，旺苗不施的原则。

3. 酌灌返青水

返青水灌水量不宜过大，一般为 $5 \sim 60 m^3/$ 亩，返青水不宜太早，一般在 5cm 地温稳定在 5℃ 以上进行。过早灌返青水容易降低地温，影响麦苗早发。

（三）拔节—抽穗期的管理

1. 追肥

拔节肥普遍施，重施。施肥要以 N 氮肥为主，N、P 肥结合。孕穗肥补施，要根据苗情进行。

2. 灌水

灌好拔节水，一般田间持水量应保持在 80% 左右，低于 60% 要及时灌溉，灌量一般为 $70 \sim 80 m^3/$ 亩。

（四）抽穗至灌浆成熟期的管理

后期管理的任务是养根护叶，保粒增粒重。主要应采取如下措施：及时灌水 $1 \sim 2$ 次，第一次应灌好抽穗扬花水 $60 \sim 70 m^3$，第二次酌性灌。

这个时期要注意倒伏，可酌情灌溉防御干热风。另外要及时收获。

二、春小麦常规管理

（一）苗期—拔节期管理

管理目标是促根、叶、蘖早生快发；延长前期幼穗分化进程，提高穗分化强度，为增加收获穗数、大穗形成及建立合理的群体结构打下基础。

进行苗情诊断，看叶色等区分壮苗、弱苗、水渍苗、缺肥苗、盐碱危害苗、虫害苗、受旱苗等。

苗期耙地，耙松表土，减轻返盐，提高地温，促苗早发，消灭部分杂草。

早施苗肥，促进分蘖和幼穗发育。

灌头水，有利于促进小麦幼穗分化进程，延长有效分蘖期，提高地温，溶解养分。

及时化除，防除杂草。

旺苗化控，喷施矮壮素、缩节胺等。

（二）拔节—抽穗期田间管理

进行苗情诊断，看叶色、长相、群体长相，调查总茎数。

施拔节肥，225～270kg/hm² 尿素，补施孕穗肥，45～270kg/hm²。

灌拔节水 1 050～1 200m³/hm²，1 050m³/hm² 孕穗水。

防治病虫害，主要防小麦皮蓟马、蚜虫、麦秆蝇、白粉病等。

（三）抽穗—成熟期管理

苗情诊断，看群体长相、茎秆长相等。

稳灌后期水，此时正是高温季节，气候干旱、多风，看天、看地、看苗灌水。

叶面施肥，有早衰现象时喷施叶面肥，尿素 3 000～4 000g/hm²，磷酸二氢钾 2 250～3 000g/hm²，喷施 1～2 次。

三、病、虫、草害的防治与防除

（一）病害防治

小麦主要病虫害有锈病、白粉病、黑穗病、根腐病等。采取预防为主，综合防治的方针，从农田保护生态出发，以保护、利用麦田有益生物为重点，协调运用生物、农业、人工、物理措施，辅之以高效低毒、低残留的化学农药进行病虫害综合防治，以达到最大限度降低农药使用量，避免小麦农药污染的目的。

1. 农业防治

提倡运用农业生态控制的方法，建立良好的农田生态和麦田生态系统，提高小麦的抗逆能力，预防多种病虫害的发生。

2. 化学药剂防治

（1）药剂拌种或包衣 用化学药剂处理种子可以预防土传、种传病害发生，并能防治地下害虫和农田鼠害，是一种预防病虫害的好办法。比较好的药剂杀菌剂有适乐时、利克秀、多菌灵等，特别是 2.5% 施乐时，对预防多种病害具有良好的效果。上述药剂可按种子量的 0.1%～0.2% 拌种。还可以用种衣剂对种子进行包衣。

（2）防治时期 返青拔节期是小麦白粉病、锈病、根腐病等病害的发生高峰期。防治小麦白粉病、锈病、根腐病可用明赛 T 米（硫黄水分散粒剂）、15% 粉锈宁可湿性粉剂 30～40g/亩对水 50～60kg 喷雾防治，间隔 7～10d 喷 1

次，连喷 2 ~ 3 次。

（二）虫害防治

1. 蚜虫

蚜虫又蜜虫，腻虫、油虫等。蚜虫种类较多，新疆蚜虫主要是麦二叉蚜。

（1）为害症状　可对小麦进行刺吸为害，影响小麦光合作用及营养吸收、传导。小麦抽穗后集中在穗部危害，形成秕粒，使千粒重降低造成减产。以成虫和若虫刺吸麦株茎、叶和嫩穗的汁液。麦苗被害后，叶片枯黄，生长停滞，分蘖减少；后期麦株受害后，叶片发黄，麦粒不饱满，严重时麦穗枯白，不能结实，甚至整株枯死。

麦蚜的为害主要包括直接为害和间接为害两个方面：直接为害主要以成、若蚜吸食叶片、茎秆、嫩头和嫩穗的汁液。麦长管蚜多在植物上部叶片正面为害，抽穗灌浆后，迅速增殖，集中穗部为害。麦二叉蚜喜在作物苗期为害，被害部形成枯斑，其他蚜虫无此症状。间接为害是指麦蚜能在为害的同时，传播小麦病毒病，其中以传播小麦黄矮病为害最大。

（2）农业防治　合理布局作物，冬、春麦混种区尽量使其单一化，有条件地区尽量扩大春麦面积。

选择抗虫的小麦品种，造成不良的食物条件。播种前用种衣剂加新高脂膜拌种，可驱避地下病虫，隔离病毒感染，不影响萌发吸涨功能，加强呼吸强度，提高种子发芽率。

冬麦适当晚播，实行冬灌，早春耙磨镇压。作物生长期间，要根据作物需求施肥、给水，保证 N、P、K 和墒情匹配合理，以促进植株健壮生长。雨后应及时排水，防止湿气滞留。在孕穗期要喷施壮穗灵，强化作物生理机能，提高授粉、灌浆质量，增加千粒重，提高产量。

（3）药剂防治

种子处理：60% 吡虫啉格猛 FS、20% 乐麦拌种，以减少蚜虫用药次数；

早春及年前的苗蚜，使用 25% 大功牛和除草剂一起喷雾使用；

穗蚜使用 25% 大功牛噻虫嗪颗粒剂和 5% 瑞功微乳剂混配或单独使用。

2. 皮蓟马

成、若虫为害小麦花器，乳熟灌浆期吸食麦粒浆液，致麦粒灌浆不饱满或麦粒空秕。此外还为害小穗的护颖和外颖。受害颖片皱缩或枯萎，发黄或呈黑褐色，易遭病菌侵染，诱发霉烂或腐败。

防治方法主要如下。

合理轮作倒茬。

适时早播，躲过为害盛期。

秋季或麦收后及时进行深耕，清除麦场四周杂草，破坏其越冬场所，可压低越冬虫口基数。

在小麦孕穗期，大批蓟马成虫飞到麦田产卵时，及时喷洒20%丁硫克百威乳油或10%吡虫啉可湿性粉剂、1.8%爱比菌素乳油、10%除尽乳油2 000倍液，亩喷对好的药液75kg。

在小麦扬花期，注意防治初孵若虫。可喷洒2.5%保得乳油2 500倍液或10%大功臣可湿性粉剂，每亩用有效成分28，或44%多虫清乳油每亩30ml，对水60kg喷雾。

3. 红蜘蛛

（1）农业防治　采用轮作倒茬，合理灌溉，麦收后浅耕灭茬等降低虫源。

（2）化学防治　2.0%阿维菌素或15%哒螨灵乳油20ml/亩，15%扫螨净乳油15～20ml/亩，任选一种对水30～45kg常规喷雾。

（三）杂草防除

1. 南疆常见麦田杂草（表1-9）

表1-9　南疆地区小麦主要杂草（李广阔等，2014）

科名	学名	别名（俗称）
十字花科	播娘蒿	阿曼草、麦蒿
	荠菜	荠荠菜
	离蕊芥	涩荠菜
藜科	藜	灰菜
	小藜	灰条菜
	灰绿藜	灰灰菜
	地肤	扫帚苗
	碱蓬	灰绿碱蓬
菊科	小蓟	刺儿菜
	大蓟	大刺儿菜
	苍耳	老苍子
	苣荬菜	曲荬菜
	苦苣菜	苦菜
	蒲公英	黄花菜
	野艾蒿	
旋花科	田旋花	箭叶旋花
	蔊蓄	地蓼
蓼科	卷茎蓼	荞麦蔓

（续表）

科名	学名	别名或俗称
	酸模叶蓼	旱苗蓼、苋酸子
苋科	反枝苋	苋菜、野苋菜
石竹科	米瓦罐	麦瓶草
	大巢菜	野豌豆
豆科	草木樨	野苜蓿
	苦马豆	红花苦豆子
	苘麻	青麻、白麻
锦葵科	野西瓜苗	打瓜花
	龙葵	苦葵、野葡萄
茄科	曼陀罗	醉心花、洋金花
车前科	大车前	
	野燕麦	乌麦、燕麦草
	雀麦	
	稗草	
禾本科	黑麦	
	硬草	
	狗尾草	绿毛莠、谷莠子
	芦苇	苇子

（1）播娘蒿　播娘蒿，又称麦蒿，属十字花科植物一年生草本。高20～80cm，有毛或无毛，毛为叉状毛，以下部茎生叶为多，向上渐少。茎直立，分枝多，常于下部成淡紫色。叶为3回羽状深裂，长2～12cm，末端裂片条形或长圆形，裂片长3～5mm，宽0.8～1.5cm，下部叶具柄，上部叶无柄。是一种恶性杂草，严重为害小麦生长，南疆喀什、和田、阿克苏等地均有发生。

（2）荠菜　十字花科，荠属植物荠的通称，一年或二年生草本。高10～50cm，无毛、有单毛或分叉毛。

（3）灰藜　灰藜包括藜、小藜、灰绿藜、中亚滨藜等。在南疆现苗期为3月中下旬，出苗高峰期为4月中旬至5月上旬。

（4）萹蓄　萹蓄比灰藜出苗晚，但出苗整齐。南疆4月中旬出苗率可达80%，花期9月，花期后不久种子成熟。

（5）野燕麦　野燕麦一年有两次萌发出苗高峰期。4月中旬至5月上旬为第一高峰期，9月下旬至10月上旬为第二高峰期。野燕麦发芽的最适温度比小麦高2～3℃，出苗比小麦晚5～8d。

（6）狗尾草　狗尾草主要分布在潮湿麦田。种子于4月初萌发，4月底分蘖，5月下旬拔节，7月抽穗，9—10月种子成熟脱落。

（7）刺儿菜　刺儿菜根系强大，可扎入土壤深层，以根芽进行繁殖，春季发芽出苗，夏秋季开花结果。

（8）苦苣菜　苦苣菜主要生长在潮湿麦田，根系深入土内，发芽力强。春季萌发出苗，5—8月开花结实。种子可借风力传播。

（9）田旋花　田旋花以地下根芽和种子繁殖。根芽于3月底4月初萌发，6—8月开花，7—9月结实，10月初地上部分枯死。种子在4—5月萌发出苗，当年开花结籽。

（10）灰绿碱蓬　种子早春萌发出苗，5—7月开花，8—9月种子成熟。

2. 南疆常见麦田杂草防除

（1）农业防除　精选麦种可通过采取集中清选麦种或统一供种的方式，机械汰除混杂其中的草籽，减少杂草种源。加强田间管理选择适宜的播种时期，通过促进小麦生长，以苗压草，发挥生态控制效应。对除草剂没有防除的杂草应及时人工拔除。及时清理麦田周边及果树林带中的杂草草源，防止草籽随水或风传入田中。

（2）化学防除　做好杂草监测，选择适宜的化学药剂杂草的种群结构随着麦田生态环境、肥料施用以及化学除草剂的使用等因素不断发生变化，同时杂草的耐药性、抗药性也在不断变化。受上述因素影响，不同区域或地块的杂草种群结构可能存在一定的差异。因此，在化学防除前应做好麦田杂草的监测，选择适宜的化学除草剂。

以单子叶杂草（野燕麦、雀麦、硬草）为主要种群的小麦田，可选用6.9%精唑禾草灵水乳剂750～900ml/hm^{2}或5%唑啉草酯·炔草酸乳油1 200～1 500ml/hm^2（制剂用量，以下同），在杂草2～3叶期进行喷雾防治。

以双子叶杂草播娘蒿、藜等为主要种群的田块，可选用75%苯磺隆水分散粒剂22.5～30g/hm^2，或10%苯磺隆可湿性粉剂150～225g/hm^2，或20%氯氟吡氧乙酸乳油750～1 050ml/hm^2，在小麦拔节期前，杂草二轮叶前后喷雾防除。

在单、双子叶杂草混合发生的田块，在小麦拔节前，单子叶杂草2～3叶期、双子叶杂草二轮叶前后，选用10%苯磺隆可湿性粉剂与5%唑啉草酯·炔草酸乳油或6.9%精唑禾草灵水乳剂混配进行防除。

四、环境胁迫及对策

(一) 水分胁迫及应对措施

随着人口增加和社会发展，水资源短缺日益凸显，水资源供需矛盾越来越严重。干旱缺水已成为制约农业生产的主要逆境因子。干旱造成的粮食减产位于各种自然灾害之首。因此选择合理的节水高效技术是应对水分胁迫的关键。其中包括主要作物的节水、增产、高效灌溉制度。这里面主要内容有：主要农作物关键需水期及节水、高效灌溉指标，有限供水条件下农作物产量与供水量及其在作物生育期内分配方式的定量关系，作物缺水敏感指数的地区分布规律和随水文年份的变化；主要农作物的节水、增产、高效灌溉指标；不同节水灌溉条件下主要农作物经济灌溉模式，包括不同节水灌溉条件下田间耗水量及耗水规律，节水、增产、高效的经济灌溉定额和灌溉水量在作物生育期内的优化分配技术等；主要农作物及经济作物调亏灌溉技术，包括作物在各生育期内对水分亏缺的反应，调亏对作物生长和产量的补偿效应，不同作物的调亏阶段调亏程度（水分亏缺的下限及历时）以及相对应的灌溉制度，调亏灌溉综合技术体系的开发等。

冬小麦覆膜是冬小麦节水又一重要措施，地膜覆盖有效地解决了干旱、半干旱地区小麦生产中存在的旱、冻等突出问题，适期播种增产率可达5%以上。地膜覆盖具有明显的增温、节水、增产、增收作用，地膜冬小麦主要农艺性状较露地冬小麦表现优良，其中有效穗数、穗粒数、千粒重分别比露地小麦增加16%、12.1%、6.9%。地膜小麦不仅具有较高的生物产量，而且具有较大的库容，因而开花后干物质积累量、日生产量、茎、叶等营养物质的输出率、分配率、转换率均高于露地小麦；同时地膜籽粒灌浆期具有较强的生长潜势，其灌浆速度快，时间长，最终表现为粒重增加，收获指数高，经济产量高。旱地覆盖地膜与对照相比，小麦生育期内土壤水分含量平均提高0.71%~3.03%，地温平均升高0.75~0.90℃。旱地小麦采用地膜覆盖能有效地减少土壤水分蒸发，使植株蒸腾速率增强，水分利用效率提高67%，小麦增产幅度为24.7%，具有显著的增产和节水效应。

非充分灌溉也是一种重要节水灌溉方式。灌溉试验研究表明，作物水分的投入与产出并不成正比关系。所以，在确定灌溉制度时，不能够单纯的强调高产，而应根据当地水资源条件，满足节水、增产、增效的综合要求。如高丽华等 (2014) 冬小麦不同水分胁迫的研究表明，冬小麦各生育期对水的敏感指数：抽穗期 > 灌浆期 > 拔节期 > 返青期 > 成熟期。抽穗期、灌浆期和拔节期为作物的需水关键期，而返青期及成熟期对水分不太敏感，在水分亏缺的前提下，应该首先保证抽穗期、灌浆期和拔节期的供水，返青期和成熟期适当的水分胁迫不会对产量造成很大的影响。

（二）盐碱胁迫及应对措施

南疆气候干旱，蒸发强烈，并且由于封闭环境，丰富的盐物质在地区内循环，土壤残余积盐和现代积盐过程都十分强烈，通过土壤灌溉，导致次生盐渍化的迅速发展。盐碱地区分布极广，包括焉耆盆地、哈密盆地、塔里木盆地北部等，这些地区由于盐碱较重不适宜小麦种植，主要表现在，土壤盐渍化严重，小麦保苗率低；缺苗严重，多者达10%以上；土壤肥力低，土壤缺P少N，N、P比不平衡；降雨后返盐，造成死苗或抑制幼苗生长。

对盐碱胁迫应重点抓好以下措施。

首先是耐盐小麦品种的选育，如新冬26号为中国科学院新疆生态与地理研究所2004年审定的自治区首个耐盐小麦新品种。

平地整地，灌水洗盐；改建条田，把大条田改为小条田；修好排水系统，降低地下水位；严格控制灌水定额，避免灌量过大抬高地下水位。

培肥土壤，增加土壤有机质，改善土壤理化性状。

（三）温度胁迫及应对措施

在农作物生长过程中的高温敏感期，如遭遇短暂的极端高温天气，将会导致产量的剧烈下降，这种由极端高温引起的高温胁迫已被视为严重威胁农作物生产的因素之一。高温胁迫对小麦的危害主要表现在光合作用效率的降低，呼吸作用增强，干物质积累减少，进而影响到植物营养生长，生殖器官的建成和籽粒灌浆。

塔里木盆地气候干燥，属干热风危害严重或较严重地区，应对高温胁迫主要措施如下。

第一，是特别耐旱品种的选育，特别是适合于当地气候条件的品种，通过植物本性的改造，提高其抗热性水平，适应高温环境。

第二，是建设系统的防护林体系或通过栽培技术来改变田间小气候环境，减轻热害影响。

第三，是灌水防御，根据天气状况在干热风来临前进行灌水，提高田间湿度。

第四，化学药剂喷洒。如氯化钙、阿司匹林等。

（四）灾害性天气应对

南疆是中国沙尘暴多发地区，沙尘暴区主要集中在塔里木盆地的塔克拉玛干沙漠，还有两个沙尘暴中心和一个局地性沙尘暴区。两个中心即从麦盖提经巴楚至柯坪为一中心，平均年沙尘暴日数为 20.0～38.8d，莎车经和田到且末为一个中心区，平均年沙尘暴日数为 25～35d，和田地区是局地性沙尘暴区。因此，发展保护性耕作，减少对土壤翻耕扰动，又有作物秸秆覆盖，对防治沙尘暴有积极意义。

牛新湘等（2009）通过对比"地表有田埂垂直于玉米沟免耕播种""地表无田埂平行于玉米沟免耕播种""地表有田埂平行于玉米沟免耕播种"和"传统播种"4 个处理的冬小麦播种试验。结果表明，在玉米茬上垂直于玉米沟免耕播种冬小麦与传统耕作对照田的产量相同，因此，这种免耕方式是可行的。

第八节　适时收获

当 95% 的小麦进入黄熟期时，即可进行机械收获。通常采用联合收割机。收获过程中要防止淋雨、芽变降低品质，确保颗粒归仓，丰产丰收。对于要复播冬菜或其他早熟农作物的麦田，除及时突击收获麦穗外，还应立即将麦秆拉出地外，给复播提供场地，以免贻误播期。人工收割应在蜡熟期进行。

第三章 塔里木盆地绿洲小麦品质

第一节 新疆小麦品质生态区划

根据新疆多年有关资料搜集整理，2005 年王荣栋将新疆小麦品质生态划为 3 个主区 7 个亚区。

一、强筋、中筋麦区

（一）精河—奎屯—石河子—昌吉—奇台北疆平原干热强筋、中筋冬春麦兼种区

本区位于天山北麓至准噶尔盆地腹地，从西到东包括精河、奎屯、石河子、昌吉、乌鲁木齐、奇台县（市）境内的农五师、农七师、农八师、农六师、农十二师所属团场。该区冬麦占小麦面积 70% 左右，春麦主要集中在奇台、吉木萨尔等县（市）和兵团团场。河流冲积扇上部的土壤土层较薄、肥力较低，下部及冲积扇边缘土壤土层深厚，肥力较高。土壤类型主要有荒漠灰钙土、潮土和草甸土等，泉水溢出带有沼泽土和盐土等。土壤有机质含量少数在 1% 以下，多数为 1.2%～1.7%。耕地土壤速效 P 不足，含 N 较少。农业地带东高西低，自南向北倾斜，海拔 400～900m。平原地区年降水量 150mm 左右，主要分布在 4—6 月，对小麦生长需水能起到补充作用，6—7 月小麦灌浆成熟期间经常出现 30～34℃ 高温和干热风现象，影响灌浆成熟，降低粒重。小麦籽粒中蛋白质 14%～16%，湿面筋 26%～33.7%，均高于全疆麦区，适合种植优质高产早熟的强筋和强中筋白粒冬、春小麦。其中在准噶尔盆地的南缘和西部麦区，适宜发展优质高产早熟强、中筋春小麦。沿乌伊公路两侧，冬季积雪较稳定，小麦越冬冻害少，宜发展优质高产早熟强中筋白粒冬小麦。小麦后期应追足 N 肥，适当控制水量，以提高品质，增加面筋含量，同时应防御干热危害减产。在天山北麓 151 团和奇台农场的山前丘陵地带等少数地区海拔较高、气候温凉，有利小麦灌浆成熟，提高产量，宜发展中、弱筋春小麦，但要防止阴雨过多，出现穗上发芽降低品质现象。

（二）吐鲁番—哈密盆地干热强筋、中筋春麦区

本区位于东部天山以南，包括吐鲁番麦区的农十三师和哈密市附近农十三师的团场。火焰山横跨东西，地势北高南低，海拔一般 81 ~ 1 700m，主要农田分布在冲积扇下部和潜水溢出带。土壤有灌耕土、灌淤土、耕种棕漠土、耕种草甸土、潮土、盐土、风砂土等。土壤有机质含量多在 1% ~ 2%。是典型的大陆性气候，属暖温带干旱区，光热资源丰富，昼夜日较差大。哈密盆地年平均气温 9.1 ~ 11.9℃，7 月平均 26.5℃，年日照时数 3 450h，年辐射总量 669.7kJ/cm²，是全疆光照资源最丰富的地区。吐鲁番年平均温度 14℃，7 月平均温度 32.1℃，是中国夏季最热的地方，年降水量 9.4 ~ 37.1mm，蒸发量则达 2 879 ~ 3 821mm。温度高、气候干燥，相对湿度低，干热风多，降水少，不利小麦灌浆成熟，千粒重低，籽粒中蛋白含量 14% 左右。宜种植强、中筋春麦，但后期温度过高籽粒中醇溶蛋白太大和麦谷蛋白含量比例失调（谷/醇），烘烤品质较差。应选用优质高产、多穗型、抗干热风能力强的早熟品种，后期应适当供足水分。

（三）库尔勒—阿克苏—喀什—和田南疆干热强、中筋冬麦区

本区位于天山南缘、塔里木盆地周围，包括库尔勒、阿克苏、喀什、和田、且末县市境内的农二师、农三师、农十四师所属的团场，本区范围较大，农田主要集中在塔里木盆地北部和西部。土壤质地较轻，以灌淤土、潮土、盐土、灌耕棕漠土、风砂土为主，大河冲积平原下部为草甸土、沼泽土、沼泽盐土等。库尔勒麦区土壤有机质含量大部分在 1% 左右，农田盐渍化面积占 36% 左右。塔里木河两岸主要是草甸土和平原林土。喀什麦区平原土层深厚，质地细、保水保肥能力强。若羌麦区耕地砂性较大，肥力偏低，土壤有机质含量大部分在 1% 以下，普遍缺 P 少 N。地形变化较大，塔什库尔干山区平原海拔约 3 000m，河流三角洲和山前平原海拔 1 100 ~ 1 400m，除山间盆地、谷地为温凉型气候种植春小麦外，绝大部分地区属典型的南疆干热气候，夏季炎热干旱，气候变化剧烈，昼夜温差大，年降水仅 20 ~ 50mm。5—6 月小麦灌浆成熟期间气候干热，干热风较多。春天和田平原地区沙暴和浮尘天气较多，对小麦生长不利。该区适合发展中、强筋冬小麦。选用优质高产、多穗型、早熟冬麦品种，有利提高棉粮复种指数。温宿县山前盆谷地的四团、五团及喀什、和田境内的温凉山区、丘陵地带及河流下游地区宜种植中、强筋春小麦，以充分发挥气候资源优势，增加产量，提高品质。

二、中筋麦区

(一) 天山西部伊犁河谷地带中筋冬麦区

本区位于天山西部伊犁河谷地带,包括霍城、伊宁、察布查尔等境内农四师所属的团场。土壤类型是以灰钙土、栗钙土、潮土为主,其次是草甸土、灌耕土、风沙土和盐土。农区土壤有机质含量在1%以上,多数在2%~3%,高于全疆各地区,全N含量一般在0.1%~0.2%,其中速效N含量60~100mg/kg(有的高达300mg/kg),但速效P含量仅有3~5mg/kg,贫P面积占农田面积75%左右。海拔一般640~670m,3—6月平均温度13~14℃,7月平均温度22~24℃,光照充足,4—6月降水量74~84mm,相对湿度59%~61%,冬季不太冷,积雪稳定。冬小麦品质好、产量高,宜选用中、早熟品种发展中筋小麦生产。伊宁市往东地势越来越高,春麦种植比例增大,适宜中筋春小麦生产。

(二) 焉耆盆地温暖中筋春麦区

本区为天山南麓的山间盆地,包括焉耆、和静、和硕、博湖四县和境内农二师所属的团场。土地资源丰富,农田土壤以潮土、灌耕棕漠土、盐土为主。土壤有机质含量丰富,多数农田均在1.5%以上,速效P为5~10mg/kg,高的可达50mg/kg以上,是新疆含P较高的地区。该区为开都河下游,水源充沛,地下水位较高,盐渍化土壤占耕地面积40%左右。海拔多为1 000~1 100m,光照充足,0~15℃年积温970~1 050℃,3—6月平均气温13.9~14.5℃,7月平均气温在23℃左右。4—6月平均降水量16.6~17.1mm,平均空气相对湿度38%~42%,具有南、北疆过渡型气候特征。开春早,但气温上升慢,春麦苗期生长时间较长,小麦开花灌浆成熟期间,气候适宜,干热风危害轻,有利小麦分蘖成穗,开花结实,千粒重高,增产潜力大。优质小麦品质稳定,质量好。该区农场较多,集约经营,小麦产量高,宜建设中筋春麦产业化生产基地。

三、中筋、弱筋麦区

(一) 温泉—塔城—阿勒泰—巴里坤北疆周边丘陵温凉中、弱筋春麦区

本区位于新疆西北部和北部,边境团场较多,包括温泉、塔城、阿勒泰、青河、巴里坤等县市范围的农五师、农九师、农十师、农十三师所属的团场。本区分布范围广、地形复杂,有高山、丘陵、平原、戈壁和沙漠等。土壤有灰钙土、栗钙土、漠化草甸土,河流下游和盆地中心有少量的盐土、沼泽土、风沙土等。土壤有机质含量多数耕地在1.0%左右。土壤中N、P含量差异较大,

但速效 P 普遍较少。海拔普遍为 540～740m，巴里坤地区为 1 700m 左右。热量资源较少，冬季漫长，夏季气候温凉，秋季降温快，3—6 月平均气温 8.2～11.7℃，7 月平均气温 16.7～23.4℃。温泉等多数地区 7 月气温平均在 18～22℃。光照充足，年日照时数 2 300～3 200h。年降水量 120～320mm，降水量随海拔高度增加而增加，降水多集中在 4—7 月，对小麦生长有利。小麦幼穗分化好，灌浆时间长，灌浆成熟期间很少有干热风出现，千粒重高，增产潜力大。除塔城平原等区种少量冬麦外，基本上都是种植春小麦，是北疆春麦较集中的种植带。小麦灌浆成熟期气候温凉，空气湿度较大，降水多，小麦籽粒中蛋白质含量一般在 12%～14%，面筋偏少，强度低，温泉和巴里坤地区麦谷蛋白与醇溶蛋白的比值较低，致使面团强度变弱，本地区适宜建成中、弱小麦产业化生产基地。宜选用大穗型，灌浆速度快，休眠期较长的红皮品种，防止麦收时受连阴雨影响，穗上发芽降低品质。硬粒小麦（杜仑小麦）在农九师塔额麦区历年来都有一定种植面积，品质良好，宜据市场需要积极开发。

（二）昭苏温凉中、弱筋春麦区

本区在新疆西部沿天山一带，位于昭苏地区和境内农四师所属的团场境内有特克斯河流经。土壤为耕作栗钙土、潮土等。除山间盆地的旱田以外，土壤较肥沃，有机质含量普遍为 1%～3%。有的高达 3%～5%，土壤中 N、P 含量丰富。气温较低，冬季时间长，开春晚，春麦种植面积占小麦面积 85% 左右。小麦灌浆成熟期间气候温凉，有利灌浆，蛋白质含量在 11%～13%，为全疆最低。有些年份小麦灌浆成熟期间由于阴雨过多，易发生锈病、细菌性条斑病等和出现穗上发芽现象，影响品质。宜选用优质丰产抗锈和休眠期较长的红皮麦品种。适于建成中、弱筋优质专用小麦产业化生产基地。

第二节　南疆小麦品质概况

一、品质性状概述

（一）塔里木盆地小麦的营养品质和加工品质

2013 年相吉山，穆培源等人，采用 AACC 及国标分析方法对 182 个新疆小麦品种资源的 4 个籽粒性状、5 个磨粉品质进行分析与评价。新疆小麦品种资源千粒重为 41.38g，粒径为 2.47mm，籽粒硬度为 59.40，籽粒蛋白质含量为 15.56%，出粉率为 59.59%，灰分含量为 0.48%，L^* 值为 90.78，a^* 值为 -0.91，b^* 值为 9.31。其中，籽粒硬度、a^* 值和 b^* 值的变异系数大，具有很好的改良潜力和利用价值。新疆冬、春小麦地方品种、引进品种、自育品种各具特色冬小麦品种资源中，地方品种的籽粒硬度、蛋白质含量、出粉率较高，引进品种的千粒重较高、粒径较大、面粉色泽较好，自育品种的千粒重较高、粒径较大、面粉亮度较高、灰分含量较低。春小麦品种资源中，地方品种的蛋白质含量、面粉亮度较高，引进品种的千粒重较高、粒径较大、蛋白质含量较高、灰分含量较低、面粉色泽较好，自育品种的千粒重较高、粒径较大、灰分含量较低、面粉色泽较好。按照新疆拉面专用粉标准来评价，只有新春 28 号的籽粒性状和磨粉品质均符合优质拉面要求各性状单独来看，籽粒硬度、出粉率、面粉亮度总体表现较好，面粉红度、面粉黄度总体表现一般，蛋白质含量、灰分含量总体表现较差。新疆小麦品种资源籽粒硬度是引起籽粒性状差异较大的主要性状，面粉色泽是引起磨粉品质差异较大的主要指标。冬小麦品种资源籽粒性状、磨粉品质总体优于春小麦，但蛋白质含量低于春小麦，面粉黄度大于春小麦。在优质新疆拉面育种中，冬、春小麦都应侧重于灰分含量、蛋白质含量的遗传改良，同时，冬小麦要关注面粉红度、而春小麦要关注面粉黄度。新疆小麦品种资源中，冬小麦地方品种的籽粒硬度，引进品种的千粒重和面粉黄度，自育品种的粒径、灰分含量、面粉白度以及春小麦引进品种的面粉色泽，自育品种的千粒重、粒径、籽粒硬度、出粉率等性状在新疆小麦优质育种中均有较高的应用潜力。

（二）磨粉品质与加工品质

1. 磨粉品质与拉面加工品质的关系

桑伟等（2012）为探讨新疆春小麦磨粉品质与新疆拉面加工品质的关系，为新疆春小麦品种改良、新疆拉面专用品种选育以及新疆拉面加工品质改良提供理论依据，以 36 个新疆春小麦品种为试验材料，分析出粉率、灰分、色泽、粗细度等磨粉品质性状与面粉品质、面团品质和淀粉糊化粘度特性以及新疆拉面加工品质特性的关系。结果表明，新疆春小麦品种面粉色泽是磨粉品质的重要性状，与其他磨粉品质、面粉品质性状及新疆拉面加工品质呈显著相关。因此，在春小麦品种加工新疆拉面的品质改良中应重视磨粉品质的改良，特别是面粉色泽的改良，同时也要提高出粉率、降低灰分和破损淀粉率。新疆拉面的磨粉品质指标为出粉率≥60.77%，灰分≤0.45%，破损淀粉率≤3.77%，面粉颗粒度≤108.14%，亮度（L^*值）≥90.86，红度（a^*值）≥-0.82，黄度（b^*值）≤9.00。

2. 磨粉品质与饺子加工品质的关系

2013 年高欢欢，李卫华等人，通过对不同类型小麦品质与饺子品质相关分析得出，小麦磨粉品质 L^* 值、灰分含量和淀粉破损率对饺子品质的影响较大。稳定时间和评价值对饺子品质有较大的正向作用；湿面筋含量、吸水率和弱化度对饺子品质有较大的负向作用。淀粉品质性状中峰值黏度、稀懈值和糊化温度对饺子的牢固性有正向作用。通径分析和回归分析表明稳定时间是影响饺子品质的最主要的因素，在一定范围内，稳定时间越长，饺子的得分越高。优质饺子对面粉各项品质指标的要求是：灰分含量 ≤ 0.54%，L^* 值 ≥ 90.51，b^* 值 ≤ 9.43，破损淀粉含量 ≤ 22.98%；湿面筋含量 ≥ 33.31%，Zeleny 沉淀值 ≥ 43.49ml，形成时间 ≥ 8.61min，稳定时间 ≥ 13.69min；峰值黏度 ≥ 3 131.71cp。结论表明新疆春小麦品种面粉品质性状和饺子品质在不同年份间和不同品质类型间均存在差异，中筋和强筋类型的小麦品种更适合制作优质饺子。研究明确了优质饺子对面粉各项品质指标的要求，其中稳定时间是影响饺子品质的最主要的因素。

3. 磨粉品质与面包、馒头、面条加工品质的关系

2009 年穆培源，桑伟等人，为了给优质面包、馒头、面条专用品种选育提供品质辅助选择指标，以 30 份新疆冬小麦品种（包括自育品种和引进品种）为材料，分析了新疆冬小麦品种品质性状与面包、馒头、面条加工品质的关系。回归分析结果表明，小麦籽粒性状、面粉品质、面团特性、淀粉糊化特性以及面粉色泽对新疆冬小麦品种面包、馒头和面条加工品质均有显著影响。面粉灰分、湿面筋、稀懈值、亮度和红度是影响面包、馒头和面条加工品质的共同品质性状，形成时间、稳定时间、延展度是影响面包和面条加工品质的共同品质性状，而籽粒性状仅对新疆冬小麦品种馒头加工品质有显著影响。相关分析结果表明，千粒重、形成时间、稳定时间、拉伸面积、最大拉伸阻力、红度和黄度与面包总分呈显著相关关系，相关系数分别为 0.460、0.516、0.537、0.719、0.707、0.534 和 − 0.403；籽粒蛋白质含量、面粉蛋白含量和湿面筋含量与馒头总分呈显著相关关系，相关系数分别为 − 0.397、− 0.458 和 − 0.552，面团延展度、稀懈值与面条总分呈显著相关关系，相关系数分别为 0.438 和 0.432。从以上结果可以看出，面包与面团流变学特性，馒头与蛋白质和面筋数量，面条与面团流变学特性及淀粉糊化特性的关系更为密切，这些品质性状可以作为新疆冬小麦品种面包、馒头、面条加工品质改良时的辅助选择指标。

二、筋性评价

（一）高分子量麦谷蛋白亚基组成

2013 年聂迎彬等为给新疆冬小麦品质育种提供参考依据，选取 109 份新疆冬小麦品种（系），研究了其麦谷蛋白亚基组成及其与新疆拉面加工品质的

关系。结果表明，新疆冬小麦品种（系）麦谷蛋白亚基以 N、7 + 8、2 + 12、Glu – A3c、Glu – B3a 和 Glu – B3j 为主，在其各自位点的分布频率分别为 40.37%、51.38%、54.13%、63.30%、20.18% 和 22.02%。籽粒蛋白质平均含量和湿面筋平均含量分别为 15.38% 和 33.18%，变异系数较小，分别为 6.70% 和 6.33%；沉淀值和 8min 宽度变异系数较大，分别为 22.85% 和 61.27%。就单个亚基对新疆拉面加工品质的贡献而言，Glu-A1 位点，1 > 2* > N；Glu – B1 位点，7 + 8 > 6 + 8 > 7 + 9；Glu – D1 位点，5 + 10 > 2 + 12；Glu – B3 位点，Glu – B3g > Glu – B3a > Glu – B3i > Glu – B3d > Glu – B3j；含有 1、7 + 8、5 + 10 和 Glu – A3c 亚基的品种（系）在拉面评价中具有较高得分。在新疆拉面专用品种选育时，应避免亲本含有 N、6 + 8 和 Glu – B3j 等亚基的使用。

（二）高分子量麦谷蛋白亚基遗传多样性

2009 年丛花等人，利用十二烷基硫酸钠聚丙烯酰胺凝胶电泳（SDS-PAGE）技术，分析了源自新疆地区的 282 份小麦（*Triticum aestivum* L.）地方品种的高分子量麦谷蛋白亚基组成。结果表明，在 Glu-A1、Glu-B1 和 Glu-D1 位点上的等位变异分别为 3、6 和 5 种，3 个位点上的优势亚基依次为 Null、7 + 8 和 2 + 12，其频率分别是 75.5%、90.8% 和 72.0%。在 Glu-1 位点共检测到 20 种亚基组合，其中组合（Null、7 + 8、2 + 12）的频率最高，为 52.8%，其次是组合（Null、7 + 8、2.6 + 12）和（2*、7 + 8、2 + 12），其频率分别为 14.1% 和 11.0%，其他亚基组合的频率均低于 10%。另外，在 Glu-D1 位点上还检测到 1 个新的亚基组合（2.6 + 12）。在供试的 282 份新疆地方品种中发现了两份具有优质亚基组合的材料，它们的亚基组成为（2*、7 + 9、5 + 10）和（1、7 + 9、5 + 10），这些地方品种可作为改良小麦品质性状的重要遗传资源。

（三）高分子量麦谷蛋白亚基的变异

2015 年张钰等人，为探索新疆强筋小麦的高分子量麦谷蛋白亚基的变异，采用 SDS-PAGE 方法对新疆主栽的 21 种中筋小麦和 17 种强筋小麦的高分子量麦谷蛋白亚基进行了分析。结果表明：供试材料中共出现 12 种类型的亚基和 12 种亚基组合。中筋小麦 Glu-A1 位点亚基主要为 N，Glu-B1 位点亚基主要为 7 + 8，Glu-D1 位点亚基主要为 2 + 12。强筋小麦 Glu-A1 位点亚基主要为 1 和 N，Glu-B1 位点亚基主要为 7 + 8 和 7 + 9，Glu-D1 位点亚基主要为 5 + 10。聚类分析结果显示：在相似系数为 0.43 时可将供试小麦分为 2 类：第 1 类包括 28 个品种，均含有 2 + 12 亚基，其中既有强筋小麦也有中筋小麦；第 2 类包括 12 个品种，均含有 5 + 10 亚基，全部为强筋小麦。5 + 10 亚基对小麦品质贡献明显大于其他亚基，是新疆强筋小麦的主效亚基。

（四）高分子量麦谷蛋白亚基与面粉加工品质的关系

贮藏蛋白对小麦的加工品质起重要作用，明确新疆小麦谷蛋白亚基对加工品质的影响，研究高分子量麦谷蛋白亚基是重点。2010 年聂莉等人，以 79 份新疆小麦作为实验材料，进行 SDS-PAGE 和部分加工品质性状检测，分析了 HMW-GS 对小麦加工品质性状——蛋白质含量、湿面筋含量、沉淀值和硬度的影响。结果表明：高分子量麦谷蛋白基因位点不同，对同一品质性状的效应不同，同一位点对不同的品质性状效应也不同，且同一位点的不同亚基间对品质性状的效应也存在差异。对于沉淀值，Glu-1 的三个位点对其效应大小顺序为 Glu-D1 > Glu-A1 > Glu-B1，而对于蛋白质含量，顺序则为 Glu-B1 > Glu-D1 > Glu-A1。高分子量谷蛋白亚基对加工品质的影响情况更为复杂，对于沉淀值，2 + 11 > 5 + 10 > 5 + 12 > 3 + 12 > 2 + 12 > 4 + 12 > 2 + 10，亚基 2 + 12 和 2 + 11、5 + 10 差异显著；对于蛋白质含量，2 + 10 > 5 + 12 > 4 + 12 > 2 + 12 > 5 + 10 > 2 + 11 > 3 + 12，亚基 2 + 10 和 5 + 10、2 + 11、3 + 12 差异显著。提出提高优质亚基 1，5 + 10 的频率，保持 7 + 8 亚基的频率，是新疆小麦育种的方向。

（五）南疆小麦的筋性评价

塔里木盆地小麦主要为强筋、中筋小麦。强筋、中筋小麦主要种植于天山南缘、塔里木盆地周围，包括库尔勒、阿克苏、喀什、和田、新疆兵团第一师、第二师、第三师、第十四师所属的团场，本区范围较大，农田主要集中在塔里木盆地北部和西部。中筋小麦种植于天山南麓的山间盆地，包括焉耆、和静、和硕、博湖四县和境内农二师所属的个别团场。

本篇参考文献

艾合买江·吐逊, 海日古丽·阿不都如苏力.2011.杏麦间作区小麦高产栽培技术 [J].新疆农业科技 (1): 16.

曹俊梅, 周安定, 吴新元, 等.2010.盐胁迫对新疆三个冬小麦品种发芽及幼苗期耐盐性研究 [J].新疆农业科学, 47 (5): 865-869.

曹俊梅, 芦静, 周安定, 等.2014.水分胁迫对新疆不同小麦品种幼苗生理特性的影响 [J].新疆农业科学, 51 (7): 1 190-1 196.

曹霞, 王亮, 冯毅, 等.2010.新疆小麦品种春化和光周期主要基因的组成分析 [J].麦类作物学报, 30 (4): 601-606.

陈荣毅, 魏文寿, 王荣栋, 等.2007.新疆春小麦黑胚发生与产量及加工品质之间的关系 [J].干旱地区农业研究, 25 (1): 230-234.

陈晓杰, 吉万全, 王亚娟.2009.新疆冬春麦区小麦地方品种贮藏蛋白遗传多样性研究 [J].植物遗传资源学报, 10 (4): 522-528.

丛花, 池田达哉, 王宏飞, 等.2009.新疆小麦地方品种资源高分子量麦谷蛋白亚基 (HMW-GS) 的遗传多样性分析 [J].农业生物技术学报, 17 (6): 1 070-1 074.

丛花, 池田达哉, 高田兼则, 等.2011.新疆冬小麦地方品种高分子量麦谷蛋白亚基的地理分布及其新发现亚基的特性 [J].新疆农业科学, 48 (9): 1 576-1 584.

丁翠娥, 逯新成, 吴儒清.2013.滴灌小麦生长发育规律及关键栽培技术试验 [J].农村科技 (1): 4-6.

杜雯, 唐立松, 李彦.2008.绿洲农田不同施肥方式对冬小麦产量的效应分析 [J].干旱区资源与环境, 22 (9): 163-166.

樊静, 毛炜峄.2014.气候变化对新疆区域水资源的影响评估 [J].现代农业科技 (8): 219-222.

高欢欢, 李卫华, 穆培源, 等.2013.新疆春小麦品种品质性状主成分及聚类分析 [J].新疆农业科学, 50 (2): 197-203.

高欢欢, 桑伟, 穆培源, 等.2013.新疆春小麦粉品质特征与饺子品质关系的研究 [J].中国粮油学报, 28 (9): 21-26.

海力且木·麦麦提.2014.新疆地区水资源生态承载力及用水效率研究 [J].水利规划与设计 (11): 30-32.

何雄, 张云生, 崔新建, 等.1998.塔里木盆地多熟立体种植模式、效益和发展意见 [J].新疆农业科学 (6): 244-248.

侯新强，张慧涛，杨俊孝.2013.新疆农作物秸秆资源利用现状及产业化发展对策 [J].新疆农垦经济（1）：45－47.

胡成学，呼雪莉，高传光，等.2012.焉耆盆地春小麦品种对比试验研究 [J].巴州科技（3）：1－3.

黄德纯，吴庆红，吴利，等.2013.新疆主要春小麦品种简介及栽培要点 [J].农村科技（7）：64.

黄润，茹思博，张安恢，等.2008.新疆春小麦品种的磷营养差异研究 [J].麦类作物学报，28（5）：824－829.

黄天荣，张新忠，吴新元，等.2002.新疆冬小麦品质性状的环境变异及其相关性研究 [J].新疆农业大学学报，25（2）：28－32.

雷钧杰，赵奇，陈兴武，等.2012.杏麦间作复合群体中小麦生长发育及产量结构的初步探讨 [J].中国农学通报，28（15）：97－101.

雷钧杰，赵奇，陈兴武，等.2014.南疆小麦、玉米两早配套一体化栽培技术规程 [J].农村科技（11）：10－12.

李冬，张新忠，芦静，等.2009.基因型和环境对新疆冬小麦主要品质性状的影响 [J].新疆农业科学，46（1）：112－117.

李军.2012.新疆小麦滴灌与常规灌溉对比分析 [J].现代农业（12）：16－17.

李军如.2011.轮台县杏麦间作小麦区小麦高产栽培技术 [J].新疆农业科技（5）：29.

李士磊，霍鹏，李卫华，等.2012.新疆春小麦品种苗期耐盐性分析 [J].新疆农业科学，49（1）：9－15.

李卫华，曹连莆，艾尼瓦尔，等.2007.新疆春小麦品种品质性状演替规律的研究 [J].新疆农业科学，44（S3）：53－57.

李霞.2011.焉耆盆地春小麦滴灌技术研究 [J].水利规划与设计（5）：50－51，82.

李晓川，杜军剑，韩丽明.2013.焉耆盆地种植冬小麦气候可行性分析 [J].沙漠与绿洲气象，7（5）：51－54.

李瑛.2012.南疆滴灌春小麦复播玉米效益分析 [J].新疆农业科技（12）：5－6.

刘恩良，金平，马林，等.2013.新疆冬小麦耐盐指标筛选及分析评价研究 [J].新疆农业科学，50（5）：809－816.

刘红杰，朱培培，倪永静，等.2014.不同整地方式对小麦生长发育及产量性状的影响 [J].农业科技通讯（5）：52－54.

刘建军. 2014. 新疆小麦推广滴灌技术的思考 [J]. 农业开发与装备 (5): 99.

芦静, 吴新元, 张新忠. 2003. 生态环境和栽培条件对新疆小麦品质的影响 及其改良途径 [J]. 新疆农业科学, 40 (3): 163－165.

路绍雷, 韩丽青, 谭忠宁, 等. 2010. 焉耆盆地春小麦超高产栽培技术初探 [J]. 巴州科技 (3): 5－6, 12.

栾丰刚, 羌松, 段晓东. 2011. 新疆小麦黑胚病主要病原的侵染特性研究 [J]. 新疆农业科学, 48 (12): 2 223－2 229.

马宏. 2009. 新疆小麦品质状况浅谈 [J]. 粮食加工, 34 (5): 87－88.

马宏. 2012. 新疆小麦质量状况调查与分析 [J]. 粮油食品科技, 20 (5): 42－43.

马艳明, 刘志勇, 热依拉木, 等. 2011. 新疆冬小麦地方品种与选育品种遗 传性状比较分析 [J]. 新疆农业科学, 48 (4): 634－638.

穆培源, 桑伟, 庄丽, 等. 2009. 新疆冬小麦品种品质性状与面包、馒头、 面条加工品质的关系 [J]. 麦类作物学报, 29 (6): 1 094－1 099.

穆培源, 桑伟, 徐红军, 等. 2011. 和面仪在新疆拉面加工品质评价中的应 用 [J]. 麦类作物学报, 31 (2): 234－239.

聂莉, 芦静, 吴新元, 等. 2010. 新疆小麦高分子量谷蛋白亚基对其加工品 质的影响 [J]. 新疆农业科学, 47 (3): 443－448.

聂迎彬, 穆培源, 桑伟, 等. 2011. 新疆与国内冬小麦主栽品种 (系) 产 量的比较研究 [J]. 新疆农业科学, 48 (1): 6－10.

牛新湘, 马兴旺, 杨金钰, 等. 2009. 南疆风沙区小麦保护性耕作播种方式 研究 [J]. 农机化研究 (3): 126－129.

热黑木江. 2010. 小麦复种大豆二熟制栽培技术 [J]. 新疆农业科技 (1): 14.

桑伟, 穆培源, 徐红军, 等. 2008. 新疆春小麦品种主要品质性状及其与新 疆拉面加工品质的关系 [J]. 麦类作物学报, 28 (5): 772－779.

桑伟, 穆培源, 徐红军, 等. 2010. 新疆冬小麦磨粉品质与面粉及新疆拉面 品质的关系 [J]. 麦类作物学报, 30 (6): 1 065－1 070.

沈东元, 魏彪. 2009. 南疆加压滴灌小麦高产栽培技术 [J]. 农村科技 (11): 11.

孙红霞. 2008. 塔里木盆地地下水资源特征及其可持续利用 [J]. 地下水, 30 (4): 38－41.

万刚. 2010. 滴灌带不同配置方式对小麦生长发育及产量的影响 [J]. 安徽

农学通报，16（17）：81，100.

王春玲，申双和，王润元，等.2012.气象条件对冬小麦生长发育和产量影响的研究进展［J］.气象科技进展，2（6）：60－62.

王宏飞，李宏琪，丛花，等.2010.新疆小麦地方品种遗传多样性的SSR分析［J］.中国农业科技导报，12（6）：98－104.

王宏飞，丛花，章艳凤，等.2011.新疆冬小麦地方品种高分子量谷蛋白亚基等位变异及其品质分析［J］.新疆农业科学，48（8）：1 392－1 398.

王冀川，李克福.2004.试论南疆麦区小麦栽培机制的转变［J］.新疆农垦科技（1）：12－13，35.

王冀川，高山，徐雅丽，等.2012.不同滴灌量对南疆春小麦光合特征和产量的影响［J］.干旱地区农业研究，30（4）：42－48.

王俊，姜卉芳，马存林，等.2007.新疆干旱内陆河灌区灌溉入渗分析［J］.水利与建筑工程学报，5（1）：22－24，47.

王亮，穆培源，徐红军，等.2008.新疆小麦品种高分子量麦谷蛋白亚基组成分析［J］.麦类作物学报，28（3）：430－435.

王亮，李卫华，徐红军，等.2013.新疆春小麦品种资源矮秆基因 Rht-$B1b$ 和 Rht-$D1b$ 等位变异的分布［J］.华北农学报，28（6）：59－64.

王芹芹.2014.新疆内陆河流域积雪深度变化规律的分析与研究［J］.甘肃水利水电技术，50（3）：9－11，51.

王荣栋，孔军，陈荣毅，等.2005.新疆小麦品质生态区划［J］.新疆农业科学，42（5）：309－314.

王伟，姚举，李号宾，等.2009.新疆麦棉间作布局及麦棉比例与棉田捕食性天敌发生的关系［J］.植物保护，35（5）：43－47.

王伟，侯丽丽，贾永红，等.2013.水分胁迫下施氮量对春小麦旗叶生理特性的影响［J］.新疆农业科学，50（11）：1 967－1 973.

王小国，梁红艳，张薇.2012.新疆春小麦种质资源农艺性状和品质性状的遗传多样性分析［J］.新疆农业科学，49（5）：796－801.

王晓龙，桑伟，谢敏娇，等.2012.优质新疆拉面品种品质评价的多重PCR体系构建与应用［J］.农业生物技术学报，20（6）：606－615.

邬爽，林琪，穆平，等.2012.土壤水分胁迫对不同肥水类型冬小麦品种花后光合特性及产量的影响［J］.中国农学通报，28（33）：144－150.

吴新元，芦静，姚翠琴，等.2001.新疆主要种植小麦品种品质状况［J］.新疆农业科学，28（3）：154－156.

席琳乔，刘慧，马春晖.2013.新疆冬小麦套种草木樨效益浅析［J］.草食家畜（6）：68 – 71.

席琳乔，刘慧，景春梅，等.2014.新疆拜城冬小麦地主要杂草类型与不同轮作方式杂草种类调查［J］.杂草科学，32（2）：20 – 22.

相吉山，穆培源，桑伟，等.2013.新疆小麦品种资源籽粒性状和磨粉品质分析及评价［J］.新疆农业科学，50（6）：1 032 – 1 039.

杨莲梅，张广兴，崔彩霞.2006.塔里木盆地气候变化的季节差异［J］.气候变化研究进展，2（4）：168 – 172.

杨书运，严平，梅雪英.2007.水分胁迫对冬小麦抗性物质可溶性糖与脯氨酸的影响［J］.中国农学通报，23（12）：229 – 233.

杨永龙，钱莉，刘明春，等.2010.干旱绿洲区不同灌溉量对小麦生长发育的影响［J］.安徽农业科学，38（8）：4 139 – 4 141，4 145.

于杰，舒媛洁，赵雅霞.2013.新疆小麦品质与面食的关系［J］.农产品加工（2）：13 – 14.

余永旗，李召锋，石培春，等.2011.新疆自育春小麦品种面团流变学特性及淀粉糊化特性的研究［J］.新疆农业科学，48（10）：1 795 – 1 801.

张鹤云，韩艺霞，吾加阿不都拉·依干白地，等.2007.和田冬小麦播期与播量效应研究初探［J］.新疆农业科学，44（S1）：52 – 55.

张吉贞，王荣栋.1997.温光生态因子对新疆春小麦生长发育的影响［J］.新疆农业科学（6）：243 – 247.

张建雄，张保军，陈耀锋，等.2010.南疆杏麦复合系统条件下小麦灌浆期冠层的光特性［J］.西北农业学报，19（1）：76 – 80.

张巨松，张德忠，林涛，等.2008.新疆麦套棉生长发育特性的研究［J］.新疆农业科学，45（3）：398 – 402.

张军，吴秀宁，鲁敏，等.2014.拔节期水分胁迫对冬小麦生理特性的影响［J］.华北农学报，29（1）：129 – 134.

张伟，刘芝，史俊通，等.1999.塔里木盆地干旱灌区的地膜冬小麦研究［J］.干旱地区农业研究，17（1）：7 – 12.

张衍华，毕建杰，张兴强，等.2008.平衡施肥对麦棉套作中小麦生长发育的影响［J］.气象与环境科学，31（3）：15 – 19.

张玉东，刘春惊，陈瑞萍，等.2010.南疆杏麦复合类型对间作小麦产量及其构成因素的影响［J］.干旱地区农业研究，28（4）：179 – 182.

章建新，赵明，图尔贡，等.2013.南疆灌区冬小麦/夏玉米改良模式增产潜力与机理分析［J］.干旱地区农业研究，31（6）：15 – 21，33.

周勋波，孙淑娟，陈雨海，等.2008.冬小麦不同行距下水分特征与产量构

成的初步研究 [J]. 土壤学报, 45 (1): 188 –191.

朱红梅. 2010. 小麦不同播期产量对比试验总结 [J]. 新疆农业科技 (3): 5.

朱拥军, 黄劲松, 徐海峰, 等. 2011. 新疆地区滴灌小麦复播大豆施肥技术研究 [J]. 天津农业科学, 17 (5): 77 –80.

纵华, 张卫东. 2007. 新疆塔里木盆地冬小麦超高产栽培理论与模式研究——基于邯新冬号超高产栽培的实证 [J]. 中国农村小康科技 (5): 44 –46.

邹波, 相吉山, 徐红军, 等. 2012. 新疆春小麦新品种比较试验研究及增产原因分析 [J]. 新疆农垦科技 (6): 7 –9.

准噶尔盆地篇

第一章　准噶尔盆地自然条件和绿洲农业

第一节　自然条件

准噶尔盆地位于新疆北部，地理位置约 45°N，85°E。东北为阿尔泰山，西部为准噶尔西部山地，南部为北天山，呈三角形封闭状，东西长 700km，南北宽 370km，面积 38 万 km²，是中国第二大内陆盆地。盆地一般海拔 400m 左右，东高（约 1 000m）西低，腹部为古尔班通古特沙漠，面积占盆地总面积的 36.9%。盆地除额尔齐斯河为外流河外，其他河流均为内陆河，以盆地低洼部位为归宿。河流补给主要来自山区，春季平原融雪水亦有补给。按河流出山口处流量计算，共有年径流量 210 亿 m³（不包括伊犁河及塔城盆地河流），其中额尔齐斯河流出国境水量 100 亿 m³。额尔齐斯河是新疆第二大河，支流都源于阿尔泰山南坡。

根据地理环境和行政区划，可将准噶尔盆地周缘地区划分为 4 个小区（表 2 - 1）。

表 2 - 1　准噶尔盆地的区域划分（杨卫君等，2016）

划分	地域分布	地貌特点	气候特点
北缘小区	阿勒泰地区，北部是阿尔泰山南麓，与俄罗斯相邻；中部为河流冲积平原；东与蒙古接壤；南部包括古尔班通古特沙漠的一部分，与昌吉回族自治州接壤；西与哈萨克斯坦交界	北高南低，平原向西缓降。山地垂直带谱明显，2 400 ~ 3 200m 的高山带，植被以高山草原为主；1 500 ~ 2 400m 的中山带，植被以落叶松和云杉组成的森林为主；1 000 ~ 1 500m 的低山带，植被以低山草原为主。山前平原平坦宽广，风蚀地形分布广，多为石质平原。河谷平原有河漫滩与阶地组成，风烛强烈。乌伦古河以南气候更干旱，地面主要为沙漠	气候具有从中温带过渡到寒温带、从干旱气候过渡到半干旱气候的特点，冷季较长、降水较多，大风天气多。水文区域同时存在外流区和内流区，外流区为额尔齐斯河流域，内流区为额尔齐斯河以南地区。主要河流湖泊有额尔齐斯河、乌古伦河及乌古伦湖、嗜纳斯湖等

（续表）

划分	地域分布	地貌特点	气候特点
西缘小区	塔城地区和博尔塔拉蒙古自治州（除乌苏县），包括包括准噶尔盆地西部山地、博尔塔拉谷地、天山西段北坡山前平原	塔城地区地势南北高、中部低，南部是天山北坡山前冲击平原，北部是塔尔巴哈台山及塔额盆地，东部是古尔班通古特，西部是巴尔鲁克山区。博尔塔拉蒙古自治州西、南、被三面环山，中部是喇叭状的谷底平原，西部狭窄，东部开阔，地势由西向东逐渐降低	气候属于温带干旱气候区，区域内的河流均属天山以北内流河，植被丰富
南缘小区	西起玛纳斯河，东至巴里坤，南起天山北麓山脊，北至古尔班通古特沙漠，包括米泉、阜康、昌吉、玛纳斯、木垒、石河子、乌苏等地区	南部为天山北坡，北部为固定与半固定砂丘，中部为山前平原。整体地势南高北低，向西倾斜。地形较破碎，植被相对复杂。大面积开垦形成的绿洲与保存的天然草地、林地和灌丛并存。存留于绿洲外缘与荒漠接壤的地区，称之为绿洲荒漠过渡带。过渡带荒漠植被的覆盖度低，植被覆盖率仅为自然状态的2.3%，常由适中温的超旱生灌木组成	属中温带大陆性气候区，降水西部多于东部，边缘多于中心。南部山区、北部砂漠和中部平原气候有明显差异。植被以南部山区最为丰富，向北依次呈带状递减。北部、西部年均温 3～5℃；南部 5～7.5℃，东部为寒潮通道，1月均温为 -28.7℃。年均温日较差 12～14℃。太阳年总辐射量约 565kJ/cm^2。冬季有稳定积雪，冬春降水量占年总量30%～45%
东缘小区	东天山的哈密盆地以及东天山以南的伊吾—巴里坤草原，包括哈密市、伊吾县、巴里坤县	中部高南北低，中部由天山（哈密境内称巴里坤山—哈尔里克山）及其支脉莫铁乌拉山构成，南部即哈密盆地	属于典型的温带大陆性气候，干燥少雨。北部有良好的草场，南部以戈壁荒漠为主

一、土壤

盆地北部主要土壤是棕钙土，局部地区还有栗钙土、龟裂土、沼泽土、草甸土和盐土。盆地南部的北带以荒漠灰钙土为主，南带以棕钙土为主，冲积扇缘有草甸沼泽土和草甸盐土，扇缘以下为盐碱化的荒漠灰钙土。

二、水资源和降水量

葛建伟等（2011）研究表明，由盆地边缘向盆地中心地下水的资源功能逐渐减弱，而盆地南部地下水的资源功能强于盆地北部。盆地边缘和盆地中心的地下水生态功能弱，二者之间过渡带地下水生态功能强。盆地地下水的地质环境稳定性功能相对较弱，仅在艾比湖湖区、奎屯河下游河谷地带、玛纳斯河下游河谷地带、玛纳斯湖、乌伦古湖等地带为地下水的地质环境功能较弱区，其余大部分地带均为地下水的地质环境功能弱区。

毛炜峄等（2006）应用新疆北部地区（包括天山山区）的 26 个气象站 1961—2005 年的月降水观测资料（所选站点的研究区域划分见表 2-2）。暖季使用 5—10 月的降水量合计值，冷季使用 11 月至翌年 4 月的降水合计值，年降水量则使用 1—12 月的合计值。年、暖季以及各月降水量序列长度为 45 年，冷季降水量序列长度为 44 年；研究结果表明，北疆年降水量一般为 175.0 ~ 390.0mm，最多年份降水量 528.3mm，出现在 2002 年西部流域区；最少年份 106.8mm，出现在 1974 年北疆沿天山经济带，最多年降水量为最少年的 5 倍，变幅较大。降水量最多区在天山山区、北疆西部流域区，均在 350mm 以上，最少区在北部沿天山经济带，为 175mm。暖季降水量多于冷季，暖季山区达 300mm，冷季偏少，北疆沿天山经济带最少，仅有 60mm，暖季为冷季的 5 倍。

表 2-2　各研究区域代表站（杨卫君等，2016）

区域编号	区域名称	代表站名称
1	新疆北部地区	阿勒泰、哈巴河、塔城、托里、博乐、精河、乌苏、炮台、石河子、蔡家湖、乌鲁木齐、吉木萨尔、奇台、伊宁、新源、巩留、昭苏、特克斯、温泉、大西沟、小渠子、天池、巴里神、北塔山、巴伦台
2	北疆平原	阿勒泰、哈巴河、塔城、托里、博乐、精河、乌苏、炮台、石河子、蔡家湖、乌鲁木齐、吉木萨尔、奇台、伊宁、新源、巩留
3	北疆沿天山经济带	博乐、精河、乌苏、炮台、石河子、蔡家湖、乌鲁木齐、吉木萨尔、奇台
4	天山山区	昭苏、特克斯、温泉、大西沟、小渠子、天池、巴里神、北塔山、巴伦台、巴音布鲁克
5	北疆西部流域	伊宁、新源、巩留、昭苏、特克斯
6	北疆北部流域	阿勒泰、哈巴河、塔城、托里

第二节　准噶尔盆地绿洲农业

根据全国土地利用分类系统，将植被分为 3 类：高、中、低覆盖度植被。高覆盖度植被指覆盖度 ≥50% 的地面，中覆盖度植被指覆盖度在 20% ~50% 的地面，低覆盖度植被指覆盖度在 5% ~20% 的地面。准噶尔盆地的沙漠是典型的大陆性荒漠气候，是沙尘暴发生的源区之一。其植被主要分布在盆地边缘地区，这是因为水源主要来自于天山的融雪，盆周的降水相对较多。并且地下水补给也较为充沛，于是更利于植被的生存。

　　1989 年和 2000 年准噶尔盆地绿洲的植被覆盖总面积（高、中、低 3 种覆盖度之和）分别占总面积的 26.35% 和 21.45%。经过 11 年后，植被面积所占比重下降了 3.90 个百分点。而水域、高覆盖度植被、低覆盖度植被和流动沙丘都有不同程度的增加，其中农田变化最大，达 11.59%，其次是低覆盖度植被，达 9.36%；与之相反，中覆盖度植被和戈壁滩的面积明显减少。其中，沙—石—玛绿洲耕地面积从 20 世纪 80 年代以来有了较大增长，沙湾县由 1984 年的 573.4km^2 增至 2004 年的 651km^2，主要增长期为 1998—2001 年，平均每年新增耕地 33.25km^2，其他年份保持不变或略有减少，其原因可能是城镇乡村居民点的发展占用了耕地以及 2001 年后的退耕还林草政策所致。而玛纳斯县则由 1986 年的 398.4km^2 增至 2004 年的 494.6km^2，增长速度较快，增幅达 24%，主要增长期为 1995—1996 年、1998—1999 年、2002—2004 年，平均每年新增耕地 11.01km^2。

第二章 准噶尔盆地绿洲小麦丰产栽培主要技术环节

第一节 选用品种

一、准噶尔盆地绿洲小麦种质资源

(一) 地方品种资源

遗传变异是植物品种改良的基础。对当前优良品种（系）的遗传多样性进行准确的评价可以为亲本选配、后代遗传变异程度及杂种优势水平的预测提供预见性的指导，这是关系到育种目标能否成功的关键。分子标记是检测种质资源遗传多样性的有效工具。贾继增等（2000）利用 21 条染色体上 473 个 RFLP 探针，对来自不同国家的小麦遗传多样性进行了分析，发现普通小麦品种间的多态性比其他作物要小的多，说明普通小麦的遗传基础更为狭窄。

现代栽培小麦的亲缘种中（二粒小麦、粗山羊草等）存在着丰富的遗传多样性，其中有 49.4% 的多样位点在普通小麦中不存在，特别是在小麦的 D 基因组中，普通小麦品种间的遗传多样性极少。小麦地方品种中也存在着较为丰富的多样性。普通小麦基因组中，B 组的遗传多样性较高，其中尤以 2B、6B、7B 更高，而 D 组的遗传多样性最差。这些研究结果对在小麦育种中如何引进新的遗传变异及杂优育种具有指导意义。孙其信等（1996）还利用 RAPD 标记，选用中国 38 个冬小麦品种（系）和 2 个加拿大春小麦品种（系），在研究小麦杂种优势群方面作了有益的尝试。

新疆靠近小麦及其近缘属种的多样性中心中亚和西南亚，地域辽阔，气候和土壤多样，具有特色的少数民族土著文化和栽培习惯，在长期耕作情况下形成了丰富的小麦地方品种资源。新疆准噶尔盆地特有的地方小麦品种及其原产地见表 2 – 3。

表 2 - 3　新疆地方小麦品种的名称及原产地（石书兵等，2016）

序号	品种名称	原产地	序号	品种名称	原产地
1	白冬麦	乌鲁木齐	6	青心兰麦	玛纳斯
2	红冬麦	昌吉	7	小红芒	博乐
3	红壳白粒红冬麦	米泉	8	小冬麦	沙湾
4	无芒麦	米泉	9	阿尔泰冬麦	布尔津
5	小白冬麦	呼图壁			

（二）外引品种

新疆农业科学院粮食作物研究所从河北省农林科学院粮油作物研究所引进小麦品种新冬 20 号。1995 起在新疆推广种植。全生育期 242d，6 月上旬成熟。分蘖力中等，分蘖成穗率高，株高 70～75cm，株型紧凑，茎秆粗壮，抗倒伏能力强，早熟类型。穗长方形，穗长 7.1cm，主穗粒数 40 粒，小穗排列紧密，穗白色，长芒，护颖卵圆形，颖嘴披针形，颖肩斜。籽粒白色、卵圆形，角质、腹沟较深，有冠毛。抗寒性较强、耐水肥、品质好，是目前新疆制作拉面最好的品种。千粒重 39～41g，容重 803g/L，蛋白质含量为 16%，湿面筋含量 35.48%。一般亩产 450～500kg，最高亩产 600kg。适于新疆南疆早熟冬麦区和北疆有复种条件的积雪稳定地区种植。

（三）野生近缘种

新疆从 1981 年开始野生近缘植物调查收集工作。1986—1989 年间对阿勒泰、塔城、伊犁等地进行了新疆麦类作物野生近缘植物考察，收集了 11 个属 57 个种和 6 个亚种的小麦野生近缘种的种子和标本，1987 年在新疆农业科学院老满城试验站建成了野生近缘植物种质资源圃。

新疆杂草型黑麦是全国仅有的一种小麦近缘种野生资源，1990—1994 年开展了新疆杂草黑麦收集与研究，收集 34 个居群 120 份种子，对其形态、农艺性状、抗逆性、抗病虫性等进行了研究，发现新疆的杂草黑麦抗寒抗旱、高抗锈病和白粉病，遗传多样性丰富，确定了新疆杂草型黑麦的分类地位。1992—1994 年开展了新疆小麦族野生植物抗麦蚜性研究，筛选出一批高抗麦长管蚜和麦二叉蚜的小麦族野生植物。1990—1998 年，戚家华等采用花粉管通道法将大赖草 DNA 片断导入小麦。1990—1992 年与西南农业大学合作对 40 余种新疆小麦族野生植物抗白粉病和锈病进行了研究，发现一批高抗资源。2007 年新疆启动全球环境基金（GEF）小麦野生近缘植物保护项目，选定乌鲁木齐为小麦野生近缘植物保护示范点。

二、品种更新换代和良种简介

（一）春小麦

1. 更新换代

新疆的春小麦品种从 20 世纪 50 年代至今，随着种植制度的调整和土地的改良，经历了多次的品种演替。伴随着品种的更新换代，新疆春小麦的产量不断的提高，且春小麦主要的农艺性状也发生了相应的变化。

据不完全统计，1949 年以来，新疆在农业生产上曾有 47 个小麦品种有较大面积的种植。20 世纪 40 年代至 60 年代，主要培育和推广的春小麦品种有黑芒春麦、大头郎、吐里克、喀什白皮、红星春麦等；60 年代至 70 年代中主要培育推广的是红星 1 号、阿勃、解放 3 号、欧柔、白欧柔、青春 5 号、巴春 1 号、昌春 2 号、奇春 4 号等；70 年代中至 80 年代主要推广的品种有纽瑞、墨巴 65、解放 4 号、阿春 1 号、阿春 2 号、哈肯 1 号、7101、塞洛斯、约瑞、伊春 4 号、伊春 5 号等；80 年代至 90 年代中主要推广的品种有昌春 3 号、阿春 3 号、新春 2 号、新春 3 号、哈春 3 号、新春 4 号、新春 5 号、阿春 4 号；90 年代中至 2005 年主要推广的小麦品种有昌春 6 号、新春 6 号、新春 7 号、新春 8 号、巴春 6 号、新春 9 号、中作 8131、新春 11 号等 8 个品种；2006 年至今主要推广的小麦品种有新春 20 号、新春 26 号、宁春 16 号、宁春 17 号、新春 27 号、新春 29 号。

2. 良种简介

20 世纪 50 年代以来，在小麦育种专家的辛勤工作下，通过品种培育、试验、审定、筛选和推广，一批又一批的小麦高产稳定品种在生产中得到推广应用，绿洲区小麦单产水平和种植面积在不断扩大，小麦品种改良在绿洲小麦生产发展中起了不可替代的作用。目前，新疆春小麦种植面积较大的品种主要有：

（1）新春 6 号　新疆农业科学院核技术生物研究所育成，1993 年通过新疆农作物品种审定。生育期 88d 左右。该品种已种植多年，种植面积呈下降趋势，但在一些地区仍是较受欢迎的品种。该品种最大特点是早熟，丰产性好，适宜范围广，稳产性好。株高适中，茎秆粗壮，株型紧凑，抗倒性好。分蘖成穗率低，以主茎成穗为主，在栽培上应注重早管理。该品种由于种植多年，品种退化、混杂现象严重。应选择种性较纯、质量较好的种子。较易感散黑穗病。播种前进行药剂拌种。

（2）新春 11 号　新疆石河子大学育成，2002 年通过新疆农作物品种审定。该品种籽粒较小，植株中等偏矮，抗倒伏能力强．为新疆主栽春小麦品种中生育期较晚的品种之一。该品种对水肥不敏感，故在一些不能在关键生育期及时灌溉的地块种植产量有优势。由于千粒重较小，故在栽培上播种量应稍小于其他品种。在冷凉区种植，产量表现较好。

（3）新春17号　新疆农业科学院核技术生物研究所育成，2005年通过新疆农作物品种审定。该品种的主要特点是大穗、大粒、生长旺盛、中早熟。高产栽培要点：适宜在新疆北疆各春麦区中上等以上肥力地块种植，中等及中等以下肥力地块种植产量优势不明显；该品种千粒重较高、粒大，同等情况下播种量可与新春6号相当，产量较新春1号高10%左右；早管理；落黄好，要浇好落黄水；选择纯度较好的种子。

（4）新春27号　新疆农业科学院粮食作物研究所育成，2007年通过新疆农作物品种审定。该品种植株表面有一层蜡质层，高产、稳产。千粒重较高，容重高且稳定。中熟，为新疆春小麦新品种中推广速度较快的品种之一。高产栽培要点：适宜在新疆北疆各春麦区中等以上肥力地块种植，中等以下肥力地块种植产量优势不明显；同等情况下播种量高于新春6号，低于新春11号；亩产量450kg以上，需要在小麦起身拔节期以前喷施矮壮素等化控。

（5）新春29号　新疆农业科学院粮食作物研究所育成，2008年通过新疆农作物品种审定。该品种为新疆第1个高产（2009年在青河县亩产量达740kg）、优质，同时具备耐盐特性的春小麦品种。能在丰产地块种植的同时，也可在中等以下盐分浓度较高地块种植，适应性、稳产性好，属中晚熟品种。

（二）冬小麦

1. 更新换代

新中国建立初期，新疆冬小麦品种多为地方古老品种。改革开放后培育和引进了大批新品种。20世纪90年代初，伊犁地区主要推广了伊农7号、伊农8号、伊农9号、伊农10号、伊农11号、伊农12号等；塔城地区主要推广了新冬1号、新冬14号等；奎屯、博乐、昌吉、石河子及乌鲁木齐一带主要推广了八农7416、70-4、76-4、石冬1号等；南北疆推广面积较大的品种以新冬13号为代表。90年代后至21世纪初，北疆地区主要推广了新冬2号、新冬3号、新冬7号、新冬16号、新冬18号等；南北疆均推广且种植面积较大的品种有新冬17号、新冬19号、新冬20号、新冬21号、新冬22号、新冬23号等。21世纪初至2012年，新疆育成并通过审定（认定）的品种主要有新冬24号、新冬26号、新冬27号、新冬28号、新冬29号、新冬30号、新冬31号、新冬32号、新冬33号、新冬40等。当前，新疆北疆地区冬小麦主栽品种为新冬17号、新冬18号、伊农18号及新冬26号（耐盐品种）。

2. 良种简介

目前，新疆推广的冬小麦品种主要表现为抗逆性强、高产、优质。北疆种植面积较大的品种主要为新冬 17 号、新冬 18 号等；伊犁冬麦区主要推广抗病性强的品种，如新冬 26 等。近 5 年来，新疆育成通过审定（认定）并大面积推广的冬小麦新品种如下：

（1）新冬 17 号 新疆农垦科学院育成，1994 年审定推广。该品种株高 85～95cm，株型紧凑，茎秆粗壮，抗倒，越冬性较好，分蘖力一般；籽粒白色，饱满，角质。北疆生育期 280d，南疆 265d 左右。抗寒性中等，轻感白粉病、叶锈病；冬性、中熟。千粒重 38～48g，容重 790～832g/L，蛋白质含量 14.2%，平均亩产 400～450kg。新疆南、北疆均可种植。

（2）新冬 18 号 新疆农业科学院粮食作物研究所培育，1995 年推广种植。全生育期 275d 左右。分蘖力中等，分蘖成穗率较高，越冬性强。株高 85～95cm，株型紧凑，抗倒伏能力强。穗长 7.8cm，结实小穗数 16～17 个，小穗排列较密，主穗粒数 38.8 粒，穗层整齐，属高产优质中筋中熟类型。抗寒性较强，耐水肥，抗干热风。较抗条叶锈病，白粉病轻。籽粒白色、卵圆形，角质、腹沟中等，冠毛白色较短。千粒重 41.5g，容重 804g/L，蛋白质含量为 13.7%。一般亩产 450kg，最高单产可达 600kg 左右。新疆北疆沿天山一带及塔额盆地种植。

（3）新冬 26 号 中国科学院新疆生态与地理研究所育成的、新疆唯一的区级耐盐冬小麦品种。亲本为冬小麦"红选 501"和墨西哥春麦"唐努尔"，杂交后的 F1 代为母本，再与"红选 501"和墨西哥春麦"西埃代赛洛斯"杂交的 F2 代为父本进行复交而成。2004 年 3 月通过新疆维吾尔自治区农作物品种审定委员会审定。株高 60～80cm，秸秆粗壮，弹性较好，抗倒伏性强。千粒重 39～45g。籽粒白色、半角质。全生育期 275d 左右。单产 300～650kg/亩（随土地盐渍化程度及土壤肥力状况变化而变化）。在低产盐渍化地上种植亩产量可达 350kg 以上，在肥力较高的土地上种植产量可达 400～650kg/亩。

第二节 整 地

茬地、休闲地、绿肥地均要深耕，耕深 20～28cm，秋翻地用旋耕机整地即可，深度 10cm 以上。不漏犁，圆耙耱精细整地，达到六字标准"齐、平、松、碎、净、墒"，做到"上虚下实"。

第三节　播　种

一、冬小麦播期

冬小麦适宜播种期为当地昼夜平均气温稳定在 16～18℃，一般只有 10d 左右。胡新月等（2009）研究表明，北疆沿天山一带为 9 月 15—25 日。塔城盆地和伊犁河谷适宜播期为 9 月 20 日至 10 月 5 日。

胡新月研究表明，一般中期播种的麦田，入冬前基本苗 300 万株/hm² 左右，单株主茎长出 5～6 片叶，单株分蘖 2～4 个，蘖大而壮，次生根 4～6 条，总茎数 900 万～1 200 万茎/hm²。

二、春小麦播期

当气温稳定通过 10℃以上、土壤解冻 5～7cm 即可播种。正常年份一般在 3 月上旬开始播种，3 月 20 日前结束。

第四节　种植方式

一、单作

噶尔盆地冬小麦的主要种植方式。

（一）播前准备

1. 种子处理

防治小麦锈病、白粉病，可用 25% 三唑酮可湿性粉剂按种子重量 0.15% 的药量拌种，或用含有相应药量的种衣剂包衣处理；防治小麦普通腥黑穗病和矮星黑穗病，每 100kg 种子可用 40% 卫福 200FF 悬浮剂 200～300ml 拌种，或用 3% 苯醚甲环唑（敌委丹）悬浮种衣剂 200ml 拌种；防治小麦全蚀病，每 100kg 种子可用 12.5% 硅噻菌胺（全蚀净）悬浮剂 200ml 拌种。

2. 灌足底墒水

整地前灌足灌匀底墒水，每亩灌水量为 70～80m³。不漏灌，保证全田墒度均匀，土壤含水量以占田间持水量的 75%～80% 为宜。

3. 施用基肥

中等肥力地，整地前每亩施腐熟优质农家肥 2 000～2 500kg、纯 N 6～

8kg，纯 P（P_2O_5）10kg 作基肥，基肥应施于土层 10cm 以下。

（二）播种

1. 播种期

塔城盆地和伊犁河谷适宜播期为 9 月 20 日至 10 月 5 日，北疆沿天山一带乌苏、石河子、奇台适宜播期为 9 月 15—30 日。

2. 播种量

适期播种的地块，亩播量为 13～15kg，塔城盆地和伊犁河谷在 10 月 5 日以后播种，北疆沿天山一带在 9 月 30 日以后播种，均视为晚播，晚播小麦每推迟 1d 播种，亩播量增加 0.5kg。

3. 播种方式

播种方式以 15cm 等行距条播和宽窄行条播为宜，宽行 20cm，窄行 10cm。在土地坡降比较大的田块，采取 4 沟 6 行或 6 沟 4 行沟植沟播方式，采用机械条播，播种、施种肥、覆土、打埂、镇压一次完成。

4. 播种深度

播种深度为 3～5cm。

5. 带肥下种

亩施磷酸二铵 5kg 作种肥，肥料、种子要分箱装。

（三）冬前管理

1. 补种

播种后 3d 之内，开好毛渠，采用格田种植方式的，及时打好田埂，及时查缺补漏，在缺行断垄和漏播处补种。于冬前灌水当日平均气温稳定下降到 3℃时，适时冬灌，每亩灌水量 60～80m³。

2. 禁止麦田放牧

小麦越冬期禁止在田间放牧，防止牲畜啃食麦苗。

（四）返青期至灌浆期管理

1. 松土

小麦返青期前，为防止土壤板结，应及时耙地松土，增温保墒，促进返青。耙地松土应根据土壤种类、墒情、苗情进行，耙深 3～4cm。

2. 灌水

一般不灌返青水，但个别麦田冬季积雪较少，小麦返青时雪墒不足，土壤含水量低于田间持水量的 60%，应适时灌返青水，亩灌水量为 60m³。小麦起身期至拔节期应灌水 2 次，间隔期 15d 左右，亩灌水量 70～80m³。小麦孕穗期灌水 1 次，亩灌水量 80～90m³。小麦开花期至成熟期灌水 1～2 次，亩灌水量 70 ~ 80m³。

3. 追肥

小麦返青初期视苗情追肥，弱苗每亩追施尿素 3 ~ 4kg，壮苗与旺苗不施，用施肥机条施，采用雪上追肥或雨前追肥。一般田块结合春季灌头水每亩追施尿素 3 ~ 4kg，结合春季灌拔节水每亩追施尿素 12 ~ 13kg。

4. 适时化控

植物生长调节剂施用应符合 GB/T 8321。对于旺长麦田和株高偏高容易倒伏的品种，在小麦起身期至拔节期喷施化控药剂，亩用 50% 矮壮素水剂 150g，对水 15kg 喷施。

5. 叶面施肥

在小麦孕穗期和灌浆初期，亩用磷酸二氢钾 100 ~ 200g 加尿素 200g，对水 30 ~ 45kg 叶面喷施，可起到延长功能叶寿命，延长灌浆期，保粒增重，预防干热风的作用。

6. 杂草防治

返青期至拔节期，防治麦田杂草。防除双子叶杂草，亩用 40% DF 唑草酯 2 ~ 3g，对水 30 ~ 45kg 喷雾防治，或用 75% 苯磺隆 + 巨星可湿性粉剂，在双子叶杂草 2 ~ 3 叶时亩用 1g，或在双子叶杂草 4 ~ 5 叶时用 1.5g，对水 30 ~ 45kg 喷雾防治。防除单子叶杂草，可用 6.9% 精恶唑禾草灵（镖马）水乳剂在单子叶杂草 1 叶至拔节初期时，亩用 40 ~ 58ml，对水 30 ~ 45kg 喷雾防治。

7. 病虫害防治

返青期至拔节期，以防治麦蚜、白粉病、锈病为主。当小麦蚜虫百穗 500 头以上时，亩用 10% 吡虫啉可湿性粉剂 20g，或 3% 啶虫脒乳油 40 ~ 50ml，对水 35 ~ 45kg 喷雾防治。当小麦白粉病锈病病叶率达到 10% 以上时，亩用 25% 三唑酮可湿性粉剂 30 ~ 35g，对水 30 ~ 45kg 喷雾防治。孕穗期至扬花期以防治麦蚜，小麦皮蓟马为主，兼治白粉病、锈病等。当小麦蚜虫百穗 500 头以上时，亩用 10% 吡虫啉可湿性粉剂 20g 或 3% 啶虫脒乳油 40 ~ 50ml，对水 35 ~ 45kg 喷雾防治。防治小麦皮蓟马，可用 2.5% 溴氰菊酯 + 敌杀死乳油，每亩用药 20 ~ 35ml，锈病病叶率达到 10% 以上时，亩用 25% 三唑酮可湿性粉剂 30 ~ 35g，对水 30 ~ 45kg 喷雾防治。

二、间套作

（一）麦棉套种

1. 麦棉套种对小麦生长发育的影响

根据新疆麦套棉的生长发育特性，在新疆早中熟棉区发展麦棉套作生产，既要重视小麦、棉花早熟品种的搭配，尽可能地缩短麦棉共生期；又要做到前期积极促进、后期有效控制等一系列麦套棉栽培调控技术措施来解决麦套棉苗期生长迟缓，花铃期生长过旺等问题。

（1）播种时间　冬小麦于2005年10月19日播种，2006年6月6日收获。棉花于2006年4月17日播种，采用地膜覆盖，幅宽为1.8m，机械点播，一膜六行，株行距配置为（10＋10＋60＋10＋10）cm×10cm。麦棉系统配置，小麦每2.4m为一个带，行距12.5cm，2个小麦带间预留出2.5m的棉花种植区，田间管理同大田。

（2）麦棉套种体系中小麦的生育特性　从生育进程来看，套作棉比单作棉迟发晚熟。麦套棉出苗比单作棉晚5d，从现蕾—开花套作棉与单作棉比较晚3～5d，从开花—吐絮生育进程基本一致。全生育期套作棉比单作棉多4d左右。见表2－4。

表2－4　不同种植模式生育进程比较（月/日）

处理	播种	出苗	现蕾	开花	盛花	吐絮	全生育期
套作棉	4.14	5.3	6.2	7.4	7.11	8.29	137d
单作棉	4.14	4.28	5.27	7.1	7.9	8.28	133d

（3）主茎日增长量的动态变化　主茎日增长是营养生长的主要标志之一，如果生长过快，节间就会变长，则是徒长的表现。反之，如果主茎日增长逐渐缓慢增加，达到高峰又缓慢下降，这是植株稳健的表现。套作棉和单作棉的主茎日增长量均呈单峰曲线的变化动态。在麦棉共生阶段（出苗—现蕾），单作棉的主茎日增量为0.75cm/d，比套作棉快21%，而现蕾以后，单作棉的日增长量要小于套作棉，套作棉现蕾—开花的主茎日增长量为1.23cm/d，这是由于套作棉在小麦收获以后，有了良好的通风、光照、营养等因素，导致生长速度加快，主茎日增长量反超单作棉。

（4）群体叶面积的变化动态　研究表明，在缓慢增长期（出苗—现蕾），套作棉和单作棉之间的LAI差异较小，快速增长期（现蕾—盛花）套作棉的LAI高于单作棉，最大LAI是2.96，高于单作21%，出现在花铃期（7月25日左右），单作棉的LAI最大值出现日期稍早于套作棉；全生育期中，开花前的LAI值是套作小于单作，现蕾后是套作大于单作，直到棉花吐絮为止。

2. 套种对小麦产量的影响

（1）干物质积累与分配的变化动态　棉花的干物质积累是光合与呼吸作用共同作用的结果，干物质是形成产量的基础。棉花各生育阶段干物质积累的数量都直接影响到个体和群体的生长发育动态。棉花地上部干物质分配中，随生育进程发生着如下动态转移：真叶—茎枝—蕾花铃。

从干物质积累的全过程可以看出，棉花干物质积累呈"S"形曲线，干物质积累的速率表现为现蕾前慢，现蕾后加快，盛花期达到高峰，以后又逐渐下降的变化趋势。套作和单作三叶期—蕾期的干物质积累速率平缓，单作棉的积累速率略高于套作棉。蕾期—花期套作和单作的干物质积累速率最快，这段时期单作棉的干物质的积累速率仍大于套作棉。在盛花期以后，单作棉的干物质积累速率又小于套作棉的干物质积累。

从干物质积累的器官分配比率来看（表2–5），蕾期是棉花叶累积的关键时期，到开花期达到高峰，套作棉和单作棉叶干物质累积量分别占总量的48.6%和53.1%。茎干物质累积的主要时期是蕾期和开花期，至铃期达最高峰，套作棉和单作棉分别占总量的38%～41.3%和37.3%～38%。蕾铃干物质积累的关键时期在盛铃期，到吐絮期达最高峰。

表2–5　各生育时期干物质各部位分配百分比　　（单位:%）

处理	茎			叶片			蕾铃		
	蕾期	花期	铃期	蕾期	花期	铃期	蕾期	花期	铃期
套作棉	41.3	38.0	31.0	48.6	45.5	37.3	10.2	16.5	31.7
单作棉	37.3	38.2	26.4	53.1	46.5	32.5	9.6	15.3	41.1

苗期，单作的叶片干物质积累量所占百分比要大于套作，说明套作由于小麦的遮挡作用，叶片干物质的积累量小于单作。蕾期同样是套作小于单作，到花铃期套作棉的干物质积累速率反超单作棉的叶片干物质积累，絮期套作叶片的干物质所占比率要高于单作4.2个百分点。说明套作此时的叶片功能要强于单作，此时营养生长套作棉的要强于单作棉。应该加强化控，防止贪青晚熟。而蕾铃所占干物质的分配百分比随着生育进程不断地增加，前期套作的蕾铃干物质所占的比率比较大，而铃期后，套作的所占比率要小于单作。说明此时套作棉的生殖生长与营养生长的比率要小于单作棉，此时套作棉的生殖生长要相对弱于单作棉的生殖生长。

（2）叶绿素含量的动态变化　叶绿素含量是光合性能的指标。研究表明，在现蕾以前，套作棉和单作棉主茎叶叶绿素含量差异不显著。自盛花期后套作棉主茎叶中的叶绿素含量开始大于单作棉，铃期后开始缓慢下降，而单作棉主茎叶片中叶绿素含量下降较快。由此说明套作棉主茎叶片在生长发育后期能维持一个较高的叶绿素水平，从而能较长时间地维持高光合效率，提高对光能的利用率，利于保证棉株后期生长发育对同化物质的需求。见图2–1。

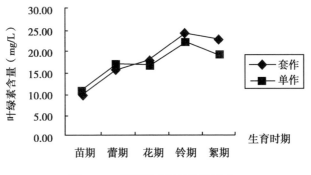

图 2 - 1　叶绿素含量的变化动态

3. 麦套棉产量性状特征

从产量及其构成因素情况分析表明，套作棉平均收获株数为 10.1 株/hm²，比单作棉少 53.2%，单株结铃 5.8 个，比单作棉多 1.5 个，单铃重 5.8g，皮棉产量 1 338.4kg/hm²，套作棉的占地面积是单作棉的 42.8%，皮棉产量为单作棉的 64.6%。见表 2 - 6。

表 2 - 6　不同种植模式产量及其构成因素的比较

处理	实收株数 （10⁴ 株/hm²）	铃数 （个/株）	单铃重 （g）	衣分 （%）	皮棉产量 （kg/hm²）
套作棉	10.1	5.8	5.80	39.5	1 338.4
单作棉	21.6	4.3	5.48	40.8	2 072.3

4. 平衡施肥对麦棉套作中小麦生长发育的影响

有机肥与化肥配施能显著提高小麦的生物产量和经济产量，且以中肥最为适宜。增施 N、P、K 肥能提高小麦各生育期养分含量和吸收积累量，并且还能增加旗叶的叶面积和叶绿素含量。小麦营养生殖并重时期（拔节至孕穗期），对养分的需求量大，此时土壤中足够的养分，可为小麦高产优质奠定营养基础，此期也是小麦平衡施肥的关键时期。

5. 平衡施肥对棉麦套作中小麦产量的影响

（1）对生物产量的影响　小麦生长发育的特性决定了小麦产量的构成因素，而生物产量是小麦生长的最基本特征，是小麦高产的物质基础。干物质积累的多寡直接决定了小麦经济产量的高低，而干物质积累又受施肥量的影响。

在同一施肥处理中，随着小麦的生育进程，其干物质积累也越来越多。在返青、拔节、开花、成熟期，中肥的干物质积累比低肥分别高 18.1%，16.3%，12.4%，9.8%；高肥比低肥分别高 18.6%，17.1%，12.5%，9.7%。随小麦的生长进程，不同施肥处理的小麦间干物质积累差异逐渐变小。在小麦同一生育期的不同施肥处理中，低肥的小麦干物质积累除开花期和成熟期外，都明显低于中肥和高肥，而中肥的小麦干物质积累和高肥各生育期都没有明显的差异（表2－7）。可见施肥能明显提高小麦生物产量的积累，从而提高小麦的经济产量。由于小麦生育后期中肥和高肥之间没有明显的差异，因而肥料的大量投入也不是越多越好，也就是说肥料的投入量只是在一定范围内能提高小麦的生物产量。在小麦生长前期，如返青期，肥料效应很明显，随着小麦生育期的演进，肥料效应越来越小。在本试验条件下，中肥水平的施肥量较适宜。

表2－7　施肥对小麦干物质积累的影响

处理	返青期	拔节期	开花期	成熟期
低肥	3 379.05bA	4 461.45bA	11 710.35aA	17 563.80aA
中肥	3 990.66aA	5 188.67aA	13 162.48aA	19 285.05aA
高肥	4 007.55aA	5 224.36aA	13 174.14aA	19 467.49aA

注：用Duncan新复极差法检验，不同小写字母表示差异显著（$P < 0.05$），不同大写字母表示差异极显著（$P < 0.01$），下同。

（2）对经济产量的影响　关于小麦的产量结构问题，不少人进行过探讨，也曾引起争论。可以认为，小麦的生长发育需要一定的环境条件，因而不同生态环境下的最佳产量结构及进一步增产的主导产量因素也可能会有所不同。由试验结果可以看出，中肥和高肥处理的小麦穗长、穗粒数、千粒重、产量均与低肥的差异较显著，但是中肥和高肥之间没有明显的差异（表2－8）。根据本研究，随着小麦产量水平的提高，在穗数、穗粒数、千粒重3个产量构成因素中，起主导作用的应是每穗粒数和千粒重。

表2－8　施肥对小麦成熟期经济产量构成的影响

处理	穗长/cm	穗粒数/（粒/株）	千粒重/g	产量/kg·hm^{-2}
低肥	8.11aA	48.87aA	57.87aA	6 738bA
中肥	8.49aA	49.87aA	59.63aA	7 680abA
高肥	8.45aA	50.10aA	60.42aA	7 812aA

6. 平衡施肥对小麦叶面积、叶绿素及株高影响

（1）对叶面积和叶绿素的影响　旗叶是小麦生育后期最重要的功能叶，光合速率最高，其功能期长短与穗粒数、千粒重及产量的关系极为密切。有研究表明，小麦籽粒产量80%以上在抽穗后形成，其中1/3以上由旗叶而来。

由于旗叶的光合产物在灌浆后期几乎全部转移到籽粒中，因此可以通过育种、施肥和栽培等手段来调节旗叶的叶功能，提高旗叶的光合生产能力，以提高籽粒产量。叶片面积受生长条件，特别是施肥水平的影响很大，且与穗粒数和千粒重呈极显著的正相关。

Simpson（1968）指出：具有较大叶面积的小麦可获得较高产量。由于小麦旗叶的上述功能，本试验在灌浆期测定了小麦旗叶面积（图2－2）。从图2－2可以看出，随着施肥量增加，旗叶叶面积呈递增趋势，并且中肥、高肥与低肥之间的差异都很显著，尤其是高肥和低肥之间，但是中肥和高肥之间的差异并不是很明显。叶绿素是光合作用的主要色素，其含量是旗叶光合能力的重要指标，直接影响其光合能力的大小。扬花后期维持较高水平的叶绿素含量，对于延长旗叶光合能力有很重要的作用。从图2－2可以看出，旗叶叶绿素的含量与旗叶叶面积的大小没有相关性，但与施肥量呈正相关，随着施肥量的加大，小麦旗叶的叶绿素含量随着增加。可见施肥有利于提高旗叶叶绿素含量，从而促进小麦光合产物的积累。

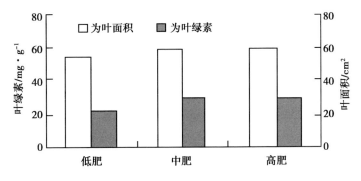

图2－2　灌浆期小麦旗叶叶绿素和叶面积的变化

（2）对株高的影响　株高是小麦生长量的重要指标之一。小麦株高主要受遗传因素控制，但也易受生长条件的影响，施肥对植株高度有很大的影响，其部分原因是与赤霉酸代谢有关。肥料对小麦株高的影响不仅与施肥量有关，与施用时间的关系也较密切。统计结果表明，小麦株高在同一生长期随着施肥量的增加有增高的趋势，生育前期中肥、高肥、低肥之间差异较大，随着小麦的生育进程差异逐渐减小，开花期之前增长幅度较大，开花之后增长幅度不明显（表2－9），这是因为在此时期小麦吸收的养分主要用在籽粒灌浆上。由此可见，施肥对小麦株高的影响较小，株高主要是有遗传因素引起的。

表 2 - 9　小麦各生育期株高　　　　　　　　（单位：cm）

处理	返青期	拔节期	开花期	成熟期
低肥	14.6aA	45.5aA	70.1aA	74.7aA
中肥	15.2aA	45.2aA	71.7aA	74.9aA
高肥	15.4aA	48.8aA	71.7aA	74.1aA

在棉麦套作系统中，施肥可促进小麦生长发育，提高各生育期的生物产量，延长旗叶功能。随着小麦生育进程，在同一施肥水平下，干物质积累越来越多。在小麦的同一生育期内，低肥中小麦的干物质重明显低于中肥和高肥的小麦干物质重，而中肥和高肥没有明显的差异。小麦的株高、旗叶叶面积、叶绿素含量、穗长、穗粒数、千粒重都会随着施肥量的增加而增加，从而提高小麦的产量。可见施肥能显著提高小麦生物产量和改善品质，但是中肥和高肥之间差异不是很明显。

在棉麦套作中，小麦植株体内 N、K 元素的含量前期较高，拔节后随着植株生长加快而呈现出明显的下降趋势；P 素开花前含量差异较小，开花后降幅较大。在同一生育期，小麦植株中的 N、P、K 养分含量都随着施肥量的增加而提高，但是中肥和高肥之间并没有明显的差异；在同一施肥水平下，植株 N 和 K 的含量和吸收量变化规律相似，都是先升高后降低，但植株含量的最大值出现在拔节期，吸收量的最大值出现在开花期。小麦对 P 的吸收积累量随着小麦的生育进程逐渐升高；在同一生育期，小麦对 N、P、K 的吸收积累量大都是随着施肥量的增加而提高。因此，由本试验可知，施肥也能提高小麦的养分含量与吸收积累量。

（二）冬小麦套种草木樨

1. 应用地区

新疆位于亚欧大陆腹地，"三山夹两盆"，属干旱荒漠化气候区，农业主要为典型的绿洲灌溉农业。为解决"一熟有余，两熟不足"之缺，20 世纪 80 年代天山以南推广两早配套，实行多熟种植，20 世纪 90 年代天山以北大面积发展麦茬复种措施。以期利用套种模式从时间、空间上最大限度利用光、热、水、土等资源条件实现增收增产。草木樨作为耐盐抗旱优质牧草被新疆广大农牧民所喜爱，现全疆冬小麦套种草木樨面积已达 60 000 多 hm²。草木樨作为豆科绿肥能为农作物提供养分，改善农作物茬口，减少病虫害，抑制杂草；改善土壤物理性状，提高土壤保水、保肥及供肥能力，保护生态环境，提供优质牧草。将草木樨与冬小麦套种发挥"种间互助优势"，减少农药化肥的投入比；充分利用土地资源，提高土地当量比，从高产出发实际为农牧民获得经济效益。禾本科与豆科牧草套种能提高收获干草总蛋白质产量。禾本科从土壤中吸收有机质 N 而减缓 N 的矿质化，从而使 N 的损失最小，在保持水土资源可持续发展的同时，为畜牧业提供更多的饲料干物质和可利用蛋白质。这种套种模式可提高整体的饲料营养价值，同时可削减牲畜过冬饲草紧缺所带来制约因素，减少草食畜牧业的成本投入。

2. 种植规格和模式

草木樨（*Melilotus adans*）为二年生或一年生草本。主根深达 2m 以下。茎直立，多分枝，高 50 ~ 120cm，最高可达 2m 以上。羽状三出复叶，叶缘有疏齿，托叶条形。总状花序腋生或顶生，长而纤细，花小。荚果卵形或近球形，成熟时近黑色，具网纹，含种子 1 粒。

草木樨俗名叫野首楷，为豆科（*Leguminosae*）木樨属的草本直立型，可以作为优质牧草、绿肥和改良土壤，草木樨较其他豆科牧草具有很强的生活力和适应性，能耐旱、耐寒、耐瘠薄、耐盐碱等。

冬小麦 9 月 15 日至 10 月 5 日播种最宜，每亩播种量为 22 ~ 25kg，播种深度为 5 ~ 7cm，行间距为 12 ~ 15cm。冬小麦在越冬前要灌足冬水，4 月中上旬及早灌头水，适时灌好抽穗水和麦黄水。每次于灌水时施肥，亩追 N 肥 10kg。于蜡熟期 6 月左右及时收获。草木樨春播宜在 3 月中旬到 4 月初进行，每亩播种量为 1kg，播种深度为 1.5 ~ 2cm，行距 20 ~ 30cm。在草木樨播种后及时灌水。每次刈割后及时灌水与施肥，每亩施磷肥 20kg。近些年来，结合新疆小麦种植实际、市场需求、气候条件等方面因素，41 个小麦生产县（市）冬小麦种植面积稳定在 73.34 万 ~ 86.67 万 hm²（其中兵团 10 万 hm²）。由于小麦种植户可以享受粮食直补、良种补贴、农资综合补贴等多项惠农政策，种植积极性很高。

如果新疆的冬小麦套种草木樨，若按 66.67 万 hm² 计算，生产草木樨干草按 7 500kg/hm² 计，合计可以生产优质豆科牧草草木樨干草 500 万 t。若按一年 300d，每只羊每天 2kg 优质干草算，可以饲养羊 833 万只，满足新疆五分之一羊的饲草问题，大大缓解草场压力，减缓草地退化的趋势。

3. 效益浅析

近年来积极在新疆拜城县、乌什县大力推广"冬小麦套种草木樨"种植模式和套种技术，面积达到 9 333.33hm²，套种当季小麦平均增产 16% 以上，下一季玉米平均增产 8.7% 以上，每亩增加草木樨干草 300 700kg，主、副作物每亩平均新增产值 1 319 元，每亩增加纯收益 1 263 元；土壤有机质含量提高 2.33g/kg，碱解 N 含量提高 14.4mg/kg，速效 P 含量提高 3.31mg/kg，土壤肥力大幅度提高，土壤物理结构得到有效改善。种植草木樨后土壤全 N 增加 32% ~ 41%，有机质增加 41% ~ 84%。实现用地养地相结合，促进农牧和谐有序发展；在不占用原有耕地的基础上，充分利用土地资源，解决了当地饲草料紧张问题，帮助农牧民增收增产，深受农牧民的欢迎。

通过利用草木樨干草（粉碎）饲喂当地羊，日增重比饲喂麦草（粉碎）、玉米秸（粉碎）提高15%～20%，而且家畜喜欢采食，另外，羊产生的羊粪还田，增加了土壤的有机质。

中国耕地面积占全球耕地面积的8%左右，但是养活了全球超过21%的人。但是这不到10%的耕地，却耗掉全球化肥总量的1/3，接近35%，前两年是32%～33%。而且，中国农作物生产中的N肥利用率和生产效率远远低于发达国家。分作物、分地区来统计，玉米小麦N肥的利用率只有百分之二十几，发达国家的N肥利用率可以超过50%，接近60%。

一般来说，越是发达的地区，化肥用量就越大，浪费也比较多，而贫困地区及一些少数地区，化肥使用量还不够，达不到国际上的平均水平。沿海发达地区N肥合理的使用水平，大概能减掉将近900万t，而不发达地区有些施得不够的地方，还可以补进去300万t左右，所以有可能减少约600万t N肥的施用量。据多年进行冬小麦套种草木樨种植农民反映"在同等施肥量的情况下，采取冬小麦套种草木樨模式，后茬的农作物较常规施肥可增产10%，在减施N肥10%～20%的情况下，后茬作物依然不会减产。套种绿肥模式可通过生物固N，减少化肥污染，节约能源和化肥的使用量，有利于人类健康与环境科持续发展。

美国种植小麦、玉米、大豆、苜蓿四大作物，进行轮作，提高土壤肥力、土壤的可持续性利用。在美国，为了防止苜蓿重茬的危害和充分利用苜蓿生物固N的特性，应用了苜蓿与小麦、玉米、禾本科牧草轮作的技术，每隔3～4年轮作1次在不施N肥情况下，轮作的玉米、小麦仍能获得高产，减少了化学N肥的使用和对土壤的破坏。草木樨根系多集中在0～30cm的耕层内，此层根系约占总根系的80%。根瘤出现较早，幼苗出现第一片三出复叶时主根上就有明显的根瘤，到二片复叶时，侧根上的根瘤多于主根，约占总根瘤数的80%，套种草木樨可以减少N肥的使用量。

三、多熟种植

(一) 滴灌小麦复播大豆

在滴灌条件下，进行小麦复播大豆栽培技术试验研究，以提高复种指数、经济效益和土地利用率，符合新疆生产建设兵团提出的"一棉二粮三畜四果"农业产业结构调整的策略，为今后大面积推广应用提供参考依据，对新疆地区的经济发展和种植业结构的调整有着重大的现实意义和历史意义。

1. 不同施肥处理对大豆营养生长的影响

调查数据表明，在苗期各处理株高与对照相比无明显差异，处理2的株高最高，较处理 1，3 高 0.4~0.5cm，各处理叶片数与对照相比要多出 0.3~0.5 个，各处理之间叶片数基本无差异，平均叶片数为 3.7 个，说明在苗期肥料的作用不是很明显。

2. 不同施肥处理对大豆生殖生长的影响

调查结果可以看出，进入结荚期，8 月份随水滴入肥料 2 次，各处理大豆生长状况均优于对照。各处理之间施肥量最高的处理 3 植株生长情况最优，株高较其他处理高 7~7.7cm，花丛数多出 1.8~2 丛，结荚数多 1.95~2.9 个，不同施肥量处理之间大豆生长状况的差异很明显。说明随着施肥量的增加，大豆的生长状况越好，可以促进大豆开花，增加花丛数，提高大豆的结荚数。

3. 不同施肥处理对大豆产量的影响

根据收获时取样面积百分之一测产，各施肥处理平均单产为 2 728.5kg/hm²，比对照高出 1 783.95kg/hm²，施肥与不施肥产量差异明显，肥料的增产效果显著，增产率为 39.83%~104.12%。各处理之间，施肥量最多的处理三单产达 3 267kg/hm²，远高于其他处理，比处理 1，3 高出 586.5~1 029kg/hm²，处理 2 单产居中，为 680.5kg/hm²，比处理 1 高出 442.5kg/hm²，处理 1 最低，为 2 238kg/hm²。说明随着肥料的增加，大豆产量也在增加，大豆单产与施肥量成正相关。详细数据见表 2-10。

表 2-10　大豆植株性状及产量调查

处理	单株结荚数/个	百粒质量/g	收获株数/（万株·hm⁻²）	产量/（kg·hm⁻²）
1	16.77	13.7	36.00	2 238.0
2	22.20	13.6	33.00	2 680.5
3	22.53	15.0	34.95	3 267.0
平均	20.50	14.1	34.65	2 728.5
CK	11.37	13.2	36.00	1 600.5

4. 不同施肥处理对大豆产量构成因素的影响

根据植株性状测定结果看，各处理单株结荚数及百粒质量均高于对照，处理平均单株结荚数为 20.5 个，对照仅为 11.37 个，平均百粒质量为 14.1g，对照为 13.2g。各处理之间相比较，在单株结荚数项目处理 3 为 22.53 个，仅比处理 2 高 0.33 个，差异很小，但处理 2，3 与处理 1 相比，差异很大，高出处理 15.43~5.76，在百粒质量项目处理 3 为 15g，高于处理 1，2 为 1.31.4g，处理 1，2 基本无差异。说明不同施肥量对大豆生长状况有着不同程度的影响，增施磷钾肥可以提高大豆的单株结荚数、百粒质量等。

（二）滴灌小麦复播青贮玉米

石河子总场毗邻石河子市区，人多地少。近年来，随着产业结构的调整，畜牧业在经济结构中比重越来越大，青贮玉米需求量也逐渐增大。总场自7月上旬小麦收获至10月中旬初霜期有90~100d，早熟冬春麦成熟收获后尚有10℃活动积温1 800~2 000℃，进行麦后复种早熟青贮玉米的生产是可行的。2008年，石河子总场试种3.3hm²滴灌小麦复播青贮获得成功，至2012年推广面积133.3hm²，亩产量平均在4t以上，产值达1 200元左右，纯收入在400元以上，实现了"一年两熟、一年两收"。这不仅为种植户增加了一笔可观的收入，又保障了农作物的播种面积，进行了轮作倒茬，提高了土地利用率，还解决了畜牧业对饲料的需求。

第五节　施　肥

一、不同施肥方式对小麦产量的影响

小麦产量可大致划分为两部分，即土壤产量与施肥产量。土壤产量是指单纯依靠土壤自然肥力所能获得的产量。在中产变高产阶段，土壤产量与施肥产量在产量构成中大体有个比例。土壤产量部分至少要占计划产量的40%~50%，施肥产量部分占到计划产量的50%~60%。在具体确定麦田施肥方案时，应按测土情况进行，并根据各生育阶段的需肥要求，做到合理用肥。

在大田生产上确定施肥量，除根据产量要求外，还应考虑土壤肥力基础和肥料利用率的高低。而肥料利用率的高低，除肥料种类、质量和施肥方法外，还与其他措施的配合有很大关系。一般而言，有机肥当年利用率为20%~25%，N肥为50%~70%，P肥为15%~30%，K肥为50%~70%。施肥量一般要比需肥量大（王荣栋，2005）。

土壤肥力是土地生产力的核心，土地生产力是农业可持续发展的物质基础。长期定位实验可以系统观察特定气候、土种、植制度下施肥对于产量、土壤肥力和土壤环境的影响，在促进生态学理论的发展、揭示生态过程的演变机制、提供准确的基本参数等方面具有重要意义，因此在国内外普遍受到重视。它对研究土壤肥力和土地生产力的变化有着很重要的作用。

为了明确如何合理配施有机无机肥，才能提高绿洲农田土壤肥力，杜雯等（2008）对土壤养分长期定位实验田种植冬小麦所生长的灰漠土进行了养分及有机质的分析，探讨了N、P、K及其有机肥的不同配比对冬小麦产量的影响。

结果表明：灰漠土中本身 K 含量较为丰富，可以满足冬小麦正常生长需要；有机质、N 素与冬小麦产量成极显著相关，其含量的增加对冬小麦产量的提高具有极其重要的作用；单施化肥对当季冬小麦产量提高作用明显，但在长期效应上存在不足。因此，杜雯（2008）提出生产上需要将无机肥和有机肥结合施用，才能有效提高土壤肥力，提高和稳定冬小麦产量。

二、测土配方施肥

平衡施肥，即配方施肥，是依据作物需肥规律、土壤供肥特性与肥料供应，在施用有机肥的基础上，合理确定 N、P、K 和中量及微量元素的适宜用量和比例，并采用相应科学施用方法的施肥技术。简单概括：一是测土，取土壤测定土壤养分含量；二是配方，经过对土壤的养分诊断，按照庄稼需要的营养"开出药方、按方配药"，三是合理施肥，就是在农业科技人员的指导下科学施用配方肥。这种命名方法通俗易懂、一目了然。

韩银生等（2014）对新疆巴里坤县春小麦测土配方施肥土壤养分校正系数进行研究，结果表明，巴里坤县土壤养分校正系数（y）随土壤养分含量（x）的增加而降低，两者之间存在 y = a + bln（x）的函数关系。土壤 N 素、P 素和 K 素养分矫正系数与土壤碱解 N、速效 P 和速效 K 的函数方程分别为：$y = 1.7836 - 0.257\mathrm{lnx}$，$y = 4.3733 - 0.9731\mathrm{lnx}$，和 $y = 2.0865 - 0.3030\mathrm{lnx}$，根据函数方程，计算出巴里坤县不同肥力土壤对应的土壤养分校正系数（石书兵，2014）。

第六节　灌　溉

一、灌溉水源

（一）河流

准噶尔盆地是中国第二大内陆盆地，位于新疆维吾尔自治区北部，是一个呈不规则三角形的封闭式内陆盆地。西北为准噶尔界山，东北为阿尔泰山，南部为北天山，东部为北塔山。盆地地势向西倾斜，北部略高于南部，北部的乌伦古湖（布伦布海）海面高程 479.1m，中部的玛纳斯湖湖面 270m，西南部的艾比湖湖面 189m，是盆地的最低点。发源于山地河流，受冰川和融雪水补给，水量变化稳定，除额尔齐斯河注入北冰洋外，玛纳斯、乌伦古等内陆河多注入盆地，潴为湖（如玛纳斯湖、乌伦古湖等）。

准噶尔盆地的地表水资源组成主要为山区的河、泉，多发源于阿尔泰山及天山山脉，由于两山脉的高大山体拦截了大量的西来水汽，经山坡的抬升凝结作用，在山区形成较平原大的降水量，宽广的山区汇集大量山区降水形成众多河流，为山前盆地提供水源（表2－11）。河川径流来源为大气降水，其补给成分一般包括冰川融水、季节性融雪、暴雨洪水及地下水。准噶尔盆地内陆河流径流特点如下。

1. 径流形成于山区

在雪线以上的高山区，固态降水转化为冰川和永久积雪，暖季其融水补给河川径流；在雪线以下的山区，各种形态的降水以季节性积雪融水、雨水及地下水等形式补给河流，河流水量在山区沿程增加。

2. 径流散失于平原、盆地

河流出山口后进入平原，在平原、盆地，因降水少、蒸发强，基本不产流，加之农业灌溉引水、河道渗漏、蒸发等损失，河流水量随流程增加而减少。准噶尔盆地内多数中小河流最终消失于灌区或荒漠，仅有少数较大河流在盆地低洼处积水，形成尾闾湖，如艾比湖位于准噶尔盆地西南隅的精河县境内，是博尔塔拉蒙古自治州境内的精河和博尔塔拉河形成的尾闾湖。

表2－11　噶尔盆地地表水资源分区统计（丁学伟，2014）

流域分区	河流条数	山泉沟条数	地表水资源量($10^8 m^3$)	河流出山口年径流量($10^8 m^3$)	行政区（地、州）	河流条数	山泉沟条数	地表水资源量($10^8 m^3$)	行政区（县、市）	地表水资源量($10^8 m^3$)	备注
准噶尔内陆区	231	159	94.77	97.13	塔城地区（部分）（含奎屯、石河子及克拉玛依市）	102	91	31.85	克、奎、石三市	0.09	河流及山泉沟条数按整个塔城地区统计
									和布克赛尔	3.88	
									乌苏	19.40	
									沙湾	8.48	
					博尔塔拉蒙古自治州	46	45	23.53	温泉	9.28	
									博乐	5.73	
									精河	8.52	
					乌鲁木齐市（含乌鲁木齐县）	36	6	9.733	乌鲁木齐	9.733	
									玛纳斯	7.371	
									呼图壁	4.018	
									昌吉	5.265	
					昌吉回族自治州	47	17	29.66	米泉	0.3587	
									阜康	2.448	
									吉木萨尔	3.270	
									奇台	5.067	
									木垒	1.861	

（二）地下水源

准噶尔盆地的地表水与地下水二者转换关系密切，地下水资源是与大气降水和地表水体有直接联系的浅层地下水，主要分布于平原区。其分布特点为：由山前至盆地中心，山前冲洪积扇地下水补给区的地下水埋藏较深，含水层颗粒粗大，不易成井，而且远离居民区，输水困难；冲洪积平原地下水径流的地下水最为丰富而又便于开采利用；冲积平原地下水排泄区的地下水埋藏浅，潜水蒸发大，水质矿化度高，含水层薄，透水性差，致使单井出水量小，造成打井经济效益差。因此，开发利用地下水资源的理想地点是在地下水径流区。葛建伟等（2011）通过对准噶尔盆地地下水功能评价及区划，圈定准噶尔盆地地下水资源可调蓄区 2 个、地下水资源可开采区 1 个、地下水资源适量开采区 10 个、地下水资源限量开采区 3 个、地下水资源咸淡水综合利用区 1 个；景观保护区 4 个、植被保护区 6 个、土地与植被维持区 2 个。并结合当地水文地质条件及人类活动利用情况及生态环境与地下水密切关系，提出了地下水利用对策。

从表 2 – 12 可以看出，准噶尔盆地地下水资源量为 $56.49 \times 10^8 \mathrm{m}^3$，其总补给量中，有 68.9% 的成分为转化补给量，由地表径流入渗补给地表水；而转化补给量占地表径流的 40.1%，这说明准噶尔盆地由于地形控制，使得河流出山口后从洪积扇到倾斜平原再到冲积平原之间存在较长的距离，便于地表水与地下水之间相互转化，地表径流通过各种途径，有超过 1/3 的水量补给地下水，因此，二者转化关系密切。

表 2 – 12　地水资源分区统计（丁学伟，2014）

行政区 （地州）	行政区 （县、市）	地表水 资源量 （$10^8 \mathrm{m}^3$）	地下水 资源量 （$10^8 \mathrm{m}^3$）	地表水与地 下水重复量 （$10^8 \mathrm{m}^3$）	水资源量 （$10^8 \mathrm{m}^3$）
塔城地区	和布克赛尔	3.88	1.57	0.34	5.11
	乌苏	19.40	6.86	4.99	21.27
	沙湾	8.48	5.46	4.62	9.32
	合计	31.76	13.89	9.95	35.70
博尔塔拉蒙古自治州	博乐	5.73	2.90	2.24	6.39
	精河	8.52	3.14	2.14	9.52
	温泉	9.28	3.45	1.91	10.82
	合计	23.53	9.49	6.29	26.73
乌鲁木齐市（乌鲁木齐县）	乌鲁木齐市（县）	9.77	5.56	4.48	10.81

（续表）

行政区 （地州）	行政区 （县、市）	地表水 资源量 （10^8m^3）	地下水 资源量 （10^8m^3）	地表水与地 下水重复量 （10^8m^3）	水资源量 （10^8m^3）
	玛纳斯	7.371	3.69	3.05	8.011
	呼图壁	4.018	2.26	1.63	4.648
	昌吉	5.265	2.14	1.36	6.045
	米泉	0.3587	1.27	0.72	0.9087
昌吉回族自治州	阜康	2.448	1.76	0.92	3.288
	吉木萨尔	3.270	1.49	0.65	4.110
	奇台	5.067	3.27	2.17	6.167
	木垒	1.861	1.34	0.26	2.941
	合计	29.66	17.22	10.76	36.12
区辖市（克拉玛依、奎屯、石河子）	克、奎、石三市	0.99	10.33	7.46	2.96
总计		94.77	56.49	38.94	112.3

（三）高山冰雪融水

冰川主要分布在天山的中部和西部山区，天山东部和阿尔泰山区冰川面积较小。冰川为山区河流的源头，处在高海拔，低气温的高山地区，在夏季高温时节融冰成水补给河流；冰川以下环布山腰的森林草原带，处山区降水量高值带。这里土质疏松、土层较厚、植被良好，因此是河流流域的主要蓄水带，也是冬春季河流枯水期水量的主要补给源；森林草原及其以下低山地区，是季节性融雪和暴雨洪水频发地带，也是河水水源的重要补给水源，冬季气温最低时季，融冰融雪及降雨停止，此时河流水源仅靠地下水补给。

（四）气候变化对水资源的影响

水是影响人类生存的首要问题，也是制约和影响新疆经济社会发展与生态环境保护的关键因素。20世纪50年代以来，新疆洪水发生频次增高，灾害损失增加；极端洪水成区域性加重趋势，以南疆区域最为显著；伴随着冰川退缩加剧，容水量增大，冰雪洪水、雪崩、风吹雪、冰崩灾害随着气候变化引起的冬季积雪增加和气温升高，其灾害频次增加，强度增加。随着新疆气候向暖湿型转变，全疆大多数河流径流量具有不同程度的增加；空间分布上，天山山区增加尤其明显，其他地区有不同程度的增加，昆仑山北坡略微有减少。水汽净收入量和水汽转化率均无显著变化趋势。气候变暖导致径流的年内分配更加不均匀，春旱夏洪的危害更加凸显，水资源的供需矛盾和洪水威胁加重。因此，在全球气候变化不断加速的趋势下，针对新疆气温上升、降水增多的趋势，未来极端水温时间发生频率可能增加的实际，应加强气候变化对洪水灾害的影响评估和影响管理对策研究，使科学技术在减灾方面发挥主导作用（樊静等，2014）。

二、节水灌溉

主要推行滴灌。

（一）灌溉对绿洲小麦生长发育的影响

节水灌溉提高水资源利用效率是干旱地区农业发展的主题，也是农业研究的热点和难点问题。水分状况的变化直接影响到作物自身生理状况的变化。同时，作物生理指标的改变反应对水的需求变化。大量研究表明，不同水肥耦合对小麦产量具有明显影响，随灌溉量和灌溉方式的改变，其施肥效应也发生相应变化。曾胜和等（2010）研究表明，灌溉小麦全肥区增产效应为 26.5% ~ 41.5%，其中，N 肥 35.9%，P 肥 13.8%，K 肥平均增产效应 8.1%。小麦植株体各部位 N、P、K 的含量均随 N、P、K 施肥用量的增加有增高趋势。N、P、K 肥用量每增加 $1kg/hm^2$，小麦植株体内 N、P、K 的含量分别提高 9.95%，3.09% 和 11.26%。孙广春等（2009）研究表明，春小麦 412 中度灌水和中度施肥的处理水分利用效率最高，其产量与采用高度施肥和高度灌水的处理比较，差异不显著（$P > 0.05$）。并且，随着灌水量和施肥量的增加，小麦的生育期相应延长（石书兵，2014）。

小麦的灌溉时期可根据其不同生育时期对土壤水分的要求不同来掌握。一般出苗期，要求田间最大持水量为 75% ~ 80%；分蘖过程要求适宜水分为田间持水量的 75% 左右；拔节至抽穗阶段，对水分极为敏感，该期适宜水分在田间持水量的 75% ~ 80%；开花至灌浆中期，土壤水分宜保持 75% 左右。为满足小麦对水分的需要，一般在冬前、拔节、孕穗或开花和灌浆期进行灌溉，每次灌水量为 900 ~ 1 050m^3/hm^2（越冬水要灌足）（王荣栋，2005）。

（二）滴灌技术的应用

1. 滴灌与常规灌溉对比

采用滴灌方式对小麦进行灌溉，其节水和增产的主要作用表现在以下几个方面：首先，实现精准、高效灌溉。滴灌小麦田间不设渠道，灌溉用水通过毛管上的滴头使水流成水滴状滴入根际土壤，节省灌溉用水，提高水效益；其次，充分利用肥料。肥料随水滴施，可根据小麦不同生育期对肥料的需要，少量多次施肥，节省肥料，提高肥料的利用率。148 团通过试验证明滴灌小麦肥料节省了 30%；再次，节省土地，滴灌小麦土地利用提高了 5% ~ 7%；最后，提高播种利用率。滴灌小麦由于滴灌均匀、及时等，出苗率提高了 20% ~ 25%（刘建军，2014）。

如表 2 - 13、表 2 - 14、表 2 - 15 所示，李军等（2012）对新疆兵团第 148 团春小麦滴灌和常规灌溉各项指标对比分析得出，小麦滴灌比常规灌溉每亩投入高 48.3 元/亩，但是纯收入则比常规灌溉每亩增加了 437.7 元，增产率为 232.58%。同时，滴灌比常规灌溉每亩节省 170m³ 水，水产比反而增长了 175.29%，从而有效缓解了新疆水资源紧缺状况，可达到节水优质、提高单产、增加产量、增加收益、规模化现代化生产，切实提高小麦种植户收益的目标。

表 2 - 13　第八师 148 团春小麦滴灌与常规滴灌投入产出调查（李军，2012）

项目			效益对比分析		
			常规灌小麦	滴灌小麦	增长率*（%）
平均亩成本	物化成本	农业机械动力使用费	118	1 008	- 8.4
		清粮、运粮费	20.4	34.98	71.47
		种子	73.6	67.2	- 8.70
		平均每亩净灌溉水费用	76.5	47.6	- 37.78
		农药费	8	8	0.00
		农用化肥使用费	145.18	145.18	0.00
		电费	—	19.6	100.00
		滴灌带	—	88.92	100.00
		滴灌设备折旧	—	30	100.00
		小计	441.68	564.48	27.80
	活劳动成本	雇佣劳动数量（人/亩）	1.49	0.3	- 100.00
		劳动力成本	50	50	100.00
		小计	74.5	15	- 100.00
	职工社保费	小计	65.63	65.63	0.00
		合计	581.81	630.11	8.30
平均亩收益		平均亩产（kg/亩）	340	583	71.47
		销售单价（元/kg）	1.8	1.8	0.00
		补贴性收入	158	206.6	30.76
		亩产值	770	1 256	63.12
		平均每亩纯收益	188.19	625.89	232.58

注：1. 平均每亩净灌溉水费用：平均每亩水方量常规灌为 450m³，滴灌 280m³ 计，每 m³ 水价格 0.17 元

2. 补贴性收入 = 90 + 0.2 × 平均亩产

表 2 - 14　第八师 148 团春小麦滴灌与常规灌溉的经济效益比较分析（李军，2012）

指标	常规灌溉	滴灌	增长率（%）
平均亩产（kg/亩）	340	583	71.47
亩产值（元/亩）	770	1 256	63.12
亩成本（元/亩）	581.81	630.11	8.30
每亩平均净灌溉水量（方/亩）	450	280	-37.78
产出投入比（%）	1.32	1.99	50.36
水产比（kg/方）	0.76	2.08	175.29

注：每亩平均净灌溉水量：春小麦整个生长期内，每亩净灌溉用水量的平均数；产出投入比＝平均每亩小麦产出额/平均每亩小麦投入成本；水产比＝平均每亩小麦产量/平均每亩用水量

表 2 - 15　第八师 148 团春小麦与常规灌溉单位产量的各项消耗分析（李军，2012）

指标	常规灌溉	滴灌	增长率（%）
单位产量小麦平均净灌溉水量（方）	1.32	0.48	-63.64
单位产量小麦农用化肥施用量（kg）	0.450 5	0.262 6	-41.71
单位产量小麦的种子使用量（kg）	0.216 5	0.115 3	-46.74
单位产量小麦的农用机械动力使用费（元）	0.347 1	0.185 3	-46.61
单位产量小麦的劳动力成本（元）	0.412 2	0.112 6	-72.68
单位产量小麦的纯收益（元）	0.553 5	1.073 6	93.96
单位产量小麦的政府补贴额（元）	0.464 7	0.330 1	-28.97

注：单位产量小麦是指每千克小麦这一基本单位元素

2. 滴灌带配置和滴灌量对小麦生长发育和产量的影响

小麦产量由单位面积穗数、每穗粒数和穗粒重构成。在目前高产水平条件下，单位面积穗数由于受到遗传特性和环境条件的制约，增加的幅度有限；而穗粒数的变异相对较大，所以通过提高穗粒数、穗粒重是当前提高小麦产量的主要途径之一。王建东等（2009）采用地下滴灌和地表滴灌进行试验研究，结论表明，不同灌溉制度同种滴灌类型下各处理冬小麦产量存在显著差异；在不同灌溉模式下，充分灌溉时冬小麦产量差异不显著，非充分灌溉时冬小麦产量存在显著差异。王荣栋等（2010）对兵团农八师 133 团、141 团、148 团、150 团等 6 个团场进行调研，结果表明，采用滴灌种植后，2008 年 148 团平均单产为 6 475.5kg/hm², 144 团平均单产为 6 159kg/hm²，150 团平均单产为 6 300kg/hm²，各团与上年相比单产均增加了 1 500kg/hm²，土地利用率提高了 5% 左右，0.067hm² 多收了 $1.0 \times 10^4 \sim 1.5 \times 10^4$ 穗，千粒重普遍提高了 1～2g。高杨等（2010）对兵团农八师 148 团地面灌溉和灌溉春小麦进行了对比，结果表明，2009 年、2008 年滴

灌单产较 2007 年沟灌分别提高了 3 795kg/hm²、1 515kg/hm²，且 2007 年采用传统沟灌方式种植春小麦，单产都在 7 500kg/hm² 以下，改用滴灌灌溉方式后单产在 7 500kg/hm² 以上的高产田面积逐年增加。有研究结果表明，土壤含水量与小麦生物量呈正相关的直线关系，但与小麦产量呈单峰曲线关系。王克全等（2010）研究了株高、叶面积指数随灌水量的变化趋势问题，结果显示，株高和叶面积指数随着灌水量的增加而增加，各处理的叶面积指数在苗期差异不大，随着生育进程的进行逐渐变大，到拔节孕穗后期达到最大，之后各处理叶面积指数差异变大，随着叶片的枯萎和脱落，叶面积指数开始减少。王冀川等（2011）试验研究表明，拔节—扬花期是春小麦生长的最关键时期，也是水分敏感期，此时期干旱将显著影响小麦株高、生物量、叶面积系数和产量的形成。刘培等试验研究表明，不同时期土壤水分亏缺对小麦生长有着显著影响，其中，拔节期为小麦株高生长变化的敏感时期，任何程度的水分胁迫都对小麦株高生长不利。高志红等研究认为分蘖—拔节阶段水分亏缺对小麦株高生长变化影响最大。

3. 滴灌技术简介

用滴灌方式种植小麦省水、省肥、省劳力、省机力，节约土地，增加产量，提高劳动生产率，促进小麦生产的发展。然而，推广应用小麦滴灌栽培，往往由于管带布置方式不同而直接影响到小麦的生长、肥水供应和经济效益等。不合理的小麦滴灌带布置方式会影响到小麦的出苗时间、数量、整齐度，造成行间苗情生长好坏的差异，群体生长不整齐，产量结构变化大，不利水肥效益发挥和产量提高。目前新疆滴灌技术已普遍推广于小麦种植中，但由于滴灌毛管布置及种植模式不统一，很多毛管布置间距不合理，既影响农田耕作、浪费水资源，又使得作物水肥需求困难，同时还影响小麦滴灌工程设计。因此，滴灌带布置数量应根据土壤特点和盐渍化等情况因地制宜。目前一般大田，以 1 机 5 管，1 管 5 行为宜。沙壤土管带数量可酌情增加。同时，滴灌带铺设过程中土地应平整，铺管应规范化。管带覆土 1～2cm，播后镇压土壤。毛管压力控制过程中，毛管压力应适当增加，低压运行，耗水量大，灌水周期延长，肥水不均，是造成小麦拔节后产生"高低行"和"彩带苗"现象的主要原因（何福才，2011）。

通过小麦田间试验所测数据，牟洪臣等（2014）研究分析北疆滴灌春小麦全生育期内土壤水分状况、耗水量、耗水规律及作物系数。结果表明：滴灌春小麦根系吸水主要是 0～60cm 处的土壤水，从苗期至分蘖期主要消耗 0～40cm 的土壤水分，随植株根系增大、伸长，到拔节期吸水主要以 0～60cm 土壤水为主，而 80～120cm 土层受根系长度影响，土壤含水率变化幅度不大。通过田间测深试验，王振华等（2014）在北疆典型土壤中壤土条件下设置了 6

种滴灌春小麦毛管布置模式，对比分析了不同毛管布置模式下滴灌春小麦土壤水分变化及对小麦生长和产量的影响。结果表明，在相同灌水情况下，不同毛管布置模式造成了土壤水分分布特征的差异，引起作物对灌溉水利用效率的差异，从而影响滴灌小麦的株高、叶面积系数及产量。其研究结果综合评价认为北疆在中壤土条件下滴灌春小麦的毛管适宜布置为 1 管 5 行。

第七节　田间管理

一、常规管理

对于冬麦而言，早春田间管理的主要任务是：促进麦苗早发稳长，促弱苗为壮苗，一般大田应巩固冬前分蘖，控制无效分蘖，调节适宜的群体结构，协调地上部分与地下部分的关系，为中、后期健壮生长打下基础。高产麦田应促根控蘖，防止春季分蘖大量滋生，群体过大，使壮苗稳健生长。肥力不足的麦田，要促根促蘖，使弱苗尽快转为壮苗，为提高成穗率和形成大穗打基础。

春麦应根据其生育期短、生长速度快、幼穗分化开始早等特点，田间管理应抓早、抓细。前期要早管促早发，拔节期要肥水齐攻，连续促进，后期应防病虫和干热风（王荣栋，2005）。

二、病、虫、草害的防治与防除

小麦是新疆的主要粮食作物，其种植面积常年在 1 200 万亩左右，近几年种植面积均在 1 600 余万亩，占新疆粮食作物种植面积的 50% 以上。近几年随着农业种植结构的调整，麦田生态发生了较大的变化，原来次要的病虫害和新的病虫害也呈逐渐加重的趋势；杂草危害也日趋严重。

防治应遵循预防为主，综合防治的植保方针。针对不同小麦生态区，开展病虫草害的综合防治。如：伊犁麦区主要针对冬小麦的雪腐和雪霉病、锈病、白粉病和黑穗病，春小麦的黑穗病、锈病以及根蚜等病虫害进行防治；而准噶尔盆地麦区主要针对小麦锈病、白粉病、全蚀病、黑穗病、小麦蚜虫及近年来危害逐年加重的叶蝉等病虫害进行防治。

小麦主要病虫草害的几种常用防治技术如下：

（一）加强农业技术措施

在有条件的地区进行轮作倒茬，避免和禾本科作物轮作。倒茬可有效控制小麦全蚀病的危害。小麦收获后及时深耕、深翻消灭多种小麦病害植株病残体，减少小麦病害源越冬数量，可减轻多种小麦病害的发生。在小麦生长期应加强水肥管理，施用经充分腐熟的有机肥，促进小麦生长健壮，增强小麦对各种病害的抵抗能力。

（二）通过药剂处理种子来减轻病害的发生

种子处理是防治种传或土传病害的有效方法之一。在小麦锈病、白粉病等严重发生地，用25%三唑酮粉剂（或乳油）每百千克种子150g拌种或闷种；防治小麦黑穗病可选用卫福200FF每百千克种子200~300ml进行拌种或用3%敌委丹（苯醚甲环唑）悬浮种衣剂每百千克种子200ml。

（三）药剂喷雾

在小麦白粉病、锈病常发区，可在病害发生始期进行喷雾防治，选用的药剂包括三唑酮、丙环唑、戊唑醇等药剂。喷雾时应做到均匀、细致，亩用水量不低于30L。小麦蚜虫发生危害较重的区域，当小麦蚜虫百株1 000头以上时或百穗500头以上时，可用吡虫啉、啶虫脒、吡蚜酮等药剂进行田间喷雾防治。防治麦蚜时要充分保护利用田间自然天敌，当田间益害比小于1∶150或未达到防治指示时禁止使用化学农药。

（四）麦田杂草防除措施

麦田杂草防除是系统的工程，首先要做好农业与物理机械防治，主要技术措施包括：

1. 精选种子，清除草籽

播种前对小麦进行精选，清除混杂在麦种中的杂草种子。在做好种子精选的同时，要加大统一供种力度，减少农户之间个人串用种子，提高拥有先进精选设备的种子供种率，从小麦种源上控制杂草的传播蔓延。

2. 轮作灭草

不同作物常有自己的伴生杂草或寄生杂草，这些杂草所需生态环境与作物及相似，如狗尾草、稗等禾本科杂草生物学特性与小麦相似，如轮作换茬，改变其生态环境，便可明显减轻其危害。

3. 施用腐熟堆肥及厩肥

牲畜过腹的圈粪肥和用杂草秸秆沤制的堆肥均不同程度带有一些杂草种子，如不经过充分腐熟而施入田间，杂草种子仍能在田间萌发生长，继续造成危害。所以堆肥和厩肥必须经过50~70℃高温堆沤处理，杀死混在其中的杂草种子，方可施入田中。

4. 清除田头、路边、沟渠杂草

田边、路边和沟渠杂草是田间杂草的来源之一，如不清除也可通过人为活动或动物、风力带入田间。必须认真清除上述"三边"杂草，特别是在杂草种子成熟之前采取防除措施，杜绝其扩散的效果会更加显著。其次是化学药剂防控：麦田阔叶杂草（播娘蒿、藜、苦苣菜等一年生或越年生杂草）防除可用40%的唑草酮冬前每亩2g，冬后分蘖前每亩 2 ~ 3g，分蘖至拔节前每亩 3 ~ 4g，对水 30 ~ 45kg；或75%巨星（苯磺隆）每亩 1g 在小麦拔节前、杂草 2 叶至 3 叶时施用；或在杂草 4 叶至 5 叶时每亩 1.5g，对水 30 ~ 45kg 进行茎叶处理。麦田单子叶杂草化学防除可用6.9%骠马（恶唑禾草灵）在杂草 1 叶至拔节初期每亩 60ml，对水 30 ~ 45kg 施用。

三、应对环境胁迫

（一）水分胁迫

1. 水分胁迫的生理反应

适量的水分供给不仅满足小麦各生育期生理上的需要，同时满足其生态需水，起到以水调温、气、肥及调节农田小气候的作用。但水分过多或过少都会产生一定程度的胁迫作用，影响作物的生长发育。

在水分胁迫早期阶段，通过改变自身的代谢来缓解胁迫所造成的影响，基因表达发生改变。随着胁迫时间的持续或胁迫强度的加强，小麦体内蛋白和酶类就会产生不可逆的损伤，引起一系列的变化。研究表明，水分胁迫引起小麦光合作用下降。灌浆期间不良光合作用使小麦籽粒中可溶性蛋白（低分子量麦谷蛋白和麦醇溶蛋白）含量急剧增加，不溶性蛋白含量减少，因而面筋蛋白质团聚力较弱。另外水分胁迫还会引起淀粉合成下降和蛋白质合成水平下降，进而引发多聚核蛋白体解聚。

为明确拔节期干旱对冬小麦生理特性的影响，张军等（2014）采用盆栽控水试验，研究了干旱胁迫下小麦叶片中超氧化物歧化酶（SOD）、过氧化物酶（POD）活性、过氧化氢酶（CAT）活性、相对电导率，丙二醛（MDA）含量、可溶性糖、可溶性蛋白含量的变化。结果表明：干旱胁迫下不同品种小麦的 SOD 活性、POD 活性、CAT 活性、相对电导率、MDA 含量、可溶性糖和脯氨酸含量均有不同程度的提高，部分品种的可溶性蛋白也相应增加。随着水分胁迫的加剧，小麦叶面积减小，叶绿素含量减少，单位面积气孔密度增加，气孔扩散阻力里增加，光合速率和蒸腾速率下降，光合性能降低，进而产量下降（邬爽，2012）。

在水分供给不能有效改善前提下，提高小麦抗性便成为保证小麦稳产高产的重要途径，其中渗透调节作为表征抗性强弱的重要生理机制，受到广泛关注，其中以脯氨酸和可溶性糖为主的有机物被认为与水分胁迫密切相关，是保障小麦在干旱条件下正常生长的抗性物质（杨书运，2007）。研究表明，冬小麦旗叶可溶性糖和脯氨酸含量的变化与水分胁迫密切相关。轻度水分胁迫对可溶性糖的影响主要集中在生长前期；中度和重度水分胁迫全生育期可显著提高可溶性糖含量，特别是乳熟期，因此认为，可溶性糖可能是对种子成熟有特别作用的抗性物质。而在冬小麦全生育期中开花期脯氨酸含量比正常含量高1倍，则说明脯氨酸可能是保证正常开花的活性物质（杨书运，2007）。

2. 水分胁迫的应对措施

水是造成干旱区小麦水分胁迫的主要因素。因此，充分利用有限水资源、提高土壤水分利用率、培肥地力和选用抗旱品种等就成为减轻或降低水分胁迫对小麦影响的重要措施。防御小麦干旱，应因地制宜，采用综合措施。掌握旱情发生规律，合理安排作物种植结构以及确定耕作和种植制度，科学利用水资源，计划用水、节约用水。认真整地作畦，提高节水灌溉技术。通过深耕蓄水，改土增肥，合理施肥，肥水结合，增加作物抗旱能力。选用抗旱品种。种子处理推广抗旱剂等药物拌种，以及覆膜保墒播种和全程覆盖等。

（二）盐碱胁迫

小麦是典型的非耐盐作物，盐渍逆境可以抑制小麦种子的萌发及其萌发速度。曹俊梅等（2010）研究盐胁迫对冬小麦发芽及幼苗生长的影响，结果显示，随着盐分浓度的增加，小麦种子的发芽率、发芽指数、活力指数、芽长及根长都呈下降趋势，均与盐浓度呈极显著负相关。盐胁迫下，小麦种子出苗延迟，根数则呈先上升后下降趋势。因此，曹俊梅等认为，2.2%的盐分浓度可能是影响小麦种子萌发的临界浓度。刘恩良等（2013）通过利用硫酸钠和氯化钠混合盐对新疆不同耐盐性小麦品种的形态性状、生长指标、生理生化指标进行不同时期的胁迫鉴定。结果发现，在盐胁迫下，不同耐盐性的品种在形态性状、生长指标、生理生化指标上均产生明显差异；耐盐品种具有较高的发芽率和a-淀粉酶活力；根和茎长度、直径变化小；渗透调节能力、光合强度和抗氧化酶系统活力均高于盐敏感品种。其中，在芽期小麦发芽率、延时萌发率和a-淀粉酶活力差异显著；三叶期丙二醛含量是小麦耐盐性贡献最大的变量。因此，萌发期比较可靠的数量指标是发芽率、延时萌发率和a-淀粉酶活力；三叶期最可靠的数量指标是丙二醛。该研究为小麦耐盐的早期鉴定及育种提供依据。

第八节　适时收获

　　适时收获是实现颗粒归仓、丰产丰收的保证。小麦收获早晚对其产量有直接影响。蜡熟中期收获，产量高、品质好。具体收获时期与收获方法和品种特性有关。在大面积生产条件下，人工收获在蜡熟初期收获，采用分段收获在蜡熟中期收获，联合收获应在蜡熟后期进行。落粒性强的品种在蜡熟初期收获，落粒性不严重的品种在蜡熟中期收获，抗落粒性的品种在蜡熟末期收获。适时收获不仅能提高千粒重，减少落粒，防止冰雹袭击，而且能早腾茬耕翻土地或及时播种其他作物。

　　为了妥善安排收获、销售和入库贮藏等工作，麦收前应做好测产工作。提高收割质量。籽粒含水量低于12.5%方可入仓贮存（王荣栋，2005）。

第三章 准噶尔盆地绿洲小麦品质

第一节 新疆小麦品质生态区划

新疆地处亚欧大陆腹地,属大陆性气候,干旱少雨,光温资源丰富,温差大,日照时间长,地面植被少,荒漠面积大。按其地理环境不同可分为三种类型:北疆西部、北部中温带半干旱气候地区;北疆准噶尔南面、东面的中温带干旱气候地区;南疆的温带干旱气候地区。

根据新疆地域特征及不同生态区小麦品质的表现,王荣栋等(2005)将新疆小麦品质生态划为3个主区和7个亚区。生态区的划区命名方式为区域名称+生态条件+小麦品质类型+冬、春麦类型。3个主区分别是强筋、中筋麦区、中筋麦区和中筋、弱筋麦区。其中强筋、中筋麦区细划为3个亚区:I_1区,即精河—奎屯—石河子—昌吉—奇台北疆平原干热强、中筋冬春麦兼种区;I_2区,即吐鲁番—哈密盆地干热强、中筋春麦区;I_3区,即库尔勒—阿克苏—喀什—和田南疆干热强、中筋冬麦区。其中中筋麦区细划为2个亚区:II_1区,即天山西部伊犁河谷平原中筋冬麦区;II_2区,即焉耆盆地温暖中筋春麦区。其中中筋、弱筋麦区细划为2个亚区:III_1区,即温泉—塔城—阿勒泰—巴里坤北疆周边丘陵温凉中、弱筋春麦区;III_2区,即昭苏盆地温凉中、弱筋春麦区。

小麦在不同生态环境下生长成熟,生态条件和栽培措施等对品质形成均有显著影响,也造成不同生态区小麦品质具有鲜明特征。

一、强筋、中筋麦区

(一)精河—奎屯—石河子—昌吉—奇台北疆平原干热强、中筋冬春麦兼种区

位于天山北麓至准噶尔盆地腹地。小麦籽粒中蛋白质14.0%～16.0%,湿面筋26.0%～33.7%,均高于全疆麦区,适合种植优质高产早熟的强筋和强中筋白粒冬、春小麦。其中在准噶尔盆地的南缘和西部麦区,适宜发展优质高产早熟强、中筋春小麦。沿乌伊公路两侧,冬季积雪较稳定,小麦越冬冻害

少，宜发展优质高产早熟强中筋白粒冬小麦。小麦后期应追足 N 肥，适当控制水量，以提高品质，增加面筋含量，同时应防御干热危害减产。在天山北麓151 团和奇台农场的山前丘陵地带等少数地区海拔较高、气候温凉，有利小麦灌浆成熟，提高产量，宜发展中、弱筋春小麦，但要防止阴雨过多，出现穗上发芽降低品质现象。

（二）吐鲁番—哈密盆地干热强、中筋春麦区

位于东部天山以南，包括吐鲁番麦区的农十三师和哈密市附近农十三师的团场。该区是全疆光照资源最丰富的地区，也是中国夏季最热的地方，温度高、气候干燥，相对湿度低，干热风多，降水少，不利小麦灌浆成熟，千粒重低。籽粒中蛋白含量 14% 左右。宜种植强、中筋春麦，但后期温度过高籽粒中醇溶蛋白太大和麦谷蛋白含量比例失调（谷/醇），烘烤品质较差。应选用优质高产、多穗型、抗干热风能力强的早熟品种，后期应适当供足水分。

（三）库尔勒—阿克苏—喀什—和田南疆干热强、中筋冬麦区

位于天山南缘、塔里木盆地周围，包括库尔勒、阿克苏、喀什、和田、且末县市境内的农二师、农三师、农十四师所属的团场。本区范围较大，农田主要集中在塔里木盆地北部和西部。适合发展中、强筋冬小麦。选用优质高产、多穗型、早熟冬麦品种，有利提高棉粮复种指数。温宿县山前盆谷地的四团、五团及喀什、和田境内的温凉山区、丘陵地带及河流下游地区宜种植中、强筋春小麦，以充分发挥气候资源优势，增加产量，提高品质。

二、中筋麦区

（一）天山西部伊犁河谷平原中筋冬麦区

位于天山西部伊犁河谷地带，包括霍城、伊宁、察布查尔等境内农四师所属的团场。海拔一般 640~670m，3—6 月平均温度 13~14℃，7 月平均温度 22~24℃，光照充足，4—6 月降水量 74~84mm，相对湿度 59%~61%，冬季不太冷，积雪稳定。冬小麦品质好、产量高。宜选用中发、早熟品种发展中筋小麦生产。伊宁市往东地势愈来愈高，春麦种植比例增大，适宜中筋春小麦生产。

（二）焉耆盆地温暖中筋春麦区

为天山南麓的山间盆地，包括焉耆、和静、和硕、博湖四县和境内农二师所属的团场。该区为开都河下游，水源充沛，地下水位较高，盐渍化土壤占耕地面积 40% 左右。具有南、北疆过渡型气候特征。开春早，但气温上升慢，春麦苗期生长时间较长，小麦开花灌浆成熟期间，气候适宜，干热风危害轻，有利小麦分蘖成穗，开花结实，千粒重高，增产潜力大。优质小麦品质稳定，

质量好。该区农场较多，集约经营，小麦产量高，宜建设中筋春麦产业化生产基地。

三、中筋、弱筋麦区

（一）温泉—塔城—阿勒泰—巴里坤北疆周边丘陵温凉中、弱筋春麦区

位于新疆西北部和北部。边境团场较多，包括温泉、塔城、阿勒泰、青河、巴里坤等县市范围的农五师、农九师、农十师、农十三师所属的团场。除塔城平原等区种少量冬麦外，基本上都是种植春小麦，是北疆春麦较集中的种植带。小麦灌浆成熟期气候温凉，空气湿度较大，降水多，小麦籽粒中蛋白质含量一般在12%～14%，面筋偏少，强度低，温泉和巴里坤地区麦谷蛋白与醇溶蛋白的比值较低，致使面团强度变弱，本地区适宜建成中、弱小麦产业化生产基地。宜选用大穗型，灌浆速度快，休眠期较长的红皮品种，防止麦收时受连阴雨影响，穗上发芽降低品质。硬粒小麦（杜仑小麦）在农九师塔额麦区历年来都有一定种植面积，品质良好，极据市场需要积极开发。

（二）昭苏盆地温凉中、弱筋春麦区

在新疆西部沿天山一带，位于昭苏地区和境内农四师所属的团场。蛋白质含量在11%～13%，为全疆最低。有些年份小麦灌浆成熟期间由于阴雨过多，易发生锈病、细菌性条斑病等和出现穗上发芽现象，影响品质。宜选用优质丰产抗锈和休眠期较长的红皮麦品种。适于建成中、弱筋优质专用小麦产业化生产基地。

第二节　准噶尔盆地小麦品质概况

一、品质性状概述

（一）准噶尔盆地小麦的营养品质和加工品质

小麦是世界也是中我国主要粮食作物。小麦的营养品质和加工品质如何，直接关系到人民的身体健康和食品工业的发展。小麦品质育种自国家"七五"以来一直列为科技重大攻关项目。有关小麦品质遗传、生理生化的文献资料越来越多。新疆小麦的营养品质和加工品质研究也有零星报道。近年，越来越多的研究者通过征集全疆各地（州）、县（市）的主要栽培品种，对准噶尔盆地小麦的营养品质和加工品质有关的要素作了初步研究，对新疆小麦的品质特别

是准噶尔盆地小麦的营养品质和加工品质概貌有一个基本认识。

品质育种是小麦品质改良的最经济有效的途径。小麦品质既受遗传控制，也受生态环境和农艺措施的影响。小麦品种在不同地区、不同批量和不同年份种植，品质差异较大；研究和了解环境条件对小麦籽粒品质的影响，有利于各类优质小麦的品质区划和优质、高产、高效栽培措施的制定，达到优质与高产并重的目的。通过冬小麦品质 9 个主要品质性状指标进行的研究表明，变异系数的大小依次为稳定时间＞形成时间＞弱化度＞沉淀值＞评价值＞湿面筋含量＞蛋白质含量＞吸水率＞出粉率。该区域品种（系）的蛋白质含量和湿面筋含量总体水平较高，且品种间变异系数较低，虽然有一定的遗传改良潜力，但提升空间不大。而沉淀值、形成时间、稳定时间的变异系数均比蛋白质含量和湿面筋含量的变异系数大，因此在新疆小麦育种过程中，主攻沉淀值、形成时间和稳定时间等加工品质、兼顾营养品质的选择可能是比较有效的育种途径。

纵观该准噶尔盆地各时期育成主栽品种，湿面筋含量总体呈上升趋势，至 2004—2005 年度达到最高（33.04%），增幅达到 19.62%，该性状的改良已取得成效；沉淀值、面团形成时间、面团稳定时间、总体也呈上升趋势，这些性状的改良也已取得了明显的成效。综上所述，与 1988—1990 年参试品种（系）相比，该区新育品种（系）主要品质性状均有一定程度的提高，小麦经近 20 年的品质改良，在蛋白质含量、尤其是在加工品质方面已经有了很大改善。

（二）准噶尔盆地春小麦品种品质性状演替规律

了解准格尔盆地春小麦品种品质特点，掌握不同历史时期选育品种的变化规律，将为该区域优质春小麦品种的选育提供必要的理论依据。不同面制品在加工过程中对面粉品质的要求各异，面团流变学特性和小麦面粉的糊化特性是衡量面制品品质的重要指标之一。通过小麦品种的面团流变学特性及淀粉糊化特性研究，该区域种植的的大多数品种的 W 和 P/L 值适合制作面条、馒头等食品。2005 年后育成的品种在 P、L 和 W 值上都有所提高，其中 W 值的增长最为明显。2005 年以后自育品种的面团筋力较强，而 1995—2005 年间育成品种的面团筋力较弱，但弹性和延伸性较好。在淀粉糊化特性方面，特征值变幅小，峰值黏度、低谷黏度和最终黏度在 20 世纪 80 年代中后期育成品种中较高，而到 90 年代初育成的品种中下降到最低，后期育成品种中又逐渐上升。并且该区小麦自育品种的面团流变学特性符合加工面条和馒头的需求，而淀粉糊化特性反映出加工优质面条的品种较为缺乏。

（三）准噶尔盆地小麦磨粉品质与拉面加工品质、饺子加工品质等食品加工品质的关系

饺子是中国的传统食品，有近一千年的悠久历史，也是中国北方居民日常

生活中最重要、最受欢迎的主食之一。饺子皮主要由小麦粉制作而成，小麦粉特性是影响饺子品质的重要因素之一。随着人民生活水平的提高和消费意识的改变，人们对水饺品质的要求也越来越高。饺子得分与小麦粉品质特性有很大的关系。从灰分来讲，高级饺子粉的灰分指标控制在 0.55% 左右是最理想的。若其灰分质量分数达到 0.6% 以上时，成品饺子皮上就会有较明显的黑点，影响色泽、光洁度、透明度等。通过分析小麦粉理化指标和粉质参数与饺子品质的关系可知，小麦粉灰分含量、吸水率、面团形成时间、稳定时间、弱化度、评价值、峰值黏度和稀懈值是影响饺子得分的主要因素。形成时间、稳定时间、评价值、峰值黏度和稀懈值与饺子总分呈正相关关系，其中，稳定时间和评价值与饺子总分的相关系数较大，对饺子品质的影响也较大。小麦粉灰分含量、吸水率和弱化度与饺子总分呈显著或极显著负相关，对饺子品质有负影响作用。通径分析和回归分析表明，面团稳定时间对饺子总分影响最大。

二、品质性状的环境效应

（一）准噶尔盆地小麦品质性状的环境变异及其相关性

据小麦生态学家测定，籽粒蛋白质和面筋含量有随海拔升高而下降的趋势，但与纬度呈正相关。不同品种的籽粒蛋白质和赖氨酸含量均随生态高度的增加而呈降低的趋势，二者表现负相关。近年来，对新疆不同生态环境下的小麦品质进行了大量的品质测定工作。表明各小麦品质随着海拔升高籽粒蛋白质含量和面筋含量有所下降，小麦的面团理化指标下降也较明显。一个优质小麦品种，因地理环境不同其品质差异很大，甚至完全改变了小麦品种的品质。新疆在高海拔地区种植小麦综合品质随着海拔的升高而逐步下降。对蛋白质含量的效应主要在于影响根系对 N 素的吸收以及组织衰老和籽粒灌浆持续期。春季地温与籽粒蛋白质含量呈高度相关关系，从早春至乳熟期的平均土壤温度从 8℃ 升到 20℃，平均每℃增加蛋白质含量达 0.4% 之多，这主要是由于地温高增加了对 N 的吸收。

（二）生态环境和栽培条件对准噶尔盆地小麦品质的影响

在生态环境和栽培条件等气象因子中，日平均温度是主要的影响因素。开花至成熟期间的日平均温度较高、夜温较高、日长较长等条件都可以促进籽粒蛋白质含量的提高，特别是灌浆期间的日平均气温与籽粒蛋白质含量呈显著正相关，日平均气温在 30℃ 以下，随温度升高，面团强度随之增强，且只有在一定温度范围内，较高的温度才有利于籽粒蛋白质的形成和积累。由于灌浆期只有前半阶段的温度对籽粒含 N 量有影响，温度平均上升 1℃，可提高籽粒蛋白质含量 0.07 个百分点。而在成熟前 15～20d，每日最高气温对蛋白质有很大影响。在32℃以内蛋白质含量随气温升高而增加，在32℃以上随温度升高而下降。籽粒蛋白质含量在一定范围内与开花—成熟期的日平均温度呈正相关，与开花—成熟期的长短呈负相关。年均气温较常年升高1℃，蛋白质含量提高0.286个百分点，沉降值增加0.55ml；抽穗—成熟期间日均气温每升高1℃，蛋白质含量提高0.435个百分点，沉降值增加1.09ml。从温度的影响因素看，新疆小麦种植区随着海拔的升高，年均温度也相对下降，导致一些地区品质下降。

日照对小麦品质有重要的影响作用。光照不足有利于提高小麦籽粒蛋白质含量。有人认为籽粒蛋白质含量与抽穗—乳熟期间的累计日照时数之间有很高的正相关性。对于小麦籽粒蛋白质含量与日照时数表现负相关性，籽粒蛋白质含量较高的地区，开花—成熟期间的平均日照时数都较少，相对不足，影响光合强度和碳水化合物的积累，蛋白质含量相对得到提高。另据报道，出苗—抽穗期间高辐射强度能提高蛋白质含量。新疆准格尔盆地为长日照地区，在适宜的温度下，是有利于籽粒蛋白质的形成和积累，提高小麦的综合品质。

湿度对小麦品质有重要的影响作用。影响小麦品质的湿度应包括大气湿度和土壤湿度，而土壤湿度又取决于降水和灌溉。前者的资料较少，后者的资料较多，认识也比较一致。抽穗至成熟期间，土壤水分的差异对小麦品质有显著影响。小麦成熟前40~55d，降水量与籽粒蛋白质含量呈极显著负相关，每1.25cm的降水量可导致籽粒蛋白质含量平均降低0.75个百分点，过多的降水会降低面筋的弹性，影响小麦的加工品质。

施肥、灌水等栽培条件对小麦品质有一定的影响。施肥对品质的影响主要表现为籽粒蛋白质含量和赖氨酸含量均随施N量增加而提高。在施用时期上，许多研究者都强调在小麦的生育后期效果较好。中国对北方冬麦区的品质测定表明，在气候和地点相似的高肥组和中肥组的成对比较中，品质性状除容重和软化度有下降外其余出粉率、籽粒粗蛋白含量、湿面筋含量、沉淀值、形成时间、稳定时间和总评价值都有所提高。因此改善肥水条件、提高地力、增施肥料从中低产向高产发展不仅产量提高，品质也会改善。另有研究表明，随施N量增加和追肥时期后延，蛋白质和面筋含量明显提高。在高肥条件下，采用合理栽培措施能明显提高蛋白质含量，改善小麦品质。同时施肥方式的不同对小麦品质的影响也不同，小麦开花期叶面喷施N肥，能显著增加籽粒中的含N量和籽粒产量。关于P肥对小麦品质的影响，目前许多研究结果很不一致。籽粒蛋白质含量随施P量的增加而提高。近年，对施肥与小麦品质的影响进行了一系列的研究表明，不同的N素，不同的施肥方式和时期对籽粒蛋白质含量和湿面筋含量都有一定的影响。同时证明，N、P配合施用与单施N肥相比，不仅籽粒产量有较大幅度的提高，面筋含量、沉淀值也都有所提高。

关于灌水对小麦品质的影响。一般认为水浇地小麦常比旱地小麦品质差，这主要是水分与营养元素特别是 N 素共同对小麦品质作用的结果。随着灌水量的增大和浇水时间的推迟，籽粒蛋白质含量和赖氨酸含量有降低的趋势。干旱年份不同时期不同灌水量处理，均可明显提高籽粒蛋白质和赖氨酸含量，且有随灌水次数和灌水总量的增加而增长的趋势，说明灌水对品质的影响与降水量有很大的关系，欠水年灌水可提高品质，丰水年灌水过多则对品质不利。

（三）基因型和环境对准噶尔盆地小麦主要品质性状的影响

优质小麦生产依赖于优良的品种和适宜的生态环境。小麦品质性状与其他数量性状类似，同时受到基因型、环境及基因型和环境互作的影响。不同环境下的品种，其千粒重、容重和蛋白质含量差异较小，但角质率、硬度和出粉率差异较大。角质率、硬度、出粉率、湿面筋含量、沉降值、和面时间、耐揉性和降落值品种间的变幅大于地点间变幅，千粒重、容重和蛋白质含量地点间的变幅大于品种间的变幅。基因型、环境和 G×E 互作对小麦品质的影响明显不同，基因型对角质率、硬度、沉降值、和面时间及耐揉性的作用大于环境和 G×E 互作。基因型对出粉率的作用大于环境和 G×E 互作。因此有必要在品质育种中早代应加强对硬度、沉降值、和面时间和角质率的选择，同时加强对出粉率的研究。

研究表明，新疆冬小麦品种（系）的 10 个主要品质性状在 4 种不同环境条件下所有品质性状的基因型差异均达到了极显著水平，9 个品质性状的地点间差异达极显著水平。7 个品质性状年份间差异均达到显著或极显著水平。硬度、沉淀值主要受基因型影响，粉质质量指数与弱化度主要受环境影响，形成时间与稳定时间受品种与环境的共同作用影响。按基因型引起的变异所占比例，10 个主要品质性状大小排列为：沉淀值＞硬度＞蛋白质含量＞吸水率＞湿面筋含量＞出粉率＞弱化度＞粉质质量指数＞稳定时间＞形成时间。随着生态环境的变化，面团流变学特性和面团拉伸参数差异最大，其次为湿面筋含量、沉淀值和降落数值的变化，小麦出粉率、粗蛋白含量及面粉吸水率几乎无差异。

三、筋性评价

小麦贮藏蛋白主要包括麦谷蛋白和醇溶蛋白。二者的差异在于前者能通过分子间二硫键形成多链结构。麦谷蛋白约占种子贮藏蛋白的 35%～45%，是面筋的主要成分之一。麦谷蛋白可分为高分子量麦谷蛋白亚基（HMW-GS）和低分子量麦谷蛋白亚基。HMW-GS 分别由位于第一同源组群染色体长臂的 Glu-

A1、Glu-B1 和 Glu-D1 位点（统称 *Glu*-1）的基因编码。麦谷蛋白的肽链间的二硫键和分子内的二硫键能够相互结合，加之其蛋白质多为极性氨基酸组成，极易形成大分子聚合体（Polymer），使面团具有一定的弹性。良好的弹性和延展性是制作优质面包的基础。因此，了解材料 HMW-GS 的蛋白亚基组成，选择优良的 HMW-GS 等位基因是小麦品质改良的主要目标之一。近年来随着研究分析方法的不断改进，大量的 HMW-GS 亚基和基因得到鉴定和克隆，其对加工品质的重要性以及研究的必要性逐步得到认识，有关 HMW-GS 的研究越来越受到重视。

（一）高分子量麦谷蛋白亚基组成

高分子量麦谷蛋白亚基组成对小麦烘烤品质具有重要决定作用，因此通过优质亚基的选择是改良小麦面筋品质的有效手段。新疆冬、春小麦品种（系）的 HMW-GS 组成比较丰富，Glu-A1 位点有 3 种变异类型，Glu-B1 位点有 10 种变异类型，Glu-D1 位点有 6 种变异类型，以亚基 2^*、Null、7 + 8 和 2 + 12 为主，其频率分别为 40.0%、35.3%、51.4% 和 61.9%。Glu-A1 位点等位变异类型较少，常见的亚基类型为 Null、1 和 2^* 亚基，其中冬小麦中 44% 具 Null 亚基，是优势亚基，春麦中 2^* 亚基为优势亚基（占 53.3%）。Glu-B1 位点等位变异最丰富，冬小麦有 8 种变异类型，春小麦有 7 种变异类型，最常见的亚基类型是 7 + 8 和 7 + 9，频率分别为 51.6%、28.0% 和 51.1%、15.6%，亚基 6 + 在春小麦品种中出现频率很低，亚基 13 + 16 和 17 + 18 在冬小麦品种中出现频率相对较低。在 Glu-D1 位点，冬小麦品种 HMW-GS 变异类型较春小麦丰富，但都以亚基 2 + 12 为主，出现频率分别为 59.1% 和 66.7%；优质亚基 5 + 10 出现频率基本一致，而常见亚基 4 + 12 和稀有亚基 2.2 + 12 在春小麦品种中出现频率极低。

（二）高分子量麦谷蛋白亚基遗传多样性及其变异

目前，新疆小麦材料亚基组合类型丰富，共有四十余种亚基组合，主要集中在 2^*/7 + 8/2.6 + 12、Null/7 + 8/2.6 + 12、Null/7 + 8/2 + 12、Null/22/2.6 + 12、Null/7 + 8/4 + 12、Null/6 + 8/2 + 12、Null/7 + 8/5 + 10、Null/7 + 9/5 + 10、2^*/7 + 8/2 + 12、2^*/6 + 8/2.6 + 12 10 种亚基组合，尤以组合 2^*/7 + 8/2 + 12 和 Null/7 + 8/2 + 12 最常见，其频率分别为 16.7% 和 13.1%。其中，主载品种共检测到 20 种亚基类型。其中，（Null，7 + 8，2 + 12）组合最高，为 52.5%，其次，（Null，7 + 8，2.6 + 12）和（2^*，7 + 8，2 + 12）两种组合所占的频率较高，分别为 14.2% 和 11.0%；而（2^*，7 + 8，2.6 + 12）、（Null，7，2 + 12）、（Null，7 + 8，2 + 10）、（Null，17 + 18，2 + 12）、（1，7 + 8，2 + 12）、（Null，22，2.6 + 12）、（Null，7 + 9，2 + 12）和（2^*，7，

2 + 12）组合分别占 8.9%、2.5%、1.8%、1.4%、1.4%、1.1%、1.1% 和 0.7%；剩余的 9 种组合类型（Null，7，5 + 10）、（Null，6 + 8，2 + 12）、（1，7 + 9，2 + 12）、（2^*，7 + 8，2 + 10）、（2^*，7 + 8，4 + 12）、（2^*，7 + 9，5 + 10）、（2^*，7 + 9，2 + 12）、（1，7 + 9，5 + 10）和（2^*，6 + 8，2.6 + 12）仅在 1 份材料中出现，所占频率均为 0.4%。

亚基类型以 2^*、Null、7 + 8 和 2 + 12 为主，其频率分别为 40.0%、35.3%、51.4% 和 61.9%。此外，还发现了单亚基 2 和稀有亚基 7、21、7^* + 8、6.1 + 22、2.2 + 12，其中 2.2 + 12 亚基主要分布在南疆麦区。总体来看，优质亚基组合所占比例较低。新疆小麦农家品种在 Glu-1 位点优质亚基比例低，而育成品种（系）中优质亚基 5 + 10 频率呈上升的趋势，外来种质的利用丰富了新疆小麦品种的遗传组成。积极引进国内外优质资源，对提高新疆小麦品种优质基因的频率和优质小麦育种水平具有十分重要的意义。

（三）高分子量麦谷蛋白亚基与面粉加工品质的关系

在 Glu-A1 位点，存在 Null 亚基和 2^* 亚基，Null 亚基优于 2^* 亚基。在 Glu-B1 位点，存在 7 + 8 亚基、6 + 8 亚基、7 + 9 亚基、22 亚基，7 + 8 亚基在面团延伸性、变形功、配置比、弹性指数、稳定时间和弱化度等 6 项品质指标都优于 22 亚基和 6^* 亚基。在 Glu-D1 位点，存在 2.6 + 12 亚基、2 + 12 亚基、5 + 10 亚基和 4 + 12 亚基，2.6 + 12 亚基、2 + 12 亚基、5 + 10 亚基在面团延伸性、变形功、配置比、弹性指数、稳定时间和弱化度 6 项品质指标上存在显著差异，2.6 + 12 亚基和 5 + 10 亚基的变形功、弹性指数和稳定时间显著高于 2 + 12 亚基，然而 5 + 10 亚基和 2.6 + 12 亚基在 12 项主要品质性状上差异不显著，5 + 10 亚基主要在面筋指数等多项品质指标上稍优于 2.6 + 12 亚基，而 2.6 + 12 亚基则在蛋白质含量、湿面筋含量和干面筋含量上高于 5 + 10 亚基。

Glu-A1 位点上的 1 和 2^* 亚基，Glu-B1 位点上 7 + 8、17 + 18、14 + 15 和 13 + 16 亚基，Glu-D1 位点上 5 + 10 和 5 + 12 等亚基对小麦加工品质效应明显被称为优质亚基，提高 5 + 10、17 + 18 等优质亚基的频率是改善小麦面包品质的重要措施。新疆小麦在 Glu-A1 位点优质亚基（1 或 2^*）的比率为 24.4%，远远高于全国（13.0%）和日本（13.2%）地方品种中的优质亚基比率；在 Glu-B1 位点优质亚基（7 + 8 或 17 + 18）的比率为 92.2%，远远高于全国优质亚基的比率（76.5%），而与日本地方品种中优质亚基比率（95.3%）相似，然而，与日本地方品种一样，在 Glu-B1 位点上也没有发现 14 + 15 和 13 + 16 优质亚基的存在；在 Glu-D1 位点优质亚基（5 + 10）的比率仅为 1.1%，远低于全国（7.0%）的水平。

优质亚基组合的缺乏和优质亚基利用频率的偏低可能是导致新疆小麦二次

加工品质偏差的主要原因，应当加大优质亚基的筛选和利用。新疆小麦地方品种中大量材料富含 1、2^*、7+8 和 17+18 等优质亚基，此外，还发现了 3 份含有 5+10 亚基的材料，这都为新疆小麦的优质育种提供了丰富的基因源。由于控制 HMW-GS 的位点间存在互作效应，因此优质亚基组合比单个优质亚基在育种中更具有指导意义。小麦育种实践表明地方品种可以通过改良创新，扩大小麦育种家亲本资源的遗传基础，或者是利用已鉴定出的地方品种的优异种质进行新品种的选育。新疆小麦地方品种中含有丰富的优质亚基，有待开发利用，通过开展杂交组合、基因工程等方法进行种质创新或培育出具有优质亚基组合的品种已成为目前一项重要而紧迫的任务。但新疆含优质亚基的小麦种质资源还相当缺乏，为了迅速改善新疆小麦的加工品质和营养价值，带动农业生产结构的调整，应加大优质种质资源的引进，特别是含有 13+16、14+15、5+10 和 5+12 等优质亚基资源的引进。由于新疆小麦面粉主要用于制作拉面，推测该亚基组合可能是与维吾尔族特殊的饮食习惯（拉面）有关，关于此亚基组合在小麦品质上的作用有待进一步地研究。

本篇参考文献

曹霞，王亮，冯毅，等.2010.新疆小麦品种春化和光周期主要基因的组成分析 [J].麦类作物学报，30（4）：601－606.

曹俊梅，芦静，周安定，等.2014.水分胁迫对新疆不同小麦品种幼苗生理特性的影响 [J].新疆农业科学，51（7）：1 190－1 196.

曹俊梅，周安定，吴新元，等.2010.盐胁迫对新疆三个冬小麦品种发芽及幼苗期耐盐性研究 [J].新疆农业科学，47（5）：865－869.

陈荣毅，魏文寿，王荣栋，等.2007.新疆春小麦黑胚发生与产量及加工品质之间的关系 [J].干旱地区农业研究，25（1）：230－234.

陈晓杰，吉万全，王亚娟.2009.新疆冬春麦区小麦地方品种贮藏蛋白遗传多样性研究 [J].植物遗传资源学报，10（4）：522－528.

丛花，池田达哉，王宏飞，等.2009.新疆小麦地方品种资源高分子量麦谷蛋白亚基（HMW-GS）的遗传多样性分析 [J].农业生物技术学报，17（6）：1 070－1 074.

丛花，池田达哉，高田兼则，等.2011.新疆冬小麦地方品种高分子量麦谷蛋白亚基的地理分布及其新发现亚基的特性 [J].新疆农业科学，48（9）：1 576－1 584.

丁翠娥，逯新成，吴儒清.2013.滴灌小麦生长发育规律及关键栽培技术试验 [J].农村科技（1）：4－6.

丁学伟.2014.浅析新疆准噶尔盆地水资源量与土地用水矛盾分析 [J].吉林水利（4）：54－58.

杜雯，唐立松，李彦.2008.绿洲农田不同施肥方式对冬小麦产量的效应分析 [J].干旱区资源与环境，22（9）：163－166.

樊静，毛炜峄.2014.气候变化对新疆区域水资源的影响评估 [J].现代农业科技（8）：219－222.

高欢欢，李卫华，穆培源，等.2013.新疆春小麦品种品质性状主成分及聚类分析 [J].新疆农业科学，50（2）：197－203.

高欢欢，桑伟，穆培源，等.2013.新疆春小麦粉品质特征与饺子品质关系的研究 [J].中国粮油学报，28（9）：21－26.

高永红，黄天荣，张新忠，等.2009.准噶尔盆地冬小麦异地选择初探 [J].新疆农业科学，46（6）：1 279－1 282.

高永红，张新忠，黄天荣，等.2010.新疆北部冬小麦主要品质性状的遗传改良潜力 [J].新疆农业科学，47（3）：438－442.

葛建伟，董先军.2011.准噶尔盆地地下水资源与生态功能分析 [J].西部探矿工程 (4)：41-43.

郭斌，王友德，王文静，等.2004.准噶尔盆地麦田套种玉米生态区划及高产栽培 [J].玉米科学，12 (1)：79-81.

海力且木·麦麦提.2014.新疆地区水资源生态承载力及用水效率研究 [J].水利规划与设计 (11)：30-32.

韩银生，陈春梅，蔡春雷，等.2014.新疆巴里坤县春小麦测土配方施肥土壤养分校正系数研究 [J].新疆农业大学学报，37 (3)：250-253.

何福才，陈玉东，王新武，等.2011.农八师小麦滴灌栽培管带布置方式调查 [J].新疆农垦科技 (2)：72-73.

侯新强，张慧涛，杨俊孝.2013.新疆农作物秸秆资源利用现状及产业化发展对策 [J].新疆农垦经济 (1)：45-47.

侯振安，刘小玉，龚江，等.2012.准噶尔盆地滴灌小麦一年两作农田土壤养分动态变化研究 [J].石河子大学学报 (自然科学版)，30 (6)：666-671.

胡新杰.2013.准噶尔盆地滴灌小麦田复播青贮玉米栽培技术 [J].农村科技 (6)：11.

胡新月.2009.准噶尔盆地冬小麦播种及田间管理技术 [J].新疆农业科技 (1)：25.

黄德纯，吴庆红，吴利，等.2013.新疆主要春小麦品种简介及栽培要点 [J].农村科技 (7)：64.

黄润，茹思博，张安恢，等.2008.新疆春小麦品种的磷营养差异研究 [J].麦类作物学报，28 (5)：824-829.

黄天荣，张新忠，吴新元，等.2002.新疆冬小麦品质性状的环境变异及其相关性研究 [J].新疆农业大学学报，25 (2)：28-32.

雷钧杰，陈兴武，赵奇，等.2014.准噶尔盆地冬小麦高产栽培技术规程 [J].农村科技 (12)：5-7.

李冬，张新忠，芦静，等.2009.基因型和环境对新疆冬小麦主要品质性状的影响 [J].新疆农业科学，46 (1)：112-117.

李军.2012.新疆小麦滴灌与常规灌溉对比分析 [J].现代农业 (12)：16-17.

李士磊，霍鹏，李卫华，等.2012.新疆春小麦品种苗期耐盐性分析 [J].新疆农业科学，49 (1)：9-15.

李卫华，曹连莆，艾尼瓦尔，等.2007.新疆春小麦品种品质性状演替规律

的研究 [J].新疆农业科学，44（S3）：53－57.

李彦君，庄丽，徐红军，等.2013.水氮耦合对准噶尔盆地地区春小麦光合特性及产量的影响 [J].新疆农业科学，50（2）：204－213.

刘恩良，金平，马林，等.2013.新疆冬小麦耐盐指标筛选及分析评价研究 [J].新疆农业科学，50（5）：809－816.

刘虎，苏佩凤，郭克贞，等.2012.准噶尔盆地干旱荒漠地区春小麦与苜蓿灌溉制度研究 [J].中国农学通报，28（3）：187－190.

刘红杰，朱培培，倪永静，等.2014.不同整地方式对小麦生长发育及产量性状的影响 [J].农业科技通讯（5）：52－54.

刘建军.2014.新疆小麦推广滴灌技术的思考 [J].农业开发与装备（5）：99.

刘瑜，褚贵新，梁永超，等.2010.不同种植方式对准噶尔盆地绿洲土壤养分和生物学性状的影响 [J].中国生态农业学报，18（3）：465－471.

芦静，吴新元，张新忠.2003.生态环境和栽培条件对新疆小麦品质的影响及其改良途径 [J].新疆农业科学，40（3）：163－165.

路绍雷，韩丽青，谭忠宁，等.2010.焉耆盆地春小麦超高产栽培技术初探 [J].巴州科技（3）：5－6，12.

栾丰刚，羌松，段晓东.2011.新疆小麦黑胚病主要病原的侵染特性研究 [J].新疆农业科学，48（12）：2 223－2 229.

马福杰，陈卫民，蔡吉伦.2012.新疆新源县冬小麦越冬试验 [J].农业科技通讯（9）：119－121.

马宏.2009.新疆小麦品质状况浅谈 [J].粮食加工，34（5）：87－88.

马宏.2012.新疆小麦质量状况调查与分析 [J].粮油食品科技，20（5）：42－43.

马艳明，刘志勇，热依拉木，等.2011.新疆冬小麦地方品种与选育品种遗传性状比较分析 [J].新疆农业科学，48（4）：634－638.

毛炜峄，江远安，李江凤，等.2006.新疆北部的降水量线性变化趋势特征分析 [J].干旱区地理，29（6）：797－802.

牟洪臣，王振华，何新林，等.2014.滴灌条件下准噶尔盆地春小麦耗水特点 [J].华北农学报，29（2）：213－217.

慕彩芸，马富裕，郑旭荣，等.2005.准噶尔盆地春小麦蒸散规律及蒸散量估算研究 [J].干旱地区农业研究，23（4）：53－57.

穆培源，桑伟，庄丽，等.2009.新疆冬小麦品种品质性状与面包、馒头、面条加工品质的关系 [J].麦类作物学报，29（6）：1 094－1 099.

穆培源，桑伟，徐红军，等.2011.和面仪在新疆拉面加工品质评价中的应用 [J].麦类作物学报，31（2）：234－239.

聂莉，芦静，吴新元，等.2010.新疆小麦高分子量谷蛋白亚基对其加工品质的影响 [J].新疆农业科学，47（3）：443－448.

聂迎彬，穆培源，桑伟，等.2011.新疆与国内冬小麦主栽品种（系）产量的比较研究 [J].新疆农业科学，48（1）：6－10.

热黑木江.2010.小麦复种大豆二熟制栽培技术 [J].新疆农业科技（1）：14.

桑伟，穆培源，徐红军，等.2008.新疆春小麦品种主要品质性状及其与新疆拉面加工品质的关系 [J].麦类作物学报，28（5）：772－779.

桑伟，穆培源，徐红军，等.2010.新疆冬小麦磨粉品质与面粉及新疆拉面品质的关系 [J].麦类作物学报，30（6）：1 065－1 070.

万刚.2010.滴灌带不同配置方式对小麦生长发育及产量的影响 [J].安徽农学通报，16（17）：81，100.

王春玲，申双和，王润元，等.2012.气象条件对冬小麦生长发育和产量影响的研究进展 [J].气象科技进展，2（6）：60－62.

王俊，姜卉芳，马存林，等.2007.新疆干旱内陆河灌区灌溉入渗分析 [J].水利与建筑工程学报，5（1）：22－24，47.

王亮，穆培源，徐红军，等.2008.新疆小麦品种高分子量麦谷蛋白亚基组成分析 [J].麦类作物学报，28（3）：430－435.

王亮，李卫华，徐红军，等.2013.新疆春小麦品种资源矮秆基因 *Rht-B1b* 和 *Rht-D1b* 等位变异的分布 [J].华北农学报，28（6）：59－64.

王浩，马艳明，刘志勇，等.2006.新疆自治区农作物种质资源研究现状及战略设想 [J].中国农业科技导报，8（3）：20－24.

王宏飞，李宏琪，丛花，等.2010.新疆小麦地方品种遗传多样性的SSR 分析 [J].中国农业科技导报，12（6）：98－104.

王宏飞，丛花，章艳凤，等.2011.新疆冬小麦地方品种高分子量谷蛋白亚基等位变异及其品质分析 [J].新疆农业科学，48（8）：1 392－1 398.

王芹芹.2014.新疆内陆河流域积雪深度变化规律的分析与研究 [J].甘肃水利水电技术，50（3）：9－11，51.

王荣栋，孔军，陈荣毅，等.2005.新疆小麦品质生态区划 [J].新疆农业科学，42（5）：309－314.

王伟，姚举，李号宾，等.2009.新疆麦棉间作布局及麦棉比例与棉田捕食性天敌发生的关系 [J].植物保护，35（5）：43－47.

王伟，侯丽丽，贾永红，等.2013.水分胁迫下施氮量对春小麦旗叶生理特性的影响 [J].新疆农业科学，50（11）：1 967 – 1 973.

王小国，梁红艳，张薇.2012.新疆春小麦种质资源农艺性状和品质性状的遗传多样性分析 [J].新疆农业科学，49（5）：796 – 801.

王晓龙，桑伟，谢敏娇，等.2012.优质新疆拉面品种品质评价的多重 PCR 体系构建与应用 [J].农业生物技术学报，20（6）：606 – 615.

王振华，郑旭荣，龚婷婷，等.2014.准噶尔盆地滴灌春小麦毛管适宜布置模式 [J].中国农学通报，30（11）：150 – 155.

魏建军，战勇，杨相昆，等.2009.浅议准噶尔盆地滴灌小麦麦后免耕复播技术 [J].新疆农垦科技（4）：76 – 77.

邬爽，林琪，穆平，等.2012.土壤水分胁迫对不同肥水类型冬小麦品种花后光合特性及产量的影响 [J].中国农学通报，28（33）：144 – 150.

吴锦文，陈仲荣，陆有广.1988.新疆小麦 [M].乌鲁木齐：新疆人民出版社.

吴新元，芦静，姚翠琴，等.2001.新疆主要种植小麦品种品质状况 [J].新疆农业科学，28（3）：154 – 156.

席琳乔，刘慧，马春晖.2013.新疆冬小麦套种草木樨效益浅析 [J].草食家畜（6）：68 – 71.

相吉山，穆培源，桑伟，等.2013.新疆小麦品种资源籽粒性状和磨粉品质分析及评价 [J].新疆农业科学，50（6）：1 032 – 1 039.

肖军，加孜拉.2014.滴灌条件下水肥耦合对准噶尔盆地冬小麦生理生长和产量的影响 [J].安徽农业科学，42（26）：8 915 – 8 918.

辛渝，徐洪武，张广兴，等.2008.新疆年降水量的时空变化特征 [J].高原气候，27（5）：993 – 1 003.

杨广，何新林，王振华，等.2013.北疆滴灌春小麦参考作物蒸发蒸腾量与气象因子的关系 [J].石河子大学学报（自然科学版），31（2）：236 – 241.

杨书运，严平，梅雪英.2007.水分胁迫对冬小麦抗性物质可溶性糖与脯氨酸的影响 [J].中国农学通报，23（12）：229 – 233.

杨永龙，钱莉，刘明春，等.2010.干旱绿洲区不同灌溉量对小麦生长发育的影响 [J].安徽农业科学，38（8）：4 139 – 4 141，4 145.

叶尔克江，阿帕尔，尹建新，等.2011.新疆近 50 年自然降水量气候变化特征分析 [J].石河子大学学报（自然科学版），29（6）：738 – 741.

于杰，舒媛洁，赵雅霞.2013.新疆小麦品质与面食的关系 [J].农产品加工（2）：13 – 14.

余永旗，李召锋，石培春，等.2011.新疆自育春小麦品种面团流变学特性及淀粉糊化特性的研究［J］.新疆农业科学，48（10）：1 795 – 1 801.

张军，吴秀宁，鲁敏，等.2014.拔节期水分胁迫对冬小麦生理特性的影响［J］.华北农学报，29（1）：129 – 134.

张吉贞，王荣栋.1997.温光生态因子对新疆春小麦生长发育的影响［J］.新疆农业科学（6）：243 – 247.

张金波，王威，肖菁，等.2011.新疆小麦野生近缘种的研究进展［J］.中国农学通报，27（5）：29 – 32.

张巨松，张德忠，林涛，等.2008.新疆麦套棉生长发育特性的研究［J］.新疆农业科学，45（3）：398 – 402.

张衍华，毕建杰，张兴强，等.2008.平衡施肥对麦棉套作中小麦生长发育的影响［J］.气象与环境科学，31（3）：15 – 19.

赵明燕，熊黑钢，陈西玫.2009.新疆奇台县化肥施用量变化及其与粮食单产的关系［J］.中国生态农业学报，17（1）：75 – 78.

周勋波，孙淑娟，陈雨海，等.2008.冬小麦不同行距下水分特征与产量构成的初步研究［J］.土壤学报，45（1）：188 – 191.

朱红梅.2010.小麦不同播期产量对比试验总结［J］.新疆农业科技（3）：5.

朱拥军，黄劲松，徐海峰，等.2011.新疆地区滴灌小麦复播大豆施肥技术研究［J］.天津农业科学，17（5）：77 – 80.

邹波，相吉山，徐红军，等.2012.新疆春小麦新品种比较试验研究及增产原因分析［J］.新疆农垦科技（6）：7 – 9.

Hua C，Takata K，Zong Y F，et al.2005.Novel hight molecular weight glutenin subunits at the Glu-D1 Locus in wheat landraces from the Xinjiang district of China and relationship with winterhabit［J］. Breed Sciehce，55（4）：459 – 463.

柴达木盆地篇

第一章 柴达木盆地自然条件和绿洲农业

第一节 柴达木盆地农业自然条件

一、区域自然环境特征

柴达木盆地地处青海省西北部，是一个被昆仑山、阿尔金山、祁连山等山脉环抱的封闭盆地，在青藏高原北部，地理位置介于 90°16′～99°16′E、35°00′～39°20′N 之间。盆地略呈三角形，东西长约 850km，南北宽约 300km，面积约 25.8 万 km²。盆地西高东低，西宽东窄。南面有昆仑山脉，北面是祁连山脉，西北是阿尔金山脉，东为日月山。处于平均海拔 4 000m 以上的山脉和高原形成的月牙形山谷中。盆地内有盐水湖 5 000 多个，最大的要数面积1 600km² 的青海湖。属于比较干旱的温带大陆性气候。降水量小于蒸发量，该地区的局部气候差异比较显著，春季降水偏少且多风沙，物燥干旱，夏季降水较多并集中，气候相对温湿，日照时间相对较长，比较适宜耐寒作物生长，秋季急剧降温，冬季漫长而干燥，低温严寒。灾害性天气，以干旱为主要特点。气候的变化存在着地域性的特点，风力强盛，年 8 级以上大风日数可达25～75d，西部甚至可出现 40m/s 的强风，风力蚀积强烈。年降水量自东南部的 200mm 递减到西北部的 15mm，年均相对湿度为 30%～40%，最小可低于5%。盆地年均温均在 5℃ 以下，气温变化剧烈，绝对年温差可达 60℃ 以上，日温差也常在 30℃ 左右，夏季夜间可降至 0℃ 以下。耕地以块状分布于山麓洪积扇的中下部，盆地中东部的德令哈南部、诺木洪、香日德等地有水利灌溉条件的地方，是青海省良好的绿洲农业区。

柴达木盆地在中国地理环境分异中，具有独特的自然地理条件，它的形成和分异既受大尺度地理分异规律控制，具有高寒和干旱特征，也受盆地内部中小尺度地域分异规律制约，具有局部的环境分异特征。

从大尺度地理分异规律而言，柴达木盆地属于青藏高原组成部分，位于青藏高原东北部。盆地海拔 2 680～3 300m，周围山地海拔 3 300～5 500m，是个封闭式的内陆盆地，气候上具有寒冷和干旱的特征。从而在自然地理过程上，表现为物理风化过程强烈，化学积盐过程旺盛，而生物的储存转化过程微弱等荒漠化特征。然而，由于柴达木盆地面积广阔，它东西长约850km，南北宽约300km，因而其内部的自然地理环境仍然具有很大差异，主要表现为盆地东南部半干旱荒漠草原和西半部干旱荒漠两个自然地带。其界线大致以香日德的脱土山经都兰县西面的阿勒格尔尕山—耗牛山西麓—德令哈—中吾农山南麓的怀头他拉连线为界。界线以东为荒漠草原棕钙土（亚）地带，界线以西为干旱荒漠灰棕漠土地带。

从中小尺度地理分异规律而言，主要受封闭式盆地形态的影响。这种形态，使盆地具有独立的内流水系，相对独立的堆积基准面，形成自己完整的物质迁移运动系列—湖盆堆积、盆缘侵蚀堆积、山地侵蚀的系列。使盆地从中心至周围山地，自然环境依次出现湖泊与湖盆盐滩、盐泽、沼泽盐土、草甸盐土、盐化草甸、荒漠化草甸、沙漠（沙丘）、戈壁、荒漠低山丘陵至草原、草甸草原山地、高寒草甸高山、冰雪极高山的排列，构成环带状的环境结构特征。

二、盆地农业光温条件

柴达木盆地所处地理位置为35°00′~39°20′N，相当于中国暖温带的纬度地带，但是由于地势海拔升高至2 600m以上，热量条件明显变低，年平均气温1.1~5.1℃，最冷月（1月）平均气温界于-15~-10℃，最热月（7月）平均气温一般为15~17℃，气温最高的察尔汗亦不超过19.1℃；≥10℃期间的积温一般为1 000~1 500℃，察尔汗可达2 292.5℃。这种热量条件，相当于中国温带，仅可满足一年一熟作物生长的需要。不过，由于热量条件的区段差异及作物品种的不同，不同地理部位发展农业的热量条件和适宜作物品种也是不同的。对柴达木盆地农业气候条件的分析，有利于因地制宜布局该区农业的结构，达到合理安排农业生产的目的。

就柴达木盆地的温度条件而言，≥0℃期间的活动积温，以80%的保证率计，大约海拔3 100m以下部位，其积温高于1 600℃；海拔3 100~3 250m部位，一般为1 250~1 600℃；海拔高于3 250m，则不足1 250℃。其他详见表3-1。所需这种温度条件的垂直差异，对作物布局影响极大（表3-2）。

表3-1　柴达木盆地不同气象台站气候要素表（申元村等，1979）

台站	海拔(m)	纬度(N)	经度(E)	年平均气温(℃)	1月平均气温(℃)	7月平均气温(℃)	≥0℃积温(℃)	≥10℃积温(℃)	年日照时数(h)	年平均降水量(mm)	年平均蒸发量(mm)	光合有效辐射(J)
都兰	3 191	36°13′	98°06′	2.7	-10.6	14.9	2 045.0	1 189.4	3 110.2	179.1	2 088.8	312 766.5
香日德	2 905	36°04′	97°48′	3.9	-10.1	16.0	2 345.0	1 489.9	2 971.2	163.0	2 285.4	

（续表）

台站	海拔 (m)	纬度 (N)	经度 (E)	年平均 气温 (℃)	1月平均 气温 (℃)	7月平均 气温 (℃)	≥0℃积 温 (℃)	≥10℃ 积温 (℃)	年日 照时数 (h)	年平均 降水量 (mm)	年平均 蒸发量 (mm)	光合有 效辐射 (J)
德令哈	2 982	37°22′	97°22′	2.9	−11.0	15.6	2 373.1	1 688.3	3 083.5	118.1	2 242.9	
诺木洪	2 790	36°22′	96°27′	4.4	−10.3	17.2	2 563.0	2 113.0	3 254.2	38.9	2 716.0	317 497.6
格尔木	2 808	36°12′	94°38′	4.2	−10.9	17.6	2 570.0	1 913.0	3 078.3	38.8	2 801.5	314 822.2
大柴旦	3 173	37°51′	95°22′	1.1	−14.3	15.1	1 947.3	1 209.5	3 243.5	82.0	2 186.4	318 946.2
冷 湖	2 733	38°50′	93°23′	2.6	−13.1	17.0	2 307.2	1 728.3	3 550.5	17.6	3 297.0	329 572.3
茫 崖	3 139	38°21′	90°13′	1.4	−12.4	13.5	1 810.2	911.4	3 310.6	46.1	3 072.0	319 444.5
察尔汗	2 679	36°48′	95°18′	5.1	−10.4	19.1	2 821.4	2 292.5	3 163.0	23.4	3 518.5	
乌图美仁	2 843	36°54′	93°10′	2.3	−12.4	15.7	2 117.5	1 481.3	3 248.2	25.2	2 381.2	318 674.1

表 3 - 2 柴达木盆地农作物所需≥0℃积温（申元村等，1979）

品种	春小麦	蚕豆	青稞	豌豆	土豆	小油菜
≥0℃积温	>1 600	>1 600	>1 400	>1 400	>1 400	>1 200

从作物要求与温度垂直分异的相关分析可知，盆地内大约海拔 3 100m 以下，温度条件可满足春小麦、蚕豆等作物成熟的需要，而对于小油菜则略有富余；而海拔 3 100～3 250m 地带，其生长季积温适于小油菜而不能满足春小麦和蚕豆，是油菜、土豆、豌豆等作物的适生高度范围；而高于 3 250m 的部位，则基本不宜农业或农业生产很不稳定。

第二节 柴达木盆地农业发展简史

从古文化遗址考古发掘及史料中得知，在 2 700 余年前的西周时期，古代羌族人就在柴达木盆地从事着以牧业为主兼有农业的生产活动，过着相对稳定的定居生活，直到两汉时期才弃家从事单一的游牧生产。南北朝时期，吐谷浑人移居青海，并占据青海达 350 余年。当时，除畜牧业较发达外，从《晋书·吐谷浑传》中"地宜大麦，而多蔓菁，颇有菽粟"，《魏书·吐谷浑传》中吐谷浑人"好射猎，以肉酪为粮，也有种田，有大麦粟豆"的记载中，说明农业在吐谷浑人的经济中也有一定的比例。宋代前后的五六百年间，柴达木盆地一直为吐蕃族所控制，其社会经济性质与吐谷浑时期无本质的变化。自元朝至明、清时期，柴达木盆地为蒙古族所控制，以蒙古族为主体，在柴达木盆地从事游牧生产。清雍正初年，清军平定了蒙古族贵族罗卜藏丹津反清武装叛乱后，迫使一部分河北、山东、山西、河南、陕西五省汉族人到柴达木地区从事垦殖，在诺木洪古城周围开辟了相当面积的耕地，后随清军撤离殆废。

民国时期，中央政府决定在柴达木盆地开垦荒地。1933 年（民国二十二年）任命孙殿英为青海西区屯垦督办；1942 年成立柴达木屯垦督办公署，任命马步青为督办，令其率军开赴盆地屯垦。7—8 月，马步青率部陆续来青海；1945 年，柴达木垦务局成立，取代柴达木屯垦督办公署，直属青海省政府并受建设厅监督指导。垦务局建制规范，有正、副局长，下设科室、运输队等，并制定出《柴达木垦务计划大纲》，内言"柴达木垦务局督导所属各垦务组办理柴达木垦殖事宜，以实施移民垦田、建立农业基础、开发边疆、充实边防为宗旨"。为切实做好垦务，加强农垦组织管理，青海省政府又先后在察汗乌苏和德令哈设立垦务局。察汗乌苏垦务局下设香日德、夏日哈、查查香卡、赛什克和察汗乌苏五个垦务组；德令哈垦务局没有开展具体工作，只是收容迁居海西的青海省东部农业区的一些流散农民。

新中国成立伊始，于 1950 年 6 月便组织勘察队，就柴达木盆地东部的气象、水利、农业、土壤、交通、畜牧、植物等，进行实地踏勘，历时近三个月，撰写出《柴达木东部调查资料》报告；1953 年，中央地质部青海预查队对盆地再次进行考察；1954 年中央民委西部民族工作组也来到柴达木，对盆地东、中部做综合考察。伴随柴达木的工业开发，建设大军的粮油供给等后勤保障提到议事日程，为此，青海省人民政府和柴达木行政委员会决定：立足本地，大兴农业，扩大耕地面积，建立粮食基地。从此，盆地农业得到长足发展。

在开发柴达木刚刚开始的第一年（1954 年），首先在德令哈建立了国营农场，当年末，盆地耕地面积已近 10 万亩，比 1953 年净增 5.4 万亩。1955—1958 年，又建立了诺木洪、格尔木、香日德、赛什克、夏日哈、察汗乌苏、查查香卡等国营农场。1958—1960 年是盆地农业空前发展的阶段，1959 年 12 月，柴达木行政委员会召开第十次扩大会议，提出 1960 年柴达木地区国民经济发展"以农为纲，大抓畜牧业生产，以石油为主，积极发展地方工业"的方针，农业进一步得到加强。此间又建立了不少职工农场，据资料，截至 1960 年，盆地已有农场 25 个，经营的耕地面积达 93.6 万余亩；接纳河南青年志愿垦荒队员近 6 500 人。水利建设逐年发展，渠道由解放前仅有的 3 条增加到 1844 条，有效灌溉面积也由解放前的 733 亩增加到 58 万亩；农业机械也得到了发展，据 1960 年底的不完全统计，已有拖拉机 583 台；中国科学院青甘队土壤农业分队也来州指导科学种田，开展春麦冬播试验，获成功并推广，提高了产量。

柴达木盆地经过 20 世纪 50 年代连续 7 年的开发，在工业和农业上都取得了辉煌的成果，为以后海西州的工农业发展打下了坚实基础。但是也应看到，当时的垦殖活动带有很大的盲目性，更缺乏科学性，因干旱、盐碱、低温等原因，使收成低微或有种无收，以致造成大面积撂荒，同时也破坏了大面积草原。为解决垦荒职工的燃料，千万亩荒漠上的原生植被和原始森林遭到严重的砍伐，破坏了生态。从 60 年代中期开始，在总结以前经验的基础上，开始大量营造农田防护林，大力加强与兴修水利工程，改良土壤，培肥地力，进一步发展机械化，实行科学种田，使农牧业生产状况得到了改善。到 70 年代，已初步建成了具有一定规模的盆地绿洲农业。从 80 年代至今，全州耕地面积保持了基本稳定，据统计，1980 年盆地耕地面积达 68.01 万亩，粮食作物播种面积达 36.35 万亩，亩产 185.5kg，人均占有粮食 262.5kg，农业生产条件全面好转。至 1984 年，已累计提供商品粮 6 亿 kg，自给有余。从 1989 年起柴达木盆地掀起了以改造中低产田、调整种植业内部结构为重点的大规模农业综合开发新潮，农业综合开发项目陆续上马，盆地种植业正向"优质、高产、高效"的方向迈进。目前，盆地农业发展正面临国家实施西部大开发的机遇，新一轮的盆地开发热潮正在形成。

第三节　柴达木盆地绿洲农业

一、绿洲农业的发展

对柴达木农牧业的开发，据考古资料显示大约在西周时期。近代以来对柴达木的开发也只是停留在口号上，没有实质性的进展，真正意义上的开发是在新中国成立后。新中国成立以来，对柴达木农牧业的开发可以分为从传统农牧业向农垦转变阶段、绿洲农牧业开发阶段和向现代特色农牧业发展阶段。

从传统农牧业向农垦转变阶段。柴达木历史上不仅是一个游牧地区，而且种植业也有较久的历史渊源。柴达木盆地畜牧业虽然有悠久的历史，但解放前生产十分落后；种植业也十分落后，据 1943 年前中央大学理科研究所调查资料显示，当时柴达木盆地有耕地 2 万多亩，零星分布在察汗乌苏、香日德、希里沟、宗加、怀头他拉等区域，农具主要是木犁，铁犁的数量很少。

1950 年 6 月，党和政府首批工作人员到达察汗乌苏组织贫困的农牧民进行生产自救。民主改革后，改变了旧的生产关系，解放了生产力，农牧业生产有了一定的发展。1954 年拉开了开发柴达木的序幕，随着地质勘探和矿产的开发，农业生产本着"边勘探、边开发、边设计、边建场"的步骤开始农垦建场。1954 年在德令哈开辟小块绿洲，1955 年在格尔木和察汗乌苏建立了国营农场。1957 年耕地面积发展到 25.48 万亩，比 1950 年增长了 16.5 倍，同期粮食总产量增长了 19.7 倍。但总的来说农业的布局十分分散，主要集中在柴达木的东部地区。据统计，1957 年，柴达木盆地省属 6 个国有农场和海西州属几个小型农场，垦殖的耕地达到 3.13 万 hm²，占柴达木盆地耕地面积的76.6%；粮食总产达到 5 万 t，占盆地粮食总产量的 72.9%，使国有农场成为柴达木盆地农业开发的主体。

1958 年开始，随着全国大跃进总的形势的发展，柴达木地区农牧业伴随成千上万的建设大军开进柴达木盆地，出现了前所未有的繁荣、高涨景象。1960 年与一大批企业的兴建相辅，相继成立了夏日哈、香日德、希里沟、莫河、怀头他拉、马海、小柴旦、科日、依克高里等青年农场。同时，各县、镇纷纷成立机关职工农场，同年，全地区粮食产量达到 1 183 万 kg。次年，工农业生产急骤下马，粮食产量降到 744 万 kg，下降 62.9%。从 1965 年开始，国家经过对国民经济调整，开始呈现缓慢的恢复，以后虽然有些波折，但总趋势仍在发展。党的十一届三中全会以来，根据中央"调整、改革、整顿、提高"的八字方针，农牧业的发展比较符合实际，也走上了较为健康轨道。

20 世纪 60—80 年代，由于国家粮食紧张和粮食流通领域计划经济管理，柴达木盆地作为青海省主要的商品粮生产基地，农业科学研究主要是以农作物高产为目标和栽培为研究方向，特别是在春小麦高产育种和栽培研究方面，投入了大量人力物力，涌现了一批高产和超高产典型。例如，1965 年香日德农场引进的意大利小麦品种阿勃在 0.165hm² 面积上创造了平均产量11 278.50kg/hm² 的纪录，1974 年诺木洪农场利用阿勃品种在 0.989hm² 面积上创造了平均产量 10 532.25kg/hm² 的纪录。1978 年，春小麦新品种高原338，在香日德农场 0.261hm² 面积上创造了平均产量 15 195.75kg/hm² 的高产记录，单季单作产量首次超过了 15t/hm²。1979 年诺木洪农场利用高原338 在 1.04hm² 面积上创造了单产 14 385.0kg/hm² 的高产纪录。成为当时全国春小麦高产区，充分展示了柴达木盆地发展春小麦的广阔前景。

柴达木南绿洲农牧区。该区位于盆地南部，包括都兰县和格尔木市（除唐古拉山镇）。全区有 3 个农业乡镇，2 个牧业乡，7 个半农半牧乡，另外还有格尔木农场、诺木洪农场、香日德农场、英德尔羊场和查查香卡农场。该区农牧业经济发达，经济总量也大，占盆地农牧区社会总产值的一半以上。都兰县是盆地的农牧业大县，全省粮油生产基地，农业高产区域，1998 年全区播种面积 29.20 万亩，比 1990 年增加 0.73 万亩，粮食播种面积 20.15万亩，总产量 6 018 万 kg，平均亩产达 299.0kg，与 1990 年相比，总产量增加了 140.5 万 kg，亩产增加了 55kg。

柴达木东北绿洲农牧区。该区位于盆地东北部，包括德令哈市和乌兰县。全区有 1 个农业乡镇，2 个牧业乡，7 个半农半牧乡镇，德令哈、怀头他拉、巴音河、赛什克、尕海 5 个农场和莫河牧场。该区是农牧兼营区，农业稍小于牧业。1998 年全区播种面积 18.07 万亩，比 1990 年下降了 1.39 万亩，粮食亩产达 251kg 比 1990 年增加了 84kg。

柴达木西北绿洲农牧区。该区位于盆地西北部，包括大柴旦、冷湖、茫崖行委和格尔木农场马海分场。全区有 2 个牧业乡。本区土地以盐碱荒漠、沙漠戈壁为主，矿产资料丰富，农牧业资源贫乏，仅有耕地 1.5 万亩，草地 1 065.98 万亩。区内以工业经济为主，农牧经济成份甚少。

总之，经过六十年的发展，柴达木农牧业已形成了自己的农牧业框架和发展基础，特色优势十分明显，目前，农牧业发展开始向循环农牧业发展。柴达木盆地已成为激荡着大开发热潮的西部热土，成为中国西部大开发的亮点。

二、绿洲规模

柴达木盆地绿洲面积有 829 710.7hm^2，占柴达木盆地面积 3.36%，其中农田灌耕绿洲面积 52 940.7hm^2，天然绿洲面积 776 770hm^2。天然绿洲中，荒漠化草甸绿洲面积 15 300hm^2，盐化草甸绿洲面积 650 090hm^2，盐化沼泽草甸绿洲面积 111 380hm^2。柴达木盆地四周的昆仑山、阿尔金山、祁连山等高大山脉，海拔高程一般多在四五千米以上，终年积雪，冰川广布，是盆地河流发源地和径流形成区。在发源于盆地四周山地的 70 多条大小河流中，可直接引用于灌溉的河流有 28 条。其中，多年平均径流量在 1.0 亿 m^3 以上的河流，依次为那棱格勒河、格尔木河、香日德河、哈尔腾河、巴音郭勒河、诺木洪河、察汗乌苏河、塔塔棱河等，其年径流量达 32.96 亿 m^3，占盆地多年平均径流量 45.799 亿 m^3 的 71.97%。这些河流从四周山地呈向心状汇入盆地中心，不但水量稳定，农作物灌溉期（4～9 月）来水量大，不仅发展灌溉农业、人工林、人工草地等有水源保障，而且有利于绿洲农业生态体系建设。此外，这些河流下游又多有广大赋水性良好的冲积洪积扇，为水资源的赋存和调节提供了极为有利的条件。同时，冲积扇前缘广大的细土带，一是地形平坦，土层深厚，有利于机械化耕作和自流引水灌溉；二是地下水富集，水质较好，埋藏较浅，便于开采利用。

经过近 40 多年来大规模农业开发建设，柴达木盆地现已基本形成了德令哈、希赛、察汗乌苏、香日德、诺木洪、格尔木等几大绿洲农业区，农业现代化水平和粮食产量日益提高，绿洲灌溉农业已颇具规模，在青海省农业生产发展中具有举足轻重的地位，为进一步开发建设积累了丰富的经验。据统计，全盆地耕地面积已由 20 世纪 50 年代初期的 2 146.7hm^2 扩大到 36 988hm^2，粮食播种面积达 21 949hm^2，分别占全省的 6.27% 和 5.56%，粮食平均亩产 265kg，高于全省209.1kg/亩的平均水平，粮食总产87 254t，占青海省粮食总产量的7.05%，粮食商品率约为35%。

三、农作物种类

目前，柴达木盆地种植的主要粮食作物是春小麦、青稞、春油菜、马铃薯、蚕豆和豌豆等六大农作物，近年来，随着农业结构的调整，与柴达木盆地其他农作物比较，发展枸杞种植的亩收入增收变化明显，在该地区种植枸杞1~3年内的亩纯收入平均在1 300~2 000元，4年后进入盛果期的枸杞，每年亩收入达9 600元，除去成本后收入可达7 800元左右，第五年至第六年的亩收入峰值可达到15 984元，由于枸杞种植效益大大高于六大粮食作物，因此，麦类、油料类、薯类和豆类作物种植面积较小，已完全退出了种植业主导地位。

四、熟制

盆地气候，极度干旱少雨，冬季寒冷漫长，夏季凉爽短促，属典型的高原大陆性气候。年均气温0.8~5℃，昼夜气温变化大，作物生长>0℃积温1 810~3 563.1℃，≤0℃气温持续天数多，负积温高，所以，只能满足一熟作物生长要求，因此，盆地内作物均为一年一熟。

五、小麦生产地位

近年来，柴达木地区把发展枸杞和藜麦产业作为优化农牧业产业结构，促进农牧业增效、农牧民增收，改善生态环境的重要举措，经统计，柴达木盆地计划种植作物面积70.14万亩（包括非耕地枸杞种植面积），其中粮食作物24.04万亩，主要为马铃薯、青稞和豆类；油料作物6万亩；增加枸杞、藜麦、玛咖等特色作物和新兴产业作物种植面积，共计40.10万亩。以往而言，在柴达木地区春小麦种植面积最大，产量最高，是柴达木盆地的优势和主要粮食作物，但近年来随着农业结构的调整，农牧业增效、农牧民增收重大举措的实施，枸杞、藜麦等新型经济、特色作物成为柴达木地区主导产业，麦类、油料类、薯类和豆类作物由于种植效益低、种植面积逐年减小，已完全退出了种植业主导地位。

第四节　柴达木盆地小麦生产的气候条件

柴达木盆地总面积25.8余万hm^2，占青海省总面积的35.8%。平均海拔高度 3 000m 左右，是中国海拔最高的高原型内陆盆地。盆地地域辽阔，人口稀少，资源丰富，素有"聚宝盆"之称，下辖乌兰、都兰、格尔木和德令哈等农业区。农作物耕地面积 4.7 万 hm² 左右（含宜农荒地、退耕还林地等）柴达木盆地深居高原大陆腹地，四周高山环抱，西南暖湿气流难以进入，具有寒冷、极度干燥、富日照、太阳辐射强、多大风天气等典型高寒大陆性荒漠气候特征。由于柴达木绿洲主要分布在盆地沿山洪积细土带。柴达木盆地农业分布区（南北边缘地区细土带）降水稀少，气候干燥，相对湿度低，空气中水汽含量少，湿度小，大气透明度高，加之太阳辐射强烈，日照时间长，中午有日照时气温相对较高，夜间温度低，昼夜温差大，有利于农作物光合产物的积累，这些特殊生态条件是国内同纬度地区和平原地区无法比拟的，这为柴达木盆地农作物高产，特别是春小麦高产奠定了基础。柴达木盆地气候独特，具有高寒干燥大陆性气候特点。降雨（雪）稀少，气候干燥，无霜期短，风日多，冻害严重，但日照时数长，太阳辐射强，昼夜温差大；柴达木地区独有的气候条件十分适宜小麦生长发育并创造高产。

一、太阳辐射强，总辐射量多

辐射强、降水少、蒸发大是干旱地区共同特征之一。由于盆地海拔高，空气稀薄（气质约为海平面 70% 多），透明度大，晴天多，日照时间长，因此太阳辐射强度大，总辐射能量多（表 3－3）。

表 3－3　各地辐射总量（kJ/cm²）（汪绍铭，1961—1977）

	格尔木	西宁	北京	上海	重庆
全年	696.3	615.5	563.2	473.5	349.2
夏半年	433.8	377.2	357.2	292.3	247.5
冬半年	262.5	238.2	206.0	181.3	101.7

盆地年辐射总量 690.9～753.6kJ/cm²，不论夏半年（4—9 月）或冬半年（10 月至翌 3 月）均高于同纬度东部黄土高原、华北平原和山东半岛。按辐射热能多少，把世界各地分为 5 级，则柴达木属于一级地区，每平方米一年接受太阳辐射总量达 6 699～8 370MJ，仅略次于西藏南部局部地区，是中国太阳能最丰富地区，和印度巴基斯坦北部相当，比印度尼西亚雅加达一带还高。直接辐射在总辐射能中比值超过 60%，年绝对值多于 418.7 kJ/cm²，较上海高 167kJ/cm²，比北京多 125.6 kJ/cm²。

盆地主要作物春小麦生育期间辐射量为 267.9～326.6kJ/cm²，相当每亩

（1.5～2.14）×10^3kJ，占年辐射量 40%～45%，比北京、昆明高出 35%～62%。日平均辐射量 2 240～2 554kJ/cm^2。辐射量最大的夏季正是作物的生长期。如 1977 年 5 月 1 日到 9 月 1 日期间赛什克农场测得辐射为 280.5kJ/cm^2，香日德为 288.9kJ/cm^2，远高于本省东部农业区的黄河、湟水流域。研究表明，辐射能量、光照长度和产量呈明显正相关，而光合作用产量和生物学产量亦为正相关。盆地灌区春小麦亩产 750kg 以上，光能利用率大体变动于2.7%～3.2%。如香日德农场亩产 800kg，光能利用率为 2.8%，亩产 850kg为 3.2%，当光能利用率达 5% 时，产量就会高到 1 000～1 150kg/亩。从实际产量水平看：1973 年香日德农场 16.1 亩出现单产 912.2kg，1979 年该场 20.4亩单产 932.7kg，同年诺木洪农场 15.06 亩平均单产 959kg。上述产量水平正是农业气候资源利用和精耕细作的结果，表明在现有条件下仍有很大产量潜力。盆地太阳辐射光谱中，光合有效成分多，蓝紫光比海平面多 78%，利于光合作用。紫外线比平原地区多 2 倍，利于杀菌和抑制病虫害蔓延，也是盆地病虫害较少的因子之一。红光和红外线比海平面多 15%，有良好的热效应，对土壤、空气和植株的增温有利。

二、光照时间长，晴天日数多

柴达木盆地空气干燥，晴天多阴雨少，日照时间长，年日照时数 3 000h以上。灌区日照时数平均达 3 136h，如诺木洪农场十六年资料，日照为3 117.2～3 571.4h。冷湖达 3 600h，比著名的日光城拉萨 3 000h 还多，是全国最高地区。小麦属喜光长日照作物，德令哈小麦生育期物候一般是 3 月中旬播种，4 月下旬出苗，7 月中旬抽穗，9 月上旬成熟。在日地运行中正处北半球，太阳高度角大，日照时间长的夏半年，盆地大部地区一般天气条件 6 时半到 20 时半光照强度都在当地春小麦正常光合作用要求的 2 300lx 左右，一天中有近 14h 可进行光合作用，又无高温抑制，为物质制造提供了良好的光照条件（表 3-4）。

表 3-4　各地日照时数（汪绍铭，1961—1970）

	冷湖	格尔木	西宁	上海	成都
全年	3 603	3 101	2 793	2 092	1 267
夏半年	1 987	1 667	1 450	1 194	814
冬半年	1 616	1 434	1 343	898	453

三、温度日较差大

这一特点表现在白天日照长，辐射强，增温快，又因其海拔高使白天温度多处于适宜作物光合作用的温度范围，而夜间有效辐射强，失热快，温度低，呼吸消耗少，因此物质积累多。高寒地区温度变化的这一特点是农业有利的气候资源之一。根据柴达木灌区测定，呼吸消耗相当于光合作用积累量的1/5.5~1/3，积累远多于消耗，利于产量形成。盆地年平均温度0.8（大柴旦）~5.1℃（察尔汗）。作物绝大部分分布于盆地东部香日德、诺木洪、德令哈、都兰等广阔地带，年平均2.7~4.2℃，最热月平均14.0℃，一些地区热量条件还优于东部农业区的某些县。10年平均0℃以上天数155~181d，期内积温1 905~2 215℃。小麦生育后期，白天温度多在20℃以上。年较差24.1~30.4℃，日较差12.8~16.9℃，具有荒漠气候的温差特征。白天温度适宜，光照强，无高温抑制，夜间常不超过10℃，为干物质积累提供了较好的温度条件（表3-5）。

表3-5　诺木洪农场春小麦生育期内气候条件（汪绍铭，1957—1972）

月份	光		热			水		
	日照时数（h）	温度（℃）	最高温度（℃）	日较差（℃）		蒸发量（mm）	降水量（mm）	相对湿度（%）
4	201.6~331.4	5.4~9.2	28.5	27.1		208.7~393.0	0~4.4	18~31
5	276.1~344.0	10.1~13.3	29.2	28.8		316.0~488.8	0~37.0	17~41
6	259.6~360.0	13.4~16.2	33.9	24.7		276.7~476.1	0.2~18.8	23~43
7	279.1~339.0	16.2~18.2	33.0	24.4		295.7~454.7	3.4~13.5	30~51
8	255.9~302.8	15.5~17.1	31.6	25.7		266.4~393.1	0~21.3	28~55
9	234.0~316.1	10.7~12.4	28.8	26.1		192.0~333.9	0.1~13.3	26~46

四、降水少、蒸发量大

盆地深居内陆高原腹地，远离海洋，其主要水汽来源为印度洋孟加拉湾上空的西南暖湿气流，但经长途远涉，重重山系阻隔，进入高原水汽已经不多，能深入盆地便已更少，加上下沉增温和干燥的戈壁下垫面往往有云无雨或雨滴在下降途中便被蒸发，形成降水极少，除盆地边缘地区外，年雨量一般均不足百毫米，自东南向西北递减，是我省雨量最少地区，而且变率大。如冷湖1959年6月21日降水18.9mm，1957—1980共24年平均为17.6mm，许多地区甚至无明显雨季。雨量少却大大限制了光、热资源潜力的发挥，无灌溉即无农业，柴达木便属于这种类型（表3-6）。

表3-6　柴达木盆地降水量（汪绍铭，1977）　　　　　　（单位：mm）

月份	1月	2月	3月	4月	5月	6月	7月	8月	9月	10月	11月	12月	全年	年代
诺木洪	0.3	0.4	0.3	0.7	4.4	7.6	9.7	8.3	5.4	1.1	0.4	0.4	38.9	1956—1980
都兰	4.1	6.1	6.9	8.5	19.5	36.8	35.8	29.9	16.2	8.6	3.7	3.0	179.1	1955—1980
格尔木	0.6	0.5	0.9	1.2	4.0	6.5	9.4	7.8	5.2	1.3	0.9	0.3	38.8	1956—1980
德令哈	2.3	2.1	2.1	4.1	16.8	25.8	22.4	23.5	12.3	4.8	0.9	1.1	118.1	1956—1972
察尔汗	0.1	0.1	0	0.4	2.3	6.2	7.7	3.4	2.5	0.6	0.1	0.1	23.4	1960—1980
冷湖	0.5	0.1	0.2	0.2	1.4	4.7	5.3	4.8	0.2	0	0.1	0.1	17.6	1957—1980
大柴旦	2.1	1.7	1.6	1.2	10.7	19.6	19.5	15.8	7.2	1.2	0.8	0.6	82.0	1957—1980
香日德	3.0	5.2	4.7	5.0	20.6	34.0	34.4	26.5	17.6	7.1	3.0	2.0	193.0	1958—1980

综上所述，盆地降水已无多大农业意义，种植业则全赖灌溉。干旱地区在有灌溉条件下这种少雨干燥反可看成农业上有利气候条件，小麦群体内株间湿度小，加上光照强，减少叶面气孔阻力增加 CO_2 吸收利于碳水化合物的合成。盆地灌区小麦生育期间降水仅30~130mm，年蒸发量达2500~3000mm，蒸发强则植株输送养分动力大，利于养料吸收物质运输和增多积累。又不利于各种病原菌和病虫害的发生蔓延，增强茎秆弹性。后期还利于灌浆和增加粒重，因此是既能加大群体密度，又能增加千粒重的气候条件之一。在沙漠绿洲的农业上水源充足是夺取高产的根本原因。

第二章　柴达木盆地小麦丰产栽培主要技术环节

第一节　春小麦生长发育和产量形成的特点

一、柴达木盆地春小麦生长发育特点

（一）生育进程特点

柴达木盆地春小麦的生育进程可简括为"两头长，中间短"。前期（出苗—拔节期）生长发育慢，历时长，为 38～49d，占全生育期的 29%～36.3%；中期（拔节—抽穗期）生长发育明显加快，历时较短，为 23～26d，占全生育期的 17.6%～19.1%；后期（抽穗—成熟期）因叶功能持续时间较久而历时最长，达 61～70d，占全生育期的 45.2%～53.4%；而全生育期（出苗—成熟期）历时 130～135d，为全国生育期最长的春小麦之一。

（二）分蘖成穗特点

亩产 300～400kg 的丰产小麦，在基本苗 35 万/亩左右的情况下，分蘖始于 5 月 10—15 日，5 月 18—23 日达分蘖期，6 月 4—12 日达分蘖峰期，从始蘖到终蘖历时 20～30d。其间有效分蘖期很短，只有 5 月 17 日前产生的分蘖才能大部成穗。不能成穗的分蘖消亡过程很长，要经历 40 多 d 直到开花期或更晚一些时候，群体茎数才稳定至成穗数。

不同品种的分蘖及其成穗数有一定差异，大、中穗型品种一般能每亩产生 15 万～25 万分蘖，分蘖成穗数仅 2 万～3 万，成穗率 13% 左右，分蘖穗占总穗数的 6% 或更少；小穗型品种能每亩产生 25 万～35 万分蘖，分蘖成穗 10 万左右，成穗率 33%～40%，分蘖穗占总穗数的 20% 左右。

（三）幼穗发育特点

柴达木盆地春小麦幼穗发育开始早，时间长，前期快，后期慢。在 4 月下旬出苗的情况下，5 月上旬（主茎 2.1～2.4 叶期）幼穗已开始伸长；5 月中旬（分蘖期）进入单棱、二棱期；5 月下旬（分蘖中、后期）为护颖形成期和小花分化期；6 月上旬（拔节期）为雌雄蕊分化期；6 月中旬（拔节中、后期）

为药隔期；6月下旬（孕穗期）进入四分体期。整个穗分化时间为48～56d，其中前期（伸长期—护颖分化前）为11～15d，占全分化期的22%～31%；后期（护颖分化—四分体期）为33～41d，占69%～78%。这些幼穗发育特点，虽有利于小穗粒数的形成，但不利于小穗数的形成。

（四）籽粒灌浆特点

灌浆期气温由高而低变化。气温偏低，小麦灌浆时间长，进程慢，灌浆强度较平稳，千粒干重日增重1g的持续时间长，故粒重积累量大。

籽粒形成期在7月中、下旬，一般历时15d，大粒型品种可达22d。千粒干重平均日增长量：中粒型为0.4～0.5g，大粒型为0.4～0.7g；共增重为5～8g和6～15g，分别占总干重的11%～17%和9%～24%。灌浆期在7月下旬至8月下旬，历时30d左右。千粒干重日增长量：中粒型为1.1～1.2g，大粒型为1.5～1.6g；共增重为29～37g和42～47g，分别占总干重的69%～79%和68%～78%。成熟期在8月底至9月上旬，历时10～12d。千粒干重平均日增0.2～0.8g，共增2～8g，占总干重的4%～17%。自开花—成熟期，共历时55（中粒型）～62d（大粒型）。千粒干重积累总量：中粒型为40～43g，大粒型达60g左右。

二、产量形成特点

（一）产量构成因素特点

单位面积穗数多，每穗平均粒数多、粒重大、单位面积产量即高。柴达木盆地独特的气候条件对于形成大穗大粒和增加单位面积穗数都极为有利。表3-7对柴达木盆地与平原地区小麦产量结构特征作了对比，柴达木盆地小麦产量结构最主要的特点是地上部分干物质产量高，经济系数也不低，因而籽粒产量明显高于平原地区。从小麦产量结构的对比资料中看出，穗大粒多和籽粒饱满是柴达木盆地春小麦高产的一个显著特征，在不同产量水平下，无论是每穗平均粒数和千粒重都要高于平原地区。单位面积穗数是构成小麦产量的基础，从表可以看出，在柴达木盆地，由于播量较大，亩播量可达30kg/亩，成穗数主要依靠主茎成穗，因此较大的播量促使穗数均明显高于平原地区。从柴达木盆地的气候条件分析，气温偏低、降雨量少、空气湿度小、日照充足、太阳辐射强、昼夜温差大、中后期无大风暴雨、病虫发生轻等特点，对于高产栽培中的肥水促进与控制均甚有利，因而通过提高密度，增加穗数，发挥密植增产作用的条件和潜力优于我国其他各麦区。

表 3 – 7　柴达木盆地与平原地区小麦田产量结构比较（喻朝庆，1998）

地区	种植地点	品　种	成穗数（10hm²）	穗粒数（粒）	千粒重（g）	籽粒产量（t/hm²）	地上部分生物量（t/hm²）	经济系数	备注
柴达木盆地	香日德	高原338	774	36	56	15.2	28.7	0.53	1978 年
		高原338	687	36	56	13.6	28.4	0.48	1977 年
		高原338	708	36	53	13.0	27.1	0.48	1977 年
华北平原	山东禹城	鲁麦8号	496	27	52	7.1	17.9	0.40	1992 年平作
		鲁麦8号	476	29	51	6.9	16.5	0.42	1992 年套作
	河北石家庄	冀麦系列	640	31	35	7.6	20.5	0.37	

（二）产量形成的群体结构因素及特点

柴达木盆地太阳辐射强，光合有效辐射（PAR）及有利于光合作用的蓝紫光和黄橙光波段的光量子通量密度比平原地区高，而且小麦的群体结构有利于光能的利用。柴达木盆地小麦叶片直立性好，利于叶片上下均匀受光，从而使群体能容纳更大的叶面积指数（LAI）。前人对柴达木盆地小麦品种作了测量，得出柴达木盆地小麦叶仰角分布集中在 60°～90°，平均叶仰角为 53°～60°，而平原地区小麦叶仰角分布集中在在 40°～70°，平均叶仰角仅为 45°～49°，这就说明柴达木盆地小麦叶片确实有较好的直立性，使得小麦最大 LAI 为平原的 1.3～1.6 倍，较大的 LAI 对提高全生育期叶面积指数（LAD）、提高光合效率、增加干物质积累、进而提高产量有重要意义。

（三）产量形成过程中的温度特点

柴达木盆地年均气温大都低于同纬度地区 5℃以上，小麦生育期的长短主要受温度影响，温度低，则成熟晚。另外，柴达木盆地小麦全生育期需要 0℃以上积温为 2 045～2 570℃，比中国北方冬小麦所需积温 1 900～2 300℃略高，导致高原小麦生育期延长。柴达木盆地春小麦出苗至收获的时间一般都在140d 以上，而平原地区为 90d 左右，柴达木盆地是平原的 1.5 倍以上；柴达木盆地小麦的生长季特别长，有条件种植生育期特长的晚熟品种，生育期长不仅使得全生育小麦群体对太阳辐射的截获时间、光合作用时间延长，而且使得小麦叶片的持绿时间延长、LAD 增大，能充分利用和发挥晚熟品种所具有的大穗大粒的丰产性状。

（四）产量形成过程中的灌浆特点

小麦每穗粒的多少主要取决于分蘖前后至拔节孕穗阶段幼穗分化的程度。粒重的大小主要取决于抽穗至成熟阶段物质积累水平。柴达木盆地小麦生育期较长，主要表现在分蘖至拔节和抽穗至成熟两个生育阶段。小麦灌浆至成熟阶段是决定粒重和籽粒品质的关键时期。小麦籽粒干物质的 2/3 是依靠抽穗后叶片的光合作用积累，小麦生长后期保持叶片、根系旺盛的生理功能是达到粒多粒重的重要条件。柴达木盆地小麦灌浆成熟阶段正处于雨季的 6—9 月，日均温在 15~20℃，这个温度既能满足灌浆过程的需要，又可防止茎叶和根系的过早衰亡，延长了植株的寿命和灌浆时间。柴达木盆地抽穗至成熟均经历 55~65d，比平原地区长 20~30d，柴达木盆地雨季多夜雨，夜雨率达 40%~60%，白天日照充足，太阳辐射强、昼夜温差大，利于养分积累，降雨和灌溉满足了小麦对水分的需要。后期生长健壮，生理机能旺盛，因而能保持较高的灌浆强度，促使小麦粒多粒饱，千粒重高，柴达木盆地小麦千粒重可达 50~60g 以上。

第二节　选用品种

一、柴达木盆地绿洲小麦种质资源

（一）地方品种资源

柴达木盆地种植的小麦品种（系）共有 40 多个。20 世纪 50 年代初，种植的小麦品种主要有甘肃 96 和南大 2419，60 年代初到 70 年代，种植的小麦品种主要有阿勃、晋 2148、青春 5 号、高原 506、香农 3 号、孕海 1 号、70-84、73-3、74-4 等；70 年代后期到 80 年代末，种植的小麦品种主要有高原 338、高原 602、青春 533、辐射阿勃 1 号、青农 524、瀚海 304、新哲 9 号、柴春 018、柴春 044、柴春 236、墨波、墨卡等，种植面积较大的品种有高原 338、瀚海 304、新哲 9 号、柴春 018、柴春 044 和柴春 236；80 年代后期到 90 年代末期，种植的小麦品种主要有绿叶熟、宁春 39 号、青春 415、柴春 901、青春 891、青春 570、青春 587、高原 412、高原 932、高原 584 和高原 448 等，种植面积较大的品种有宁春 39 号、柴春 901、青春 570、584 和高原 448，其中高原 448 是一个稳产性的品种，到目前为止，仍在柴达木盆地的小麦种植区域有一定的种植面积。21 世纪初到现在，种植的小麦品种主要有墨引 1 号、墨引 2 号、高原 115、宁春 26 号、甘春 20、互麦 14 号、青春 37、青春 38、高原 437、青麦 1 号等，种植面积较大的品种为高原 437 和青麦 1 号，青春 38 作为搭配品种在盆地南缘常年有一定的种植面积。

（二）遗传多样性

1. 农艺性状演化

前人为了解青海省小麦品种农艺性状在遗传改良中的演变及其多样性变化趋势，对 1957 年以来审定的小麦品种的主要农艺性状进行了考察。总体而言，青海省的小麦株高偏高，超过 100cm 的品种占有较大比例，其次千粒重较大，超过 45g 的品种占有较大比例，千粒重最高品种达到 56.23g。

青海省 20 世纪 80 年代审定的小麦的株高较之前有所下降，而此后一直呈上升趋势；80 年代小麦的穗粒数最大，此后则持续减少；每穗小穗数和每穗有效小穗数自 1957 年起一直表现上升趋势。青海省小麦品种的千粒重平均为 45.91g，20 世纪 90 年代的千粒重最大为 46.95g，2000 年以后略有下降，平均为 45.98g，呈先升高后降低的趋势；穗长和穗粒重的变化趋势与千粒重一样，20 世纪 90 年代达到最大；穗叶距和穗下节间长整体呈下降趋势；单株有效分蘖在整个时期变化趋势不明显。整体上看，穗部性状及千粒重先上升后下降，株高则先下降后上升。

2. 遗传多样性分析

青海省审定品种的农艺性状多样性指数差异较小，其中有效分蘖的多样性指数最低。每穗小穗数、每穗有效小穗数、穗粒数、穗粒重、千粒重和穗叶距等农艺性状的多样性指数呈上升趋势，而株高、穗长、单株有效分蘖、穗下节长的多样性指数自 20 世纪 50 年代至 90 年代呈上升趋势，90 年代以后多样性指数有不同程度的降低。自 20 世纪 50 年代开始，品种的多样性指数呈现出逐步上升的趋势，20 世纪 50—80 年代末品种多样性指数相对较低，90 年代品种多样性指数有大幅度提高，但 2000 年至今，品种多样性指数尽管有所上升但幅度不大。

株高是小麦最重要的农艺性状之一，与群体大小、生物学产量、经济产量和抗倒伏性有直接关系。茎秆过高，植株抗倒伏能力差，容易造成小麦减产，在很多生态区降低株高已成为小麦育种的一个重要指标。因此，很多省份小麦品种的株高随品种育成年份的延后呈降低趋势，例如河南省近二十年育成的半冬性小麦品种的株高平均每年降 0.19cm；河北省的小麦株高从 127.80cm 下降至 53.13cm。青海省小麦品种的株高从 20 世纪 80 年代至今一直表现上升趋势，可能是因为该区域生态环境特殊，干旱少雨，小麦不易倒伏，同时抗旱性也要求株高要高于常规品种，因此青海省小麦品种的株高变化趋势与其他地区有所差异。

对所有品种进行聚类，分为三个类群，这三个类群分别与青海小麦种植区的生态条件相对应。青海东部小麦种植区分为三种类型区，即：川水地区，位于湟水、黄河两个河谷的谷底，海拔 1 700～2 300 m，年平均气温 5.7～

8.6℃，作物生长季≥0℃积温 2 434～3 401℃，年降水量 254.2～361.5mm，有灌溉条件；低位山旱地，位于湟水、黄河河谷两岸的丘陵区，海拔 2 000～2 500m，作物生长季≥0℃积温 2 150～2 450℃，年降水量 250～400mm；中位山旱地，也位于湟水、黄河河谷两岸的丘陵区，海拔在 2 400～2 700m，年平均气温3℃以上，作物生长季≥0℃以上积温 1 724～2 400℃，年降水量400mm以上。青海西部柴达木绿洲农业区种植的小麦品种类型与东部川水地区相似。青海审定品种的第一类群多为植株高、穗下节间长、分蘖少、穗粒数多的品种，适宜在降水较多的中位山旱地种植，也可在降水相对较多的低位山旱地种植；第二类群为植株较低、分蘖多、千粒重高的重穗型品种，需肥水多，适宜在有灌溉条件的川水地种植；第三类群只有一个品种，该品种植株最高，根系发达，抗旱性较强，可在降水较少的低位山旱地种植。

3. 农艺性状演变趋势及育种演化

通过对主要农艺性状的主成分分析，客观评价了青海高原春小麦的现状和育种演化进程。根据育成或引进年份，将所有品种分为 1980 年以前、1981—1990 年、1991—2000 年、2001 年以后 4 个年份阶段的主栽品种。所有品种的生育期随年份变化不大，说明青海省春小麦一直以来都是以中熟品种为主。第一阶段各品种主要农艺性状没有一定的规律，没有明显较高的主成分值，说明该阶段是青海省春小麦育种的起步阶段，没有成型的育种模式或思路；第二阶段各品种的第二主成分值较大（穗密度平均值最高），说明这一阶段育种以密穗为主要目标；但过多的追求穗密度会使产量下降，这使得育种家们改变了育种策略，开始注重各性状间的协调发展；在第三阶段就出现了较多第一主成分值高的品种（生育期、穗长、千粒重、穗粒重的平均值都最高）；但到了第四阶段，育种家的目标又向品质育种靠拢，使得第一主成分值有所回落（生育期、穗长、千粒重、穗粒重的平均值都比第三阶段小）。4 个阶段中，高产类品种的比例不断上升，密穗类品种的品种比例不断下降（第一阶段，高产品种占33.3%，密穗品种占66.7%；第二阶段，高产品种占38.5%，密穗品种占61.5%；第三阶段，高产品种占52.0%，密穗品种占48.0%；第四阶段，高产类品种占52.9%，密穗品种占47.1%），这说明青海省的春小麦育种由密穗型向高产型逐步演化，且在第三阶段达到了最高峰，到第四阶段进入了品质育种期。结合所有春小麦品种的育成或引进年份可以看出，1980 年以前，春小麦主栽品种各性状没有突出的表现，育种处于起步阶段。1980 年以后，进入了密穗育种阶段。但盲目地追求穗密度并没有带来高产，因为过多地追求穗密度反而会使产量下降，这使得育种家们改变了育种策略，开始注重品种各性状间的协调发展，以达到高产。在 1990 年以后，就出现了一批高产品种。

2001 年以后，随着人民生活水平的提高，育种目标又向品质育种靠拢。总体看来，青海省春小麦育种经历了起步、密穗育种、高产育种和品质育种四个阶段，使品种逐步由密穗型向高产型演化，再由高产型向优质型演化。其中，1994 年育成高产春小麦品种 5 个，是高产育种的顶峰时期。

（三）产量构成因素及特点

截至目前，世界小麦高产纪录就产生于青海柴达木灌区，曾达到了 1 013.05kg/亩，而在该地区春小麦最大光温生产潜力可达 1 507kg/亩，具有进一步赶超最高单产纪录的潜力。鉴于以上原因，笔者所在课题组于 2011—2013 年，在青海柴达木灌区定点开展了春小麦高产创建研究，大面积高产田连续 3 年实测产量达 800kg/亩以上，其中最高产量达到了 876.03kg/亩，但通过实践证明，在当前栽培技术和模式下，当产量达到 830kg/亩时，实现产量进一步突破的难度越来越大，且高产在不同年际间重演性差。高产群体的产量挖潜需要精确的调控措施实现物质生产与产量构成间的高效协调，作物产量形成的定量化是明确调控途径的重要前提。在总结"产量构成理论""光合性能理论"和"源库理论"三大产量分析理论内在联系和优缺点的基础上，提出了产量分析的"三合结构"模式，并建立了定量表达式，可以全面掌握群体参数变化与产量形成的定量关系。根据以上理论，为了明确青海柴达木灌区春小麦高产（830kg/亩以上）群体产量提高的限制因子、栽培调控的主攻方向和高产群体特征的定量化，用产量构成和产量性能定量化分析相结合的方法，在对 2011—2013 年青海柴达木灌区大面积高产创建田群体的产量结构系统分析的基础上，研究了不同播量（密度）试验，对超高产春小麦产量形成进行定量化分析。

将 2011—2013 年 3 年的 18 个点次高产（830kg/亩）群体产量构成以穗数 40 万/亩为极差分级（表 3 – 8）。统计结果表明，在 35 万 ~ 50 万/亩范围内，产量构成因素通过相互协调，都能实现 830kg/亩以上的产量，其中，亩穗数大于 45 万的点次产量达到了 870kg/亩，占高产点次总数的 44.4%。从产量构成因素的关系来看，随着穗数的增加，产量总体呈增加趋势，但穗粒数、千粒重都呈降低趋势。

表 3 – 8 高产群体不同密度下的产量结构（姚有华，2016）

基本苗（万）	点数	亩穗数（万）	穗粒数（粒）	千粒重（g）	产量（kg）
35.0 ~ 40.4	3	38.1 ± 2.3	40.3 ± 2.1	48.9 ± 2.4	838.1 ± 5.6
40.5 ~ 45.2	7	42.9 ± 2.4	38.6 ± 3.3	45.5 ± 1.9	846.0 ± 3.2

（续表）

基本苗 （万）	点数	亩穗数 （万）	穗粒数 （粒）	千粒重 （g）	产量 （kg）
45.3~49.9	8	47.1±1.8	39.7±3.8	44.3±3.7	876.0±5.1
总和或平均	18	47.0±4.8	39.8±3.1	47.6±2.7	853.4±4.63

通过对 18 个点次数据统计结果（图 3 - 1）表明，亩产 830kg 以上产量结构为穗数（平均值 ± 标准差）为（48.9 ± 3.6）万/亩，穗粒数为（39.4 ± 2.3）粒，千粒重为（46.3 ± 3.6）g。按 95% 的置信度计算产量构成因素的分布，实现亩产 830kg 以上的理想产量结构为：穗数 47.1 万 ~ 50.7 万，穗粒数 38.2 ~ 40.5 粒，千粒重 44.4 ~ 48.2g。

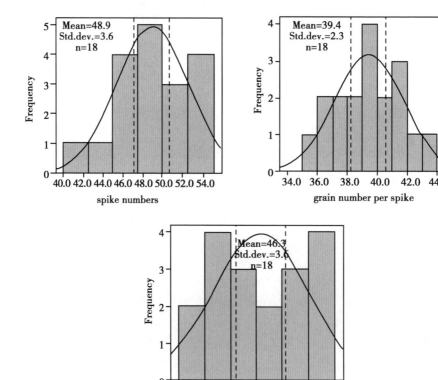

图 3 - 1　产量构成因素的众数分布（姚有华，2016）

为了进一步了解产量构成因素之间的相互关系，进行了产量构成因素间的通径分析，由表 3–9 可见，在 3 个产量构成因素对产量的直接影响中，穗数对产量的直接作用最大，千粒重次之，穗粒数的直接作用最小；通过分析各个间接通径系数发现，穗数通过粒重对产量的间接作用较大。因此，穗数和粒重对产量的增加具有重要作用。这说明在柴达木灌区小麦高产主要取决于穗数和粒重，在该地区提高产量主要有两条途径：一是相应增加种植密度以提高收获穗数，二是通过田间水肥管理水平提高粒重。

表 3–9 高产群体产量性状通径分析表（姚有华，2016）

产量因素	与产量的相关系数	直接通径系数	间接通径系数			
			亩穗数	穗粒数	千粒重	合计
亩穗数	0.894	0.743	—	−0.024	0.169	0.145
穗粒数	0.045	0.189	−0.093	—	−0.042	−0.135
千粒重	0.478	0.202	0.231	−0.018	—	0.213

为明确高产群体源库各因素变化与产量形成的关系，确定高产（830kg/亩以上）原因和产量挖掘的主攻方向，运用"三合结构"定量表达式，对品种不同播量（密度）群体进行参数定量化（表 3–10）。由表 3–10 可见，群体密度增加过程中，"三合结构"定量表达式各参数呈规律性变化，籽粒产量随群体规模的增大而提高。光合性能参数 MLAI（平均叶面积指数）逐渐增加，MNAR（平均净同化率）和 HI（收获指数）则相应减小；产量构成参数 EN（穗数）逐步提高，GN（穗粒数）和 GW（千粒重）相应降低。即群体增大过程中，群体的源库性能同步提高，而个体产量性能逐渐下降，具体表现为，MLAI（平均叶面积指数）逐步增多，MCGR（平均生长率）逐步增多，TGN（单位面积总籽粒数）逐步增多，籽粒产量逐步增多；同时，MNAR（平均净同化率）逐步下降，HI（收获指数）逐步下降，GN（穗粒数）逐步下降，GW（千粒重）逐步下降。可见，品种"高原 338"群体增大时，产量增加主要是作物生长率（MCGR）和单位面积总粒数（TGN）增加的结果。这就说明，品种"高原 338"在密度增大过程中，保持了较高的个体生产性能，随着密度增大，GW（千粒重）和 HI（收获指数）明显降低；说明该品种应维持适宜密度，控制营养生长并加强花粒期管理，减少生长冗余，保证库容和粒重潜力是其产量提高的重要途径。

对表 3–10 不同播量群体下的"三合结构"定量表达式参数进行相关分析表明，各个因素间存在较大的相关关系（表 3–11）。其中，Y（产量）与 MNAR、EN（穗数）、MCGR（平均生长率）、TGN（单位面积总籽粒数）和千粒重显著正相关，与 MLAI（平均叶面积指数）极显著正相关；MCGR（平均生长率）是 MLAI（平均叶面积指数）和 MNAR（平均净同化率）的乘积，MCGR（平均生长率）与 MNAR（平均净同化率）的相关性大于其与 MLAI（平均叶面积指数）的相关性，表明 MCGR（平均生长率）提高主要归因于 MNAR（平均净同化率）的提高；MLAI（平均叶面积指数）与 EN（穗数）呈极显著正相关，说明，高产（830kg/亩以上）小麦产量提高实质上是 MCGR（平均生长率）的提高促使单位面积上 TGN（单位面积总粒数）增加的结果，而 MCGR（平均生长率）提高主要归因于 EN（穗数）增加后 MLAI（平均叶面积指数）显著增加。EN（穗数）与 MNAR（平均净同化率）呈显著负相关，说明密度增大后，对群体功能的抑制作用大于对个体性能的影响，是阻碍产量突破的重要原因。另外，千粒重与 MNAR（平均净同化率）呈极显著正相关，群体光合生产性能通过影响千粒重间接影响产量，所以群体光合性能的提高不容忽视，通过优化群体结构，稳定提高群体光合生产性能是产量进一步提高的重要途径。

表 3-10　不同播量高产群体"三合结构"参数（姚有华，2016）

| 播种量（kg） | 光合性能参数 | | | | 产量构成参数 | | | 二级参数 | | 产量（kg/亩） |
	平均叶面积指数 MLAI	生育期天数 D（d）	平均净同化率 MNAR（g·m^{-2}·d^{-1}）	收获指数 HI	穗数 EN	穗粒数 GN	千粒重（g）	平均生长率 MCGR（g·m^{-2}·d^{-1}）	单位面积总籽粒数 TGN（grain·m^{-2}）	
26	3.53	136	4.41	0.39	42.1	39.6	48.9	11.6	2 306.8	835.4
28	3.79	136	3.76	0.38	43.8	35.8	47.1	14.3	2 351.9	846.5
≥30	4.41	136	2.64	0.36	45.1	34.1	44.3	15.6	2 500.6	876.0
平均	3.91	136	3.60	0.38	43.7	36.5	46.8	13.8	2 386.4	852.6

表 3-11　高产群体"三合结构"定量表达式参数间相关系数（姚有华，2016）

	平均叶面积指数 MLAI	平均净同化率 MNAR	收获指数 HI	穗数 EN	穗粒数 GN	千粒重 1 000-GW	平均生长率 MCGR	单位面积总籽粒数 TGN
平均净同化率 MNAR	-0.997 * 0.025							
收获指数 HI	0.886 0.153	-0.846 0.179						
穗数 EN	0.953 ** 0.098	-0.974 * 0.073	0.703 0.252					
穗粒数 GN	-0.901 0.034	0.933 0.117	-0.597 0.296	-0.990 * 0.045				
千粒重 1 000-GW	-0.994 * 0.034	1.000 ** 0.009	-0.832 0.187	-0.980 0.064	0.942 0.109			

（续表）

	平均叶面积指数 MLAI	平均净同化率 MNAR	收获指数 HI	穗数 EN	穗粒数 GN	千粒重 1 000-GW	平均生长率 MCGR	单位面积总籽粒数 TGN
平均生长率 MCGR	−0.999*	0.999*	−0.187	−0.962	0.915	0.997*		
	0.010	0.015	0.164	0.088	0.133	0.024		
单位面积总籽粒数 TGN	−0.862	0.900	−0.529	−0.975	0.997*	0.911	0.878*	
	0.169	0.144	0.322	0.071	0.026	0.135	0.159	
产量 Yield	1.000**	0.995*	0.897	0.945*	−0.890	0.991*	0.998*	0.850*
	0.008	0.033	0.146	0.106	0.151	0.042	0.018	0.177

目前，实现小麦高产的主要措施是增密，但增加密度后，由于穗粒数和千粒重降低导致的单穗粒重降低限制了产量潜力的发挥。分析其原因：第一，增密后，群体开花授粉不良或营养分配不均衡导致籽粒败育，进而穗粒数降低；第二，增密后群体内受光条件变差，籽粒形成期库容潜力受限或叶片光合速率降幅大，后期叶片早衰影响灌浆，导致千粒重降低；第三，在高密度下后期倒伏严重。这些问题归结起来就是品种的耐密性问题。从目前国内小麦高产田的对比分析也给出重要启示。当前，青海柴达木灌区高产田的种植密度与其他地方相比还有差距，缺乏耐密性强的品种是一个重要原因，这也成为进一步高产挖潜的主要障碍。从青海柴达木灌区高产创建的结果看，品种"高原338"虽适合密植，但过于密植就会发生倒伏，进而影响产量，可见，要实现产量的进一步突破，必须适当密植。

关于作物群体大小与产量关系，前人做了大量研究，其基本认识是，各种株型群体能否有一个最适的叶面积指数是建立合理冠层、构建高产群体的关键；高产群体对光能的高效利用是一个动态过程，高产群体的合理冠层结构，是在追求较高的叶面积指数且使之尽早达到最佳状态、减少前期光能漏射损失的同时，保证叶片维持较长的光合有效期。由此可见，用全生育期平均叶面积指数（MLAI）作为合理叶面积指数的衡量指标应更为合理。而张宾等提出的基于"三合结构"的产量性能方程则为 MLAI 的测量与定量化计算提供了科学、准确的计算方法。青海柴达木灌区高产（830kg/亩以上）群体平均叶面积指数（MLAI）值为 3.91。并提出了产量在 830kg/亩以上群体的较为全面的衡量指标体系，其衡量指标可确定为：LAImax 在 4.41 以上，MLAI 在 3.91 左右，收获期 LAI 在 2.5 以上。以此为基础，再针对品种的特征进行产量性能分析，以进一步确定产量挖潜的主攻方向。

通过近几年高产创建实践证明，青海柴达木灌区小麦产量突破 830kg/亩后，进一步提高的难度越来越大，问题的关键是对增产限制因子和突破途径认识不足。作物产量形成的过程实际上是源库物质协调的过程，密植条件下实现源库平衡是作物高产的关键。但不同产量水平下，群体的源库特征存在明显差异。产量在830kg/亩以上的群体，虽然依靠增加密度总体上扩大了库容量，但个体库容减小导致的单株生产能力的显著降低抑制产量的进一步提高，所以群体库又成为产量进一步提高的限制因素。在种植密度增加过程中，干物质增加是 MLAI、MNAR 共同作用的结果，但由于物质转化效率降低，HI 降低，引起产量构成因素中 GN、GW 下降，致使籽粒库容降低，导致产量增加缓慢或负增长。高产（830kg/亩以上）群体产量的实现是群体结构与个体功能协调的过程，依靠增加群体数量的结构性挖潜与依靠改善个体生理功能的功能性挖潜是实现产量挖潜的两条途径。

因此，在青海柴达木灌区，决定高产群体产量的主要因素为穗数和千粒重，能稳定实现产量在830kg/亩以上的合理群体产量结构为穗数47.1万~50.7万，穗粒数38.2~40.5粒，千粒重44.4~48.2g。随着播种量的增加，产量因平均作物生长率和单位面积总籽粒数的增加均有不同程度的提高，但增密后平均净同化率降低导致穗粒数和千粒重显著降低，从而限制了单位面积总籽粒数的提高，进而限制了产量的突破。通过增密为主的挖潜途径，使得群体大从而提高了产量，但限制了个体生产性能，因此，在合理群体结构构建的基础上，通过提高个体（平均净同化率、穗粒数和千粒重等）生产能力，实现群体结构和个体生产性能协同提高的产量挖潜模式、是实现产量进一步提高的重要途径。

（四）野生近缘种

1. 柴达木盆地小麦近缘野生种的种类和分布

青藏高原小麦近缘野生物种具有种质价值和生态价值多重性，青藏高原小麦近缘野生物种不仅是麦类栽培作物优异基因的重要来源和潜在供体，同时也是高寒、干旱草原野生优良牧草资源和生态草种资源的潜在供体。小麦野生近缘植物隶属禾本科（Gramineae）、小麦族（Triticeae），是小麦族内小麦属（Triticum）以外野生物种的总称，而小麦族是指每穗轴节上有一个小穗的属，全球大约有 325 个分类单元（种、亚种和变种），青海柴达木盆地小麦近缘野生种的种类有 6 个属，25 个种，3 个变种，分布在柴达木盆地南缘和北缘海拔2 500~5 000m 的不同区域（表3-12）。

表3-12　青海柴达木盆地小麦近缘野生种的种类和分布情况（马晓岗，2003）

属　　名	种　　名	分　　布
鹅草属 *Roegneria c. koch* 共 5 个种	1. 芒颖鹅冠草 *Roegneria aristiglumis*	都兰 海拔 3 400~3 500m
	2. 垂穗鹅冠草 *Roegneria nutans*	德令哈、都兰 海拔 2 800~4 400m

（续表）

属　名	种　名	分　布
鹅草属 *Roegneria c. koch* 共 5 个种	3. 高山鹅冠草 *Roegneria tschimganica*	都兰 海拔 3 300～4 500m
	4. 高株鹅冠草 *Roegneria altissima*	都兰 海拔 3 700m
	5. 多变鹅冠草 *Roegneria varia*	乌兰 海拔 2 900～3 300m
冰草属 *J. Gaertn* *Agropyron* 仅有 1 个种 3 个变种	冰草 *Agropyron cristatum*（含变种冰草、光穗冰草、毛沙生冰草）	格尔木、德令哈、都兰、乌兰 海拔 2 800～4 500m
以礼草属 Kengyilia 有 3 种	1. 黑药以礼草 *Kengyilia melanther*	德令哈、都兰 海拔 2 700～4 500m
	2. 梭罗草 *Kengyilia thoroldiana*	格尔木，海拔 3 700～5 000m
	3. 糙毛以礼草 *Kengyilia hirsute*	乌兰，海拔 2 900～3 300m
赖草属 *Leymus Hochst* 有 7 种	1. 若羌赖草 *Leymus ruoqiangensis*	格尔木、德令哈、茫崖、冷湖 海拔 2 500～3 000m
	2. 弯曲赖草 *Leymus dlesus L.*	格尔木、德令哈、茫崖、冷湖 海拔 2 500～3 000m
	3. 赖草 *Leymus secalinus*	全省各地
	4. 粗穗赖草 *Leymus crassiusculus L.*	大柴旦 海拔 2 500～2 900m
	5. 宽穗赖草 *Leymus ovatus*	都兰 海拔 2 800～3 650m
	6. 毛穗赖草 *Leymus paboanus*	格尔木、德令哈、大柴旦 海拔 2 700～3 100m
	7. 柴达木赖草 *Leymus pseudoracemosus*	都兰 海拔 2 900m
披碱草属 *Elymus* L. 有 5 种	1. 短毛披碱草 *Elymus brachyaristatus A.*	乌兰，海拔 2 700～4 300m
	2. 垂穗披碱草 *Elymus nutans*	全省各地
	3. 老芒麦 *Elymus sibiricus L.*	全省各地
	4. 肥披碱草 *Elymus excelsus*	乌兰 海拔 3 200m
	5. 披碱草 *Elymus dahuricus*	全省各地

（续表）

属　名	种　名	分　布
大麦属 *Hordeum L.* 有 4 种	1. 大麦 *Hordeum Vulgare L.*（含两个亚种：大麦、二棱大麦）	青海各地栽培和东南部地中的半野生杂草
	2. 短芒大麦 *Hordeum brevisubulatum*	德令哈、都兰、茫崖 海拔 2 900 ~ 3 500m
	3. 小药大麦 *Hordeum roshevitzii*	德令哈、乌兰 海拔 2 900 ~ 3 500m
	4. 布顿大麦 *Hordeum bogdanii*	德令哈、都兰 海拔 2 900 ~ 3 000m

2. 小麦近缘野生物种的保护和利用价值

小麦近缘野生植物是优良的牧草植物。小麦近缘野生植物通常分布于海拔3 000m以上的高寒干旱山区，对极端环境有广泛适应性；多年生小麦近缘野生植物中的冰草属、鹅观草属、赖草属、新麦草属、披碱草属、燕麦草属等属内物种，因具有多年生、营养体生长繁茂、粗蛋白质含量高和极强的耐瘠性等特性，而被作为优质牧草在各主要牧区广泛栽培（表3 – 13）。

表3 – 13　小麦族牧草与其他牧草养分含量比较（马晓岗，2000）

种名	粗蛋白（%）	粗纤维（%）	粗脂肪（%）	粗灰分（%）	水分（%）	全磷（%）	全钙（%）	可溶性糖
大颖草	12. 18	37. 02	1. 96	7. 72	71. 75			
梭罗草	19. 68	27. 62	3. 26	9. 53	66. 60			
冰　草	11. 43	39. 31	2. 09	6. 65	67. 30			
大麦草	5. 06	44. 16	1. 32	6. 75		0. 162	0. 209	
黑　麦	23. 00							15. 12
皮燕麦	24. 81							15. 24
微孔草	14. 18	23. .47	1. 74	14. 04	84. 60			
苜蓿	21. 20	33. 00	2. 20	10. 50				

小麦近缘野生植物是重要的固沙草本植物。2001 年，青海省农科院作物所对海晏县濒临青海湖的完全沙化区考察时，发现大颖草、冰草、赖草、鹅观草、披碱草等属内植物共同构成该地区防风固沙的绝对优势种。

小麦近缘野生植物是栽培小麦遗传改良所需外源优异基因的主要供体。在分类学上，之所以将小麦近缘野生植物与栽培小麦、栽培大麦和栽培黑麦归并在同一个族内，是因为在基因组构成上，这些野生种与栽培种之间或多或少地存在部分同源性，也就是说，通过一定的遗传操作，可以相对容易地将野生种中的优异基因转入栽培种中。经过多年的系统研究发现，小麦近缘野生植物中可用于小麦改良的优异基因包括：超高产株型结构基因、大穗多粒基因、抗病和抗逆基因、优良品质基因、黑粒基因、雄性不育和无融合生殖基因。特别需要指出的是，这些基因中的大多数是小麦本身所没有但却又是小麦提高产量和改良品质中所迫切需要的关键性基因。如抗赤霉病、纹枯病、黄矮病等抗病基因，抗蚜虫、麦蝇等抗虫基因，抗旱、抗寒、抗盐的抗逆基因，以及无融合生殖基因等优异基因，仅存在于小麦近缘野生植物中。与其他作物一样，栽培小麦的遗传多样性丢失极为严重，这种遗传多样性的丢失不仅限制了产量的提高和品质的进一步改良，而且使小麦对生物性和非生物性环境胁迫的抵御性减弱、脆弱性增加。小麦近缘野生植物含有丰富的优良基因，是小麦品质改良的巨大基因库。现代生物技术的发展和小麦远缘杂交育种的实践证明，未来小麦品质改良中最有价值的途径之一是外源有益基因的发掘和有效利用。例如小麦抗旱育种在相当长一段时间内已成为育种的主要问题，而发掘和利用新的优异抗旱基因最为紧迫。保护和利用优异种质资源、培育和生产特色品种，从而提高农产品品质、参与国际竞争已是十分迫切和重要的任务。

小麦近缘野生植物可成为草坪用种的潜在供体。小麦近缘野生植物不仅具有极强的抗寒、抗旱性，而且某些物种成株高度常常小于 20cm。因此，美国等一些国家正在试图从梭罗草中筛选可用作优质草坪的居群或材料。

二、品种更新换代和良种简介

（一）品种更新换代

青海省柴达木盆地小麦品种从 1949 年到目前已经历了 6 次品种更新换代，品种每更换一次，产量提高一步。

解放初期，当地种植的是栽培历史悠久的小红麦、大红麦、六月黄等农家品种；20 世纪 50 年代初引进的碧玉麦在灌区很快替代了农家品种，有效地控制住了腥黑穗病的危害，缓和了条锈猖獗流行，完成了青海省小麦品质的第一次更换。

50 年代中期，碧玉麦丧失抗锈性，先后引进、推广了抗病能力较强的甘肃 96 号，南大 2419、欧柔等品种，代替了抗病能力逐渐丧失的碧玉麦，实现了第二次品种更新。60 年代中期引进了阿勃，表现出适应性广，丰产潜力大的特点，在东部农业区的川水地、浅山地和西部柴达木盆地垦区争相种植，一度昌盛，曾占到全省小麦面积的 50% 还多，成为各麦区的主体品种。它使青海小麦的单产和总产均踏上了一个新的台阶，是青海农作物史上的第三次品种更新。70 年代中期，阿勃的丰产性以不能满足不断提高的栽培水平。随着晋麦系品种包括晋 2148，晋 3269、墨波、墨卡等品种的引进，本地选育的青春 5 号、高原 506、香农 3 号、尕海 1 号和 70-84 品种的推广，实现了青海省小麦第四次品种更换。70 年代后期到 80 年代末，培育出了高原 338、青春 26、绿叶熟、高原 602、辐射阿勃 1 号、青农 524、瀚海 304、新哲 9 号、柴春 018、柴春 044、柴春 236 等，代表性品种有高原 338、绿叶熟、高原 602，实现了青海省小麦第五次品种更换。

90 年代以后，青海省春小麦育种水平有了很大提高，先后培育出了一系列适宜高原生态条件和栽培水平的品种，如青春 533、青春 415、柴春 901、青春 891、青春 570、高原 412、高原 932、高原 584 和高原 448 等，丰产性突出。代表性品种为高原 448。2000 年以后相继培育和引进了一些新品种，在柴达木盆地的不同地区进行试种和推广，如高原 115、宁春 26 号、墨引 1 号、墨引 2 号、青春 38、高原 437、青麦 1 号等新品种，代表性品种有高原 437、青麦 1 号和青春 38，平均亩产 450kg 以上，其中高原 437 部分地区大面积平均亩产达到 620kg。形成了柴达木盆地小麦品种的第六次更换。

（二）品种简介

1. 高原 448

选育单位：中国科学院西北高原生物研究所采用有性杂交方法选育而成。

审定时间：1999 年 11 月通过青海省农作物品种审定委员会审定，审定编号为育种合字第 0139 号。

特征特性：春性，中早熟。播种至出苗（20.50 ± 2.32）d，出苗至抽穗（57.67 ± 2.89）d，生育期（115.00 ± 2.89）d，全生育期（135.33 ± 3.17）d。

千粒重（44.66 ± 2.81）g，容重（813.65 ± 17.75）g/L，经济系数 0.43 ± 0.01。籽芽鞘白色，幼苗直立、绿色、无茸毛。叶色深绿，叶耳白色，叶相中间型。株型紧凑，株高（90.47 ± 2.77）cm，单株分蘖数 1.39 ± 0.26，分蘖成穗率（50.00 ± 9.10）%。穗长方形，穗长（9.78 ± 0.44）cm，每穗小穗数 18.60 ± 0.88，每穗粒数 39.90 ± 3.74，穗密度指数 18.1 ± 1.04，属中密度。籽粒卵圆形，红色、饱满、腹沟浅，休眠期中等。

粒半角质，籽粒蛋白质含量 13.15% ~ 14.24%，湿面筋含量 30.16% ~ 32.50%，出粉率 72.00% ~ 78.10%。中国农业科学院作物育种与栽培研究所测定来自青海省农林科学院育种试验站同一试验的样品，高原 448 的面条评分（72.5）高于阿勃（70.0）和青春 533（71.5），高原 448 适宜制作面条和馒头。

在甘肃省和青海省田间观察，高原 448 耐旱、耐寒性较强，抗青干，抗倒伏，落粒性中等，较耐盐碱，对秆锈免疫，对条锈水平抗性好，抗黑穗病，轻感白粉病。中国农业科学院的接种鉴定结果，该品种中抗条锈、白粉病，不抗黄矮病、叶锈病。

适应地区和生产能力：适宜在青海省黄河与湟水流域灌区、柴达木盆地及甘肃省中西部灌区种植。高水肥条件下产量为 550.0 ~ 650.0kg/667m²；一般水肥条件下 450.0 ~ 550.0kg/667m²。青海省柴达木盆地在高水肥条件下产量可达 700.0 ~ 800.0kg/667m²。

栽培技术要点：该品种适宜在中等以上肥力的耕地种植，播种期 3 月 1—20 日，播种量 17.50 ~ 20.00kg/亩，基本苗 30 万 ~ 35 万/亩，总茎数 58 万 ~ 63 万/亩。施有机肥 3 ~ 4m³/亩，纯 N 11.46kg/亩，纯 P 3.60kg/亩，生育期内追施纯 N 8.70kg/亩。青海省东部和甘肃省中部地区全生育期灌溉 2 ~ 3 次，青海省柴达木盆地和甘肃省西部地区灌溉 4 ~ 6 次。

2. 高原 437

选育单位：中国科学院西北高原生物研究所通过有性杂交选育而成。

审定时间：2009 年通过青海省农作物品种审定委员会审定，审定编号为青审麦 2009001。

特征特性：春性，中早熟，生育期 84 ~ 138d。幼苗直立，芽鞘绿色，叶色深绿、无茸毛。株高 86.2 ~ 105.7cm，株型紧凑，叶相中间型，叶耳呈白色。旗叶叶面光滑无毛，有生理性斑点，易与其他品种区别。单株分蘖数 3.41 个，分蘖成穗率 17%，群体结构较好，抗倒伏，落黄好。穗长方形、顶芒、白色，小穗密度中等，穗长 11 ~ 14cm，小穗数 18 ~ 21 个，不孕小穗 2 ~ 3 个，穗粒数 33 ~ 38 粒，籽粒红色，卵圆形，饱满，角质，透明，腹沟浅，冠毛较少。

千粒重 37 ~ 49.2g，容重 756 ~ 764g/L。根据农业部谷物及制品质量监督检验测试中心（哈尔滨）检测，高原 437 含粗蛋白（干基）13.84%，湿面筋 33.5%，沉淀值 49.3ml，吸水率 65.7%，面团形成时间 4.2min，稳定时间 6.1min，软化度 82FU，评价值 55，最大抗延阻力 290EU，延伸性 17.8cm，拉伸面积 72.2cm²。综合上述结果，高原 437 属优质中筋小麦。

高抗条锈病，中抗秆锈病（50MR），慢叶锈病（20S），中感白粉病和黄矮病。耐青干能力强，抗旱性中等。

适应地区和生产能力：高原 437 适应性广，适宜在青海省东部农业区海拔 2 100 ~ 3 000m 的湟水和黄河流域的中高位水地、柴达木盆地绿洲灌区、中位山旱地以及甘肃南部二阴地区、宁夏西海固地区和山西大同、河北坝上、西藏日喀则、山南等海拔较高、生态条件与青海省类似地区的旱地和部分不保证灌水的地区推广种植。高水肥条件下产量为 500.0 ~ 600.0kg/亩；一般水肥条件下

400.0 ~ 450.0kg/亩。柴达木盆地高水肥条件下产量可达 650.0 ~ 750.0kg/亩。

栽培技术要点：3 月中旬至 4 月下旬播种为宜，当日平均气温 1 ~ 3℃、土壤解冻 5 ~ 6cm 时抢墒早播，播种深度 3 ~ 4cm。适播量 15 ~ 20kg/亩，保苗（基本苗）25 万 ~ 35 万/亩。以优质农家肥为主（3 000 ~ 4 000kg/亩），化肥折合纯 N 113kg/亩，P_2O_5 60 ~ 75kg/亩。整个生育期内视长势和土壤墒情调整灌水次数，播种后 15d 内化学除草或中耕除草并注意病虫害防治。麦黄期间去杂保纯，及时收获。

3. 青麦 1 号

选育单位：中国科学院西北高原生物研究所选育而成。

审定时间：2012 年通过青海省农作物品种审定委员会审定，定名为青麦 1 号，审定编号为青审麦 2012001。

特征特性：春性中熟品种，全生育期 127 ~ 139d。幼苗直立，叶绿色、无茸毛；株高 110 ~ 120cm，成株期株型紧凑，叶色浅绿，叶耳白色，旗叶叶面光滑无毛，单株分蘖数 1.7 ~ 2.9 个，分蘖成穗率 11%，群体结构好，抗倒伏，落黄好。穗长方形，顶芒，穗大粒多，穗长 10 ~ 11cm，小穗数 19 ~ 22 个，穗粒数 44 ~ 47 粒，千粒重 42g，经济系数 0.45。颖壳白色、无茸毛，护颖椭圆形。籽粒红色、卵圆形、角质，饱满度好，腹沟浅窄，冠毛较少。

2012 年经中国科学院西北高原生物研究所分析测试中心（中国合格评定国家认可委员会实验室认可单位）检验，该品种容重 765g/L，粗蛋白（干基）含量 13.19%，湿面筋含量 32.08%，属于中筋春小麦。

经青海省农林科学院植物保护研究所鉴定，该品种苗期和成株期对青海省条锈病主要流行生理小种条中 32、条中 33 近免疫、免疫。抗旱性中等。

适应地区和生产能力：该品种适宜在青海省东部农业区川水地区的湟水及黄河流域中、高位水地、中位山旱地和柴达木盆地灌区种植。高水肥条件下产量为 500.0 ~ 600.0kg/亩；一般水肥条件下 400.0 ~ 450.0kg/亩。柴达木盆地高水肥条件下产量可达 650.0 ~ 750.0kg/亩。

栽培技术要点：播种期一般在 3 月上旬至 4 月中旬，当播种地区日平均温度达到 1 ~ 3℃、土壤解冻 5 ~ 6cm 时抢墒早播。播种深度 3 ~ 4cm，播种量 225 ~ 300kg/亩，保苗（基本苗）375 万 ~ 525 万株/亩为宜。小麦生长期间及时灌水，在有灌溉条件地区，灌溉 2 ~ 3 水（柴达木盆地 5 ~ 6 水），施优质农家肥 30×10^3 ~ 45×10^3 kg/亩，纯 N 123 ~ 342kg/亩和 P_2O_5 138 ~ 345kg/亩。田间管理以防草为主，苗期中耕除草 1 ~ 2 次，抽穗后拔高草 1 次。

4. 青春 38

选育单位：青海省农林科学院作物研究所选育而成。

审定时间：2005 年 12 月 10 日通过青海省第七届农作物品种审定委员会审定，定名为青春 38，审定编号为青种合字第 0199 号。

特征特性：幼苗半直立。叶色深绿，叶相中间。株高（89.0±3.01）cm，单株分蘖数（0.53±0.01）个，分蘖成穗率（74.30±7.89）%，穗下节长（41.70±3.91）cm。穗纺锤形、顶芒。穗长（10.60±0.87）cm，每穗小穗数（18.90±1.51）个，穗粒数（46.90±7.23）粒。籽粒椭圆形、红色、角质。品质经农业部谷物及制品质量监督检测中心（哈尔滨）检测，青海西宁地区样品，千粒重 44.30±2.20g，容重 816g/L，粗蛋白质 14.09%，降落数值 305s，湿面筋 29.10%，沉降值 39.2ml，面团稳定时间 4.3min。宁夏自治区隆德县样品，容重 808g/L，粗蛋白质 14.55%，降落数值 338s，湿面筋 32.2%，沉降值 44.6ml，面团稳定时间 4.0min。甘肃省民勤县样品，容重 774g/L，粗蛋白质 15.71%，降落数值 418s，湿面筋 36.4%，沉降值 44.4ml，面团稳定时间 6.0min。

抗条锈，抗倒伏，口紧不易落粒，落黄好。

适应地区和生产能力：青春 38 适宜青海省东部农业区川水地区、柴达木盆地以及周边省份的川水地区种植。较高水肥条件下产量 500～550.0kg/亩，中等水肥条件下产量 400～450.0kg/亩；青海省柴达木盆地在高水肥条件下产量潜力可达 700kg/亩以上。

栽培技术要点：适宜在中等以上肥力的地块种植，结合秋深翻施有机肥 3 000～4 000kg/亩。播前施纯 N 和 P_2O_5 各 7.0～15.0kg/亩，K_2O 1.5kg/亩。灌好苗水、拔节水、全生育期浇水 3～4 次。播种期 3 月上中旬，播种量 16.0～20.0kg/亩，保苗 30.0 万～35.0 万株/亩，总茎数 55.0 万～60.0 万株/亩。生育期间适时防治病虫草害。

三、品种布局

无数次高产实践证明，青藏高原是中国乃至世界农作物高产地区，中国春小麦的高产产区在青藏高原，而青藏高原的高产地区在青海的柴达木盆地。柴达木盆地由于得天独厚的自然生态条件，成为中国农作物著名的高产地区之一。金善宝主编的《中国小麦品种及其系谱》和《中国小麦学》中将柴达木盆地划分在青藏春冬麦区的青海高原副区或环湖盆地副区，指出盆地东南部海拔 2800m 以下的河谷低地和山间盆地是这一副区春小麦种植比例最大、集中连片的地区，也是青海省重要的商品粮产区；陈集贤、程大志等（1987 年）依据青海省自然生态条件将柴达木盆地划分为高海拔和高辐射绿洲生态类型区，由于柴达木盆地农业区主要分布在盆地南沿和北沿，气候条件有一定差异，又具体划分为南部及东南部温凉干燥亚区（简称南部亚区）和北部及东北部冷凉干旱亚区（简称北部亚区）。

（一）盆地南部亚区

本亚区包括香日德农场、诺木洪农场和格尔木农场，都兰县的香日德镇、香加、巴隆、宗家及诺木洪乡、格尔木的大格勒、阿尔屯曲克及乌图美仁。水地面积约 26 万亩，占本类型区水地总面积的 43.5%。该区土壤为棕钙土、灰棕漠土；海拔 2 790～2 900m，年均温 3.4～4.4℃，7、8 月份平均气温 15.1～17.6℃，4—8 月（小麦生育期间）≥0 活动积温 1 836～2 065℃，早霜冻一般在 9 月上中旬小麦进入腊熟期后降临；年降水量 25.2～163.0mm，灌溉水源较充足，水热条件相对较好，适于种植耐肥、丰产、中熟品种。20 世纪六七十年代中期，香日德农场种植的小麦品种阿勃和高原 338，在 0.165hm² 和 0.261hm² 面积上，分别创造了平均单产 11 278.50kg/hm² 和 15 474.0kg/hm² 的高产纪录，高原 338 的高产纪录曾被纪录在世界小麦产量之最。诺木洪农场利用阿勃品种在 0.989hm² 面积上创造了平均单产 10 532.25kg/hm² 的纪录。

（二）盆地北部亚区

本亚区包括盆地东部和北部的查查香卡农场、赛什克农场、德令哈农场、都兰县的察汗乌苏镇和夏日哈、热水乡、乌兰县的茶卡、希里沟、赛什克、德令哈市的戈壁和怀头他拉乡，水地面积约 33.79 万亩，占本类型区水地总面积的 56.5%。该区土壤为棕钙土、灰棕漠土；海拔 2 880～2 980m，年均温 2.5～3.8℃，7、8 月份平均气温 14.6～17.2℃，4—8 月 ≥0℃ 活动积温 1 780～1 900℃，早霜冻在 9 月上旬降临；年降水量 118.1～167.2mm，灌溉水源较不足，水热条件较差，只适于种植早熟、前期发育较慢，后期灌浆速度快，耐旱抗寒的品种。20 世纪 70 年代中期和 90 年代末期，赛什克农场和乌兰县希里沟镇西庄村，分别利用他诺瑞和柴春 901，在 0.272hm² 和 1.052hm² 面积上，分别创造了平均单产 12 631.95kg/hm² 和 12 769.35kg/hm² 的高产纪录。

第三节　整　地

一、土壤深耕

深耕改善土壤理化、微生物性状。耕深的主要作用是改善土壤，疏松土壤和熟化土壤，从而使土壤物理性质得到改善。由于耕层下面的犁地层破除，使耕层加厚，容重变小，孔隙度增大，调节土壤水分和空气的矛盾，既能蓄水保墒，又能使通气性良好。董留卿等（1978 年）调查研究，柴达木盆地德令哈地区耕深 15～25cm，容重由 1.296g/L 降为 1.204g/L，孔隙度由 50.96% 增至 55.155%，田间最大持水量由 33.07% 增至 34.50%。香日德地区深耕 20cm 和 30cm 比较，容重由 1.385g/L 降为 1.297g/L，孔隙度由 48.7% 增至 54.7%，田间最大持水量由 25.8% 增至 29.1%，最高空气通量由 43.42% 增至 48.40%。

耕深可以改善土壤中微生物状况和团粒结构的形成。由于耕深结合施肥，会有助于微生物的繁殖和活动，董留卿等（1978 年）在德令哈地区的测定结果，0～40cm 土层内，深耕 20cm 的每克土壤中微生物总数为 83.7 亿个，而深耕 30cm 的微生物总数增加至 92.8 亿个。微生物生命旺盛活动的结果，影响着团粒结构的形成和腐植质含量，当地土壤胶体贫乏，多为团粒结构，缺乏较大结构单位，尤其水稳性团粒结构很少，但深耕以后有所增加（表 3－14），董留卿等香日德农场的资料，深耕 30cm 比 20cm 的，土壤水分含量增加 2.5%，土壤空气量亦有所增加，尤以耕层下的土层中表现明显。

表 3－14　德令哈农场深耕对土壤水稳性团粒结构的影响（董留卿，1978）

耕深（cm）	>2mm	2～0.5mm	0.5～0.15mm	合计（%）
20	5.238	7.907	2.410	15.615
30	13.490	4.760	1.742	19.992

深耕在不打乱土层避免生土上翻的前提下，必须结合施用有机肥或分层施肥，或增施过磷酸钙，则增产作用更加明显（表 3－15）。

表 3－15　德令哈农场深耕、施肥量与春小麦产量的关系（董留卿，1978）

（单位：kg）

施肥量 （kg/亩）	未耕	耕 15cm	耕 25cm	耕 35cm	耕 45cm
3 750	418.9	354.7	437.8	543.6	422.3
5 000	—	—	476.5	522.4	472.7
10 000	—	—	503.6	541.0	482.2
15 000	—	—	155.87	575.6	669.2

二、柴达木盆地春小麦的整地时间、标准和方式

柴达木盆地整地的时间大都为秋季整地和春季整地，盆地南部亚区的年均气温相对较盆地北部亚区高，灌溉水源较充足，水热条件相对较好，整地的方式南部亚区和北部亚区有所不同。如在南部亚区的香日德农场、诺木洪农场和

格尔木农场，都兰县的香日德镇、香加、巴隆、宗家及诺木洪乡等地，习惯上前茬作物收获后，先不进行秋季翻地，待第二年播种前灌溉，习惯上叫"虚水"，然后进行耕翻、平整土地，耕深 20～25cm，整地的标准为土块小、地面平整，保证苗期及以后的灌水方便、易行。在盆地北部的查查香卡农场、赛什克农场、德令哈农场、都兰县的察汗乌苏镇和夏日哈、热水乡、乌兰县的茶卡、希里沟、赛什克、德令哈市的戈壁和怀头他拉乡等地，前茬作物收获后，深耕晒垡，耕后先不耙糖，熟化土壤，耕深可达 20～25cm，在灌溉条件好的地区耕深可达 25～30cm。在昼消夜冻时进行冬灌，习惯上叫"座水"，冬灌时间掌握在立冬至小雪之间，灌后地表干燥即打糖，碎土保墒，防止水分蒸发。

第四节　播　种

一、精选和处理种子

异地换种是实现柴达木盆地春小麦高产的固有经验，同品种的旱地与水地、暖地与凉地所生产的种子倒换种植后，都可起到一定增产作用。把柴达木盆地的种子拿到青海省东部农业区种植，相同品种比东部农业区所生产的种子千粒重大 5g 左右，增产可达 10%。当年收割后的千粒重尚可维持大 2g 左右，至第二年种植收割后千粒重才趋于一致。因此，年年换种是实现柴达木盆地小麦增产的一个途径。

使用精选机，根据品种籽粒特性，选择适当的过目筛片，进行种子精选，以得到更加干净和饱满的种子，并可提高后期的药剂拌种效果。经验表明，在柴达木盆地选用籽粒较大且饱满的种子，种植后苗壮，可获得高产。有关资料指出：充分饱满的大粒种子容重较大，贮藏的营养物质多，活力旺盛，种植后幼苗较壮，成熟期穗顶部的种子短而细，千粒重低，蛋白质含量少，而穗基部的种子具有较高的蛋白质含量，穗中部的种子的千粒重最高，而且来自穗中部小穗外部的籽粒，产生的植株其产量较高。另外，多胚种子播种后，可使分蘖多，穗粒重高，千粒重大。除了上述机械选种外，水选法是柴达木盆地行之有效的方法，在比较阴湿的河滩地区常有线虫病发生，若在选种用的水中加入适量的食盐或石碱、黏土等，以增大水溶液浓度，不但可有效选出大粒种子，由于柴达木盆地耕地大多为盐碱地，还可有效提高小麦的抗盐性能，但用加盐水选的种子，为避免发芽率受到损失，必须再用清水冲洗后晾干。

晒种和种子干燥是柴达木盆地提高小麦发芽率和使发芽势整齐的有效办法。播前晒种，由于柴达木盆地早春时节温度较低，为晒透种子，种子层应适当摊薄，并随时翻动，夜间堆起加篷布覆盖，白天摊开继续晾晒，一般晾晒2~3d 即可。如香日德农场的香农 3 号，经过筛选晒种后，千粒重为 53.7g，发芽率达到 96%，净度为 99%。在柴达木盆地，小麦成熟期由于气温变低或多雨，成熟不好或后熟作用不能完成，所以晒种措施非常重要。

拌种、种子肥育和浸种也是柴达木盆地实现小麦超高产的重要环节。在小麦的高产栽培中，无论是用肥料（包括微量元素）、激素或药剂抗生菌等进行拌种，都是相当普遍的。目的在于对带病种子消毒，防治土壤中病虫杂草危害，真正达到肥育种子、壮苗、增产目的。在柴达木盆地，用于肥育种子的材料一般为油菜饼肥、动植物油、大粪、豆粕和豆粉等，也有用麦芽粉肥育种子，效果较好，但播种时种子体积加大，要注意保证播种量，同时所用材料皆含有较高的营养物质，虽然小麦要胎里富，但用量过多最易影响发芽率或烧苗，反招致不良效果。浸种和拌种的内容与作用基本一致，有时处理种子的用量少，拌种时不易掌握均匀，而且浸湿后不影响效果，采用浸种的办法易于达到预期效果，但浸种时间不易过长，一般 4~6h 即可。

二、适期播种

在柴达木盆地小麦播种技术中，播种期是最重要的一个环节。群众中有"春天站一站，庄稼出苗慢；春天蹲一蹲，庄稼晚生根"的农谚。早播种、早发苗、早成熟是一般的规律。在柴达木盆地，曾进行过播期试验，小麦要早种，实行顶凌播种后增产效果明显，所以早种已成为适期播种的同义语。春小麦生育期较短，尤其在无霜期较短的柴达木盆地，适期播种可以有效利用土壤水分，易于保证全苗，早扎根、早发苗，还可提早成熟一周左右，避免因自然灾害可能造成的损失。

在柴达木盆地春小麦的适宜播种期多在 3 月中、下旬，期内日平均气温多在 2~4℃，因此确定以 3℃位当地小麦的适宜播期温度指标，同时根据期内耕地作层内地温的变化和冻消情况，以日平均气温稳定在 3℃，为小麦适期播种温度指标，又据 3℃气温历年出现的频率，进一步确定 3 月 1 日至 4 月 5 日为适宜播期，而以 3 月 15—20 日播种期最宜，而且出苗后，由于苗情较壮，不致遭受晚霜（农历 4 月 8 日）低温为害。

香日德农场多年播期试验说明，3 月中、下旬是适宜播期，要求平均气温通过 0℃，午间温度 6~8℃，土层消冻 8~10cm，抓紧时机顶凌抢播，播种质量最好，顶凌早播比土层消冻 15~18cm 时播种的，其千粒重增大 3~5g，增产一成以上；但播种过早，土壤消冻浅或深浅不一致，直接影响播种质量和出苗率，主要是因2月份气温很不正常，忽高忽低，低时可达 –12℃以下，出苗不易或幼芽易受冻害，不容易保全苗；播种过晚，早霜（8月下旬至9月上旬）危害较大，3月20—30日播种，每穗小穗数13～14个，穗粒数29～34粒，迟至4月10—20日播种，平均小穗数少0.85个，穗粒数减少3.1粒；前人研究表明，在香日德地区，若将顶凌播种的产量记为100，则播种过早的产量为78.9～82.4，过晚播种的产量为32.9。在柴达木盆地，要想提早播种，必须进行秋施肥和冬灌，若冬灌地面积大而又不能在时期内播种完成，须在部分地块进行播前保墒作业，如浅耙、细耱，另外，冬水地播后墒情欠佳地段，要进行必要的镇压，提墒保苗。

三、播种方式

在柴达木盆地惯用的小麦播种方法为撒播和机械条播。在高产栽培中，撒播法使种子、植株不致挤集在一条线上，群体间构成理想的株式，对土壤营养物质的吸收和空间光能利用，为可取的方法。但在保证苗匀方面不如条播。常行条播的几种方法有宽幅条播、窄行条播和交叉条播，在播量多、群体大的高产栽培中，产量没有显著差异。如德令哈农场条播行距为7.5和15cm，与同等行距的交叉条播比较，成穗数基本一致；香日德农场窄行条播7～8cm行距，与宽幅条播17～18cm行距比较，宽幅条播的穗粒数和千粒重有所增加，其亩产量相差11.5kg。再从现有亩产7 500kg以上高产田的行距看，一般为7.5、10、12.5、15和20cm，所以，在成穗数多的高产栽培条件下，播种方式并不是一个增产的重要环节。

四、合理密植

小麦种植密度是影响其产量的一个重要因素（表3 – 16）。种植密度实质上指作物群体中每一个体平均占有的营养面积的大小。一般说来，作物群体的单位面积产量在一定范围内随密度的增加而成线性提高，达到一定密度时产量达到最大值，因此，密度再增加，不仅不会使产量增加，反而使产量下降。另一方面，种植密度不同，也影响到群体内透光和通风，进而影响到个体的生长发育。同时，使土壤温度和CO_2浓度等群体内的环境因子发生变化，而这些变化又会影响到土壤有机质的分解和微生物的活动，间接影响产量。小麦单位面积产量取决于单位面积平均穗数、每穗平均粒数和平均粒重。确定合理密度就在于合理地安排麦田中个体与群体间的关系。

适宜的种植密度能充分利用光能和地力，使单位面积内既要有足够的基本苗数、穗数，充分利用好光能与地力，又要使个体能够得到正常的生长和发育从而达到穗大、粒多、粒重和高产优质的目的。所以，确定适宜的种植密度，对提高产量很重要。

柴达木盆地小麦的种植密度范围，早在20世纪50年代末到70年代末，前人做过大量的调查和研究。50年代末期，采用的品种有甘肃96、南大2419、30088（硬粒小麦）等引进品种和地方品种德令哈大白麦等，70年代末，采用的品种有阿勃、青春5号、曹选3号、香农3号、尕农1号、高原506、小偃508、波他姆等。依据各品种的特性和产量潜力，播种量范围在12.5～25.0kg/亩。

表3－16　不同产量指标的种植密度和产量构成因素（董留卿，1978）

产量指标 （kg/亩）	播种量 （kg/亩）	基本苗 （万/亩）	总茎数 （万/亩）	成穗数 （万/亩）	穗粒数 （粒）	千粒重 （g）
700	19.5～27.8	21.7～43.6	70～112	39～42.5	26.8～39.8	41.2～53.0
800	22.5～25.0	40.6～45.6	72～121	41.3～51.5	20～36	43.17～53.5

20世纪90年代末到现在，由于科学技术的不断进步和发展，加之科技工作者的不懈努力，培育和引进了一大批优良的春小麦新品种，对青海省的小麦生产起到了一定的积极作用，实现了建国以来春小麦品种的第六次更新换代。目前，柴达木盆地种植的春小麦新品种，如高原437、青麦1号、青春38和高原448等，播种量范围一般在25.0～30.0kg/亩。

不同密度对产量的影响，早在1959年，金善宝、王恒立在德令哈农场进行了比较细致的测产工作，对不同密度和品种对于产量的关系进行了概括（表3－17）。德令哈大白麦和甘肃96每亩不足60万穗时，难以达到亩产500kg的水平。德令哈大白麦每亩达到60万穗时，倒伏相当严重。甘肃96每亩达到80万穗以上，植株很少分蘖，甚至完全不分蘖，每穗粒数虽有减少，产量仍有增加的趋势；但每亩超过90万穗以上，穗子显著变小，产量又有下降的趋势。南大2419每亩达到80万穗左右，穗部性状还没有显著变劣的现象，亩产可达1 000kg以上；一般每亩保持60万～70万穗，亩产即可达750kg上下。30088（硬粒小麦）的每穗粒数和千粒重都显著高于其他品种；每亩穗数在50万上下，亩产可达750～850kg；每亩穗数达到60万以上，亩产即可达1 000kg以上。根据以上分析结果，如果春小麦大面积丰产指标定在500～750kg/亩，在整地质量良好的情况下，每亩播种量南大2419宜在15～17.5kg，甘肃96宜在12.5～15.0kg，30088宜在20.0kg左右，但应该注意改进整地质量，并采用播种质量好的种子，以保证全苗。

表 3-17　不同密度和品种对于产量的关系（金善宝、王恒立，1959）

每亩穗数（万）	产量（kg/亩）　品种	甘肃96	南大2419	30088硬粒小麦	德令哈大白麦
40～50				750～800	
50～60		500以下			
60～70		600～650	750	1 000以上	500
70～80		650	950～1 000		

　　程大志等分别在 1982 和 1985 年在柴达木盆地，就种植密度对产量的影响，在不同地点进行了密度试验，结果表明，密度对春小麦分蘖成穗率及产量有很大影响。在每亩基本苗 13.6 万～40 万内，随着种植密度的增加，分蘖成穗率逐渐降低，单株分蘖数和单株成穗数逐渐减少，分蘖穗在总穗数中的比例亦逐渐变小。但是群体分蘖数有增加的趋势，且其中主茎数增多，因而群体成穗数逐渐增加。

　　在苗、茎、穗数和分蘖成穗率不同的情况下，个体经济性状亦表现出一定的差异。在基本苗不足 20 万的低密度条件下，平均每穗粒数和千粒重都处在中等水平，而成穗数最低，产量亦居末位；在每亩基本苗 20 万～30 万的中密度条件下，平均每穗粒数和千粒重都较高，而成穗数居中，产量亦处在中等水平；中、重穗型品种每亩基本苗达到 35 万～40 万时，或小穗型品种每亩基本苗达到 44 万时，虽每穗粒数有所下降，但成穗率较高，因而产量水平较高。由此可见，在柴达木盆地灌区，春小麦中产变丰产与穗数的关系最为密切，而提高穗数的有效途径之一是在一定成穗率的前提下，适当增加群体苗数和分蘖数（表 3-18）。

表 3-18　密度条件对春小麦分蘖成穗及经济性状的影响（程大志，1982—1985）

品种　性状	基本苗（万/亩）	最高茎数（万/亩）	有效穗数（万/亩）	分蘖数（万/亩）	分蘖成穗数（万/亩）	分蘖成穗率（%）	单株分蘖数（个）	单株成穗数（个）	分蘖穗占总穗数%	平均每穗粒数（粒）	千粒重（g）	产量（kg/亩）	试验年份及地点
高原338	30.87	59.20	39.17	28.33	8.30	32.63	1.90	1.28	21.57	35.83	67.13	810.83	1982年香日德农场农科所，肥力中上等
阿勃	36.00	78.07	42.13	42.07	6.13	15.30	2.16	1.18	14.70	32.93	46.27	612.03	
青农524	23.23	63.53	35.20	40.30	11.98	29.95	2.78	1.63	35.50	28.65	56.80	455.03	1985年香日德农场柴源村，肥力中等
高原506	24.63	76.05	37.43	51.43	12.80	25.25	3.24	1.61	35.00	31.53	45.40	483.30	
墨他	32.35	67.80	52.33	35.50	19.98	56.45	2.18	1.70	39.23	25.98	43.03	460.50	

第五节　轮作倒茬

一、轮作倒茬的作用

首先，培肥土壤，提高地力。蚕豆、马铃薯、油菜等作物都是耗 N 比较少的作物，而且给土壤增添了枯枝烂叶，蚕豆由于固 N 的作用，N 素除自身需要还有剩余，从而增加了土壤的有机质和 N 素养分，提高了地力。香日德农场试验：嫩茬蚕豆、马铃薯、油菜比麦茬有机质增加 4.4% ~ 37.7%，全 N 增加 16.2% ~ 32.4%，速效 N 增加 31.5% ~ 45.2%，诺木洪农场试验：蚕豆茬比麦茬有机质增加 24.2%，全 N 增加 60%，速效 N 增加 9.5%（表 3 – 19）。

表 3 – 19　不同茬口土壤有机质和氮素养分比较（董留卿，1978）

茬口 \ 项目 \ 地点	香日德农场			诺木洪农场		
	有机质	全氮	速效氮	有机质	全氮	速效氮
马铃薯	1.86	0.0703	78.4			
蚕豆	1.63	0.0702	78	1.64	0.120	138
油菜	1.41	0.0617	71			
小麦	1.35	0.0531	54	1.32	0.075	126

其次，提高土壤水分，减轻病、虫、草的危害。不同的作物对土壤水分的要求和利用都不一样，一般来说，嫩茬比麦茬土壤水分较高，据香日德测定，蚕豆茬比麦茬，苗期土壤水分高 42.1%，成熟期高 8.6%。马铃薯、蚕豆、油菜等作物一般用除草净，从而减轻了燕麦草和杂草对后茬作物小麦的危害。不同的作物伴有不同的病虫害，嫩茬可以减轻小麦全蚀病、青死、麦茎蜂和地下害虫危害。

二、轮作方式

在柴达木盆地，轮作倒茬时，群众习惯把豆类、马铃薯、油菜、燕麦草及部分中耕作物的茬口称为嫩茬，而把小麦、燕麦、青稞及另外密植作物的茬口称为老茬。老茬、嫩茬互相轮作是盆地农业生产的基本经验，而豆、麦轮作是主要内容，有时因马铃薯茬干燥和豌豆茬杂草多，也有休闲习惯。主要轮作方法和周期有：蚕豆→大麦或青稞→小麦，轮作周期为 1 ~ 2 年；小麦→蚕豆或豌豆→小麦，轮作周期为 1 年；小麦→油菜→小麦，轮作周期为 1 年；小麦→马铃薯或青稞→豆类→小麦，轮作周期为 2 年；小麦→马铃薯→小麦，轮作周期为 1 年。

第六节　施　肥

一、需肥特性

鲜嫩的植物体内有 80% 左右是水分，剩下的是干物质。组成干物质的化学元素有几十种，其中 16 种，即：C、H、O、N、P、K、Ca、Mg、S、Fe、Mn、B、Zn、Cu、Mo、Cl 是不可缺少的营养元素，对植物的生长发育各有不可替代的作用。

春小麦生长发育需从环境中吸取 C、H、O、N、P、K、Ca、Mg、S、Si、Al、Fe、Mn、B、Zn、Cu、Mo 等营养元素。

春小麦需要的 16 种主要营养元素中，以 C、H、O 等 3 种元素需要量最大，占春春小麦体内干物质重的 95% 左右。但其 3 种元素的来源是空气和水。春小麦依靠叶片从空气中吸收 CO_2，靠根从土壤中吸收水分，获得充足的 C、H、O 营养元素。

其次，春小麦需要较多的是 N、P、K、Ca、Mg、S 等元素，占春小麦体干物质重的 4.5% 左右。这些元素要靠春小麦根系从土壤中吸收，土壤里如果缺乏这些元素，就会影响春小麦的正常生长。一般来说，靠土壤中原有的 N、P、K 元素难于满足春小麦生长发育的需要，需要人工施入加以补充，否则春小麦常常由于缺 N、缺 P 或缺 K 而生长发育不良。所以农业上常用的主要肥料就是 N 肥、P 肥、K 肥，通常将 N、P、K 称之为"肥料三要素"。

Fe、Mn、B、Zn、Cu、Mo 6 种元素春小麦需要量很少，占春小麦体干物质重的万分之几或百万分之几，叫作微量元素。春小麦需要微量元素的数量虽少，但缺乏时也会影响生长。因此，在缺乏微量元素的土壤上施用微量元素肥料也是必要的。

一般春小麦每形成 100kg 籽粒，需从土壤中吸收 N 素 2.5～3kg N 素（P_2O_5）1：1.7kg、K 素（K_2O）1.5～3.3kg，N、P、K 比例为 1：0.44：0.93。由于各地气候、土壤、栽培措施、品种特性等条件不同，春小麦产量也不同，因而对 N、P、K 的吸收总量和每形成 100kg 籽粒所需养分的数量、比例也不同。柴达木盆地每形成 100kg 籽粒，春小麦需从土壤中吸收氮素（N）

2.46kg、磷素（P_2O_5）1.65kg、钾素（K_2O）2.86kg，N、P、K 比例为 1：0.67：1.16。

春小麦在不同生育期所吸收 N、P、K 养分的规律基本相似。一般 N 的吸收有两个高峰：一是从出苗到拔节阶段，吸收 N 量占总吸收量的 40% 左右；二是拔节到孕穗开花阶段，吸收 N 量占总量的 30%~40%。

根据春小麦不同生育期吸收 N、P、K 养分的特点，通过施肥措施，协调和满足春小麦对养分的需求，是争取春小麦高产的一项关键措施。在春小麦苗期，初生根细小，吸收养分能力较弱，应有适量的 N 素营养和一定的 P、K 肥，促使麦苗早分蘖、早发根，形成壮苗。春小麦拔节至孕穗、抽穗期，植株从营养生长过渡到营养生长和生殖生长并进阶段，是春小麦吸收养分最多的时期，也是决定麦穗大小和穗粒数多少的关键时期。因此，适期施拔节肥，对增加穗粒数和提高产量有明显的作用。春小麦在抽穗至乳熟期，仍应保持良好的 N、P、K 营养，以延长上部叶片的功能期，提高光合效率，促进光合产物的转化运转，有利于春小麦籽粒灌浆、饱满和增重。春小麦后期缺肥，可采取根外追肥。

二、施肥技术

柴达木盆地春小麦施肥按照不同施肥时期可分为三种施肥方式：第一种施肥方式为播前施肥，也叫施底肥；第二种为播种时与种子同时施用，也叫施种肥；第三种为农作物生长期施肥，也叫追肥。

（一）底肥

柴达木盆地春小麦施用底肥种类大致可分为两大类，一类为有机肥，主要为羊板粪和农家肥两种，另一类为以 P 为主的无机化肥为主，主要有过磷酸钙、磷酸二铵和配方肥 3 种。

柴达木盆地春小麦的底肥施用按照施用时间不同可分为秋施肥和春施肥，一般在冬灌地秋施肥多一些，主要以有机肥为主，每亩施用腐熟的农家肥或羊板粪 2 400~3 200kg（3~4 方）。在秋收结束后的 9—10 月结合秋翻将有机肥均匀的施入土壤 20~30cm 深，到初冬季节 11 月上中旬浇足冬灌水即可。春施肥主要在播前结合翻地（或耙地）将腐熟有机肥每亩 2 400~3 200kg（3~4方），和春小麦所需的 P 肥（过磷酸钙、磷酸二铵或氮磷钾三元复合肥）一次性施入耕层土壤。一般亩施入过磷酸钙（12%）50~80kg 或磷酸二铵 15~20kg、或三元复合肥 40~50kg，再或者二者（或三者）配合施用。总之，当季春小麦 P 肥使用量纯量控制在 6~11kg/亩即可。

近年来，随着农村产业结构的调整、农业机械化程度的提高、农业劳动力的转移和化肥使用量的增加，有机肥的施用数量和面积越来越少，小麦生产上几乎看不见有机肥的施用，底肥主要以 P 为主的无机化肥为主。

（二）种肥

种肥一般以 P 肥和 N 肥为主。将适量的磷酸二铵（5～7.5kg/亩）和少量的尿素（1～2.5kg/亩）与小麦种子充分混合均匀后一同播种，肥料和种子随混随种，以亩定种，以种定肥，精确控制混肥种量，以免浪费。

（三）追肥

柴达木盆地春小麦追肥主要以 N 元素为主的尿素为主，在小麦生长前期结合灌水分一次或两次施入。一般春小麦分蘖初期（4～6 叶期）结合浇头水，亩施入尿素 5～10kg，此时，小麦小，初生根少，吸收养分能力较弱，应有适量的 N 素营养配合底肥的 P、K 肥，促使麦苗早分蘖、早发根，形成壮苗。第二次施肥在小麦拔节初期，结合小麦浇二水进行，亩施入尿素 10～15kg。小麦拔节至孕穗期，植株从营养生长过渡到营养生长和生殖生长并进阶段，是小麦吸收养分最多的时期，也是决定麦穗大小和穗粒数多少的关键时期。因此，适期施拔节肥，对增加穗粒数和提高产量有明显的作用。

（四）测土配方施肥

测土配方施肥是以土壤测试和肥料田间试验为基础，根据作物需肥规律、土壤供肥性能和肥料效应，在合理施用有机肥料的基础上，提出 N、P、K 及中、微量元素等肥料的施用品种、数量、施肥时期和施用方法。柴达木盆地春小麦开展测土配方施肥工作于 2008 年开始，先后 3 年时间的"3414"试验，获得了大量的基础数据，基本掌握了柴达木盆地春小麦需肥规律，为柴达木地区春小麦施肥提供了科学依据。

根据相关试验研究表明，柴达木盆地春小麦的最高产量和土壤的基础产量（不施肥产量）呈极显著的正相关。最高产量对基础地力的依赖程度一般在50%～100%，平均75%。产量越高，对地力依赖程度越大。形成产量 N 素来源中，有 60%～93%靠土壤供给，低肥力土壤可供 60%～63%，中肥力土壤可供68%～71%，高肥力土壤可供80%～93%；形成产量的 P 素来源中，低肥力土壤可供 55%～63%，中肥力土壤可供 69%～92%，高肥力土壤可供91%～98%。显然，春小麦产量及其来源中，在很大程度上依靠土壤的基础肥力。要想获得800kg/亩以上的产量，起码要有 500～600kg/亩以上的地力。从上可以看出，确定目标产量和计算施肥量都需要了解土壤地力，因此，在配方施肥中开展测土是十分必要的。

一般小麦每形成 100kg 籽粒，需从土壤中吸收氮素（N）2.5～3kg、P 素

（P_2O_5）1~1.7kg、K 素（K_2O）1.5~3.3kg，N、P、K 比例为 1：0.44：0.93。由于各地气候、土壤、栽培措施、品种特性等条件不同，小麦产量也不同，因而对 N、P、K 的吸收总量和每形成 100kg 籽粒所需养分的数量、比例也不同。青海省每形成 100kg 籽粒，需从土壤中吸收 N 素 2.6kg、P_2O_5 1.2kg、K_2O）2.1kg，N、P、K 比例为 1：2.17：1.75（表 3-20）。

表 3-20 柴达木盆地春小麦每生产百千克籽粒需肥量（kg）（张俭录，2015）

品种	部位	N	P_2O_5	K_2O
	茎叶	0.475	0.091	1.439
高原448	籽粒	1.920	0.359	0.361
	全株	2.375	0.460	1.800
	茎叶	0.459	0.081	1.140
高原437	籽粒	1.832	0.335	0.329
	全株	2.291	0.416	1.469

小麦在不同生育期所吸收 N、P、K 养分的规律基本相似，其中有两个高峰期，一是拔节（钻秆）到孕穗期，二是开花到乳熟期。总的趋势为前期少，中后期多。一般 N 的吸收有两个高峰：一是从出苗到拔节阶段，吸收 N 量占总吸收量的 40% 左右；二是拔节到孕穗开花阶段，吸收 N 量占总量的 30%~40%。

根据小麦不同生育期吸收 N、P、K 养分的特点，通过施肥措施，协调和满足小麦对养分的需求，是争取小麦高产的一项关键措施。在小麦苗期，初生根细小，吸收养分能力较弱，应有适量的 N 素营养和一定的 P、K 肥，促使麦苗早分蘖、早发根，形成壮苗。小麦拔节至孕穗、抽穗期，植株从营养生长过渡到营养生长和生殖生长并进阶段，是小麦吸收养分最多的时期，也是决定麦穗大小和穗粒数多少的关键时期。因此，适期施拔节肥，对增加穗粒数和提高产量有明显的作用。小麦在抽穗至乳熟期，仍应保持良好的 N、P、K 营养，以延长上部叶片的功能期，提高光合效率，促进光合产物的转化运转，有利于小麦籽粒灌浆、饱满和增重。小麦后期缺肥，可采取根外追肥。

柴达木盆地春小麦总施肥量：①有机肥。亩产在 500kg 以上时，亩施有机肥 3 000~4 000kg；亩产在 300~500kg 时，亩施有机肥 2 000~3 000kg；亩产在 300kg 以下时，亩施有机肥 1 000~2 000kg。②化肥。在施足有机肥的基础上根据目标产量，按小麦平衡施肥 N、P、K 推荐用量相应确定（表 3-21）。

表 3 – 21　小麦氮、磷、钾推荐用量（kg／亩）（张俭录，2015）

化肥用量　　　　　亩产量	化 肥 用 量					
	纯氮（N）	折合尿素	纯磷（P$_2$O$_5$）	折合磷酸二铵	纯钾（K$_2$O）	折合氯化钾
600～700	15～17	25～28	9～10	19～22	9～10	15～17
500～600	14～16	24～27	8～9	17～19	8～9	13～15
350～500	13～15	22～26	7～8	15～17	7～8	11～13

注：上表中纯氮折合为尿素时已减去了磷酸二铵中所含的纯氮量。

一般情况下，P、K 化肥全部作基肥。在速效 P 含量小于 5mg/kg 时低产缺 P 地块，用 P 肥总量的 20% 作种肥，80% 作基肥。在沙性土壤上用 K 肥总量的 50% 作基肥，其余与 N 肥配合作追肥施用。N 肥在高产地块，用总量的 60% 作基肥，40% 作追肥；中、低产地块，用总量的 50% 作基肥，10% 作种肥，40% 作追肥。

（五）施肥效果

施肥对小麦的产量影响较大。通过近年来开展的测土配方施肥试验示范结果来看，合理搭配施肥能有效提高盆地春小麦产量（表 3 – 22）。

表 3 – 22　春小麦肥料示范验证试验产量效益统计分析表（张俭录，2013—2015）

试验地点	处理	施肥量（kg）			亩产（kg）	增产率（%）	效益分析（元/亩）		
		N	P	K			肥料成本	收入	净收益
夏日哈镇下榻拉村	空白	0	0	0	160	0	0	272	272
	习惯施肥	13.7	11.5	0	358	123.7	110	608.6	488.3
	配方施肥	11.7	10.0	2.8	380	137.5	120.4	646	584.1
香日德镇香源村	空白	0	0	0	349.7	0	0	559.5	559.5
	习惯施肥	16.5	12.0	0.0	599.4	71.4	172.5	959.0	786.5
	配方施肥	17.7	10.1	10.1	625.7	78.9	234.6	1001.1	766.5
巴隆乡新隆村	空白	0	0	0	309.7	0	0	495.5	495.5
	习惯施肥	16.5	12	0	479.5	54.8	172.5	757.2	584.7
	配方施肥	13.9	8.4	8.4	509.5	64.5	193.2	815.2	622.0

第七节　灌　溉

一、灌溉水源

柴达木盆地水资源现状，虽降水稀少，但山区降水相对较多。雪线以上的山峰和沟壑终年覆盖着积雪冰川，发育大小河流水系 160 多条，其中，用于农田灌溉且多年均径流量超过 1 亿 m^3 的水系有格尔木河、香日德河、察汗乌苏河、诺木洪河和巴音河五大河流。此外，还有大格勒河、沙柳河和都兰河也是重要的灌溉水系，正常年份基本满足小麦生育期间用水需求。

（一）可灌溉水资源条件分析

柴达木盆地干旱的地理环境，决定了该区没有灌溉便没有农业。盆地的水源基本来自盆地周围的高山冰川融水。流向盆地的大小河流共 70 条，出山口后，大部分河水没入山麓洪积戈壁中；最后完全汇集于盆地中心的盐湖或沼泽之中。河水中的盐分及矿物质含量变化显著，仅上、中游河水可供灌溉和饮用，下游则因矿化度高，不宜灌溉和饮用。浅层地下水，也基本上依靠河流地表水补给，一般在盆地边缘山麓地带量丰质优，盆地中心则多为咸水。根据资料，柴达木盆地可利用的浅层地下水和地表淡水数量及分布见表 3-23。从表 3-23 可知，柴达木盆地可利用淡水资源总量中，地表淡水为 18.037 亿 $m^3 \cdot a^{-1}$，地下浅层淡水为 17.965 亿 $m^3 \cdot a^{-1}$，合计为 36.002 亿 $m^3 \cdot a^{-1}$。这就是柴达木盆地除深层地下水外的全部可利用淡水资源总量（表 3-23）

表 3-23　柴达木盆地可利用的淡水资源（汪绍铭，1978）

区、段名称		地表水资源				可利用浅层地下水资源 ***	
		地表水量 *		可利用地表水量 **			
		$(m^3 \cdot a^{-1})$	$(亿 m^3 \cdot a^{-1})$	$(m^3 \cdot a^{-1})$	$(亿 m^3 \cdot a^{-1})$	$(m^3 \cdot a^{-1})$	$(亿 m^3 \cdot a^{-1})$
德令哈地区	怀头他拉	0.400	0.1260	0.400	0.126	0.340	0.107
	德令哈	10.418	3.282	7.5000	2.363	5.020	1.581
	野马滩			3.000	0.945	1.610	0.507
希-赛盆地地区	希里沟-赛什克	2.786	0.878	1.800	0.567	1.060	0.334
查查香卡地区	查查香卡	2.124	0.669	1.500	0.473	1.390	0.438
都兰-香日德地区	都兰-夏日哈	5.200	1.638	3.800	1.197	2.780	0.785
	香日德	11.663	3.674	7.200	2.268	5.700	1.795

（续表）

区、段名称		地表水资源				可利用浅层地下水资源 ***	
		地表水量 *		可利用地表水量 **			
		(m³·a⁻¹)	(亿m³·a⁻¹)	(m³·a⁻¹)	(亿m³·a⁻¹)	(m³·a⁻¹)	(亿m³·a⁻¹)
宗加-诺木洪地区	可尔沟-洪水河	4.925	1.551	2.200	0.693	2.460	0.775
	诺木洪	5.863	1.847	4.000	1.260	2.630	0.828
大格勒-格尔木地区	大格勒-五龙沟	1.769	0.557	1.000	0.315	0.660	0.208
	大水沟	0.988	0.311			0.750	0.236
	格尔木	23.174	7.300	6.860	2.161	0.060	1.909
拖拉海-大灶火地区	拖拉海-清水泉	1.711	0.539			0.640	0.202
	大灶火	0.818	0.258			0.610	0.192
小灶火-乌图美仁地区	小灶火-白沙河	0.694	0.304			0.560	0.176
	那仁灶火	0.135	0.043			0.500	0.157
	乌图美仁-那仁格勒	36.500	11.498	8.400	2.646	7.840	2.470
塔尔丁-甘参地区	塔尔丁-甘参	3.401	1.071	1.300	0.409	1.850	0.583
茫崖-阿拉尔地区	茫崖	0.343	0.108			0.110	0.035
	尕斯库勒湖南	1.328	0.418			0.680	0.214
	阿拉尔	7.784	2.452	3.800	1.197	4.360	1.373
	阿哈堤	0.030	0.009			0.030	0.009
冷湖地区	冷湖	0.143	0.045			0.140	0.044
花海子-苏干湖地区	花海子	12.726	4.009	1.700	0.536	5.260	1.657
鱼卡-马海地区	鱼卡	3.470	1.093			1.100	0.346
	马海			1.000	0.315	0.770	0.243
大、小柴旦地区	大柴旦	0.623	0.196			1.080	0.340
	小柴旦	3.680	1.159	0.800	0.252	0.800	0.252
全集地区	全集	0.243	0.007			0.240	0.076
合　计		143.209	45.111	57.260	18.037	57.030	17.965

注：* 为河流出山口进入盆地时水量；** 为河流出山口后渗入洪积戈壁后余下的水量；*** 为埋深 120m 以内的地下水量

（二）水资源的分布

盆地中的主要水系有：东西台吉乃尔湖水系，由盆地最大河流那仁郭勒河和一些小河组成；东西达布逊湖水系，由乌图美仁河、托拉海河、格尔木河及大小灶火河等组成；南北霍鲁逊湖水系，由大格勒河、诺木洪河、香日德河、察汗乌苏河、沙柳河等组成；尕斯库勒湖水系，主要由铁木里可河、曼特里克河等组成；苏干湖水系，主要由大、小哈尔腾河组成；宗马海湖水系，主要由鱼卡河、嗷唠河组成；托索湖水系，由巴音河、巴勒更河等组成；还有大、小柴旦湖水系，都兰湖水系等。前三大水系河网发育，水量比较丰沛，其他水系河网稀疏，盆地中部出现大面积无流区。降水是河川径流的总补给源，但由于降水的时空变化及河流水文情势影响不同，盆地河川径流的补给源随着流域海拔高程的变化，自然条件和降水方式的不同，呈显著的垂直地带性规律：高山地带以冰雪融水补给为主，低山地带则以雨水补给为主，中山地带除上述两种补给外，还有季节积雪融水补给，河流在出山口处，其径流往往不是单一的补给，而是包括地下水补给在内的混合补给。

（三）水资源的特点

1. 数目多而分散

流程短而水量小。受地理位置、地形、降水的影响，盆地河流具有数目多而分散，流程短而水量小的特点。发源于盆地四周山区的大小河流共有 160 余条，多数河流为季节性河流，其中常年有水的 43 条，湖泊成为各河水量的归宿地，四周山区降水多，高山终年积雪，冰川广布，河流均源于此，流向盆地中部，在山区河网密度大，河流出山口后，水量一般逐渐减少或变为季节性河段或中途消失，河道多呈扇状或瓣状分流。

2. 水资源分布不均匀

从总量上来看，盆地水资源相对丰富，但水资源在盆地中的空间分布很不均匀，尤其是在时间上。盆地河流均系独立水系，彼此互不相通。茫崖冷湖荒漠区是整个柴达木盆地中年降水量最低，年蒸发量最高的区域，分别为65.0mm 和 1 723.0mm。柴达木河都兰区年径流量达 10.37 亿 m^3，且地下水资源丰富，为可利用水资源最高的区域。

3. 水资源总量丰富

柴达木盆地年平均地表径流量为 46.97 亿 m^3，多年平均地表水资源为44.10 亿 m^3，丰水年为 52.49 亿 m^3，平水年为 43.78 亿 m^3，枯水年为 29.66亿 m^3。全区河流水质良好，矿化度为 0.2～0.7g/L，pH 值为 7.5～8.0，有害物质未超标，为理想的饮用及工农业生产用水，地下水资源总量为每年 38.97亿 m^3。该地区湖泊较多，以盐湖为主，湖水总储量为 107 亿 m^3，其中淡水为90 亿 m^3，淡水湖主要分布在盆地南缘昆仑山麓，可鲁克湖为盆地内最大的淡水湖；咸水湖和盐水湖集中分布在盆地中心低洼地带，是地表水和地下水的汇集区。冰川是该地区主要补给水源之一，发育在柴达木盆地的现代冰川有1 453 条，主要分布在祁连山和昆仑山北坡，总面积 1 358.46km²，储量 1 135

亿 m^3，年融水量 9.18 亿 m^3，具有固体水库的作用。

（四）河流

据资料统计，盆地积水面积在 500hm² 以上的河流有 53 条，其中常年有水的河流有 40 余条，年径流超过 1.0 亿 m^3 的河流有 8 条，它们分别是那仁郭勒河、格尔木河、香日德河、哈尔腾河、巴音河、诺木洪河、察汗乌苏河、塔塔棱河。另外，新疆维吾尔自治区入境的斯巴利克河和阿达滩河，年径流均超过 1.0 亿 m^3，在入境前已潜入地下，入境后溢出，形成集泉河。

（五）高山冰雪融水

柴达木盆地冰川水资源较丰富，主要分布在那仁郭勒河、格尔木河、哈尔腾河、塔塔棱河等河源区，冰川融水量 6.542 亿 m^3，占盆地河流径量的 14.8% 以上，对上述各河的补给比较明显。在低温湿润年份，热量不足，盆地冰川消融微弱，大量固态水储存在"天然固体水库中"；而旱年，山区晴朗天气增多，气温高，冰川消融强烈，释放大量融水以调节因干旱而缺水的河流。因此，冰川对保证干旱少雨的盆地工农业和生态环境用水具有十分重要的意义。

二、灌溉

（一）春小麦不同生育时段需水量

小麦田间总耗水量由棵间蒸发和叶面蒸腾两部分组成。这是性质不同的两种过程，但其间有着紧密联系。棵间蒸发属于单纯的物理现象，受地面覆盖、土壤湿度，土壤质地、色泽、结构以及气象条件等一系列物理因素的影响。在春小麦生育早期阶段，因田间覆盖度低，叶面蒸腾量较小，田间耗水量主要为棵间蒸发；随着春小麦的生长，当地面大部分有叶片覆盖以后，田间耗水量则主要转为叶面蒸腾。棵间蒸发的耗水量占小麦一生中总耗水量的 30%～40%。在春小麦整个生育期中需水强度盆地和其他地区一样，均为前期小、中期大、后期又趋减小。

1. 萌芽期

小麦种子萌发的适宜土壤水分视温度条件而异。在 2～16℃ 范围内，土壤水分为田间最大持水量的 30%～40% 时，小麦种子能够正常吸收水分而萌芽；但当温度升高到 20℃ 以上时，土壤水分低于田间持水量的 40%，则不能保证种子的正常萌芽。盆地春小麦播种至出苗期间正处于低温阶段，萌芽期土壤含水率在 20% 左右为宜。

2. 分蘖期

小麦达到 3 叶期以后，盆地春小麦在 3 叶期幼穗即开始分化，水分的多少首先影响地上部分生长，进而影响根的生长。小麦在幼苗期，一般是先长分蘖再生次生根，这个过程要求有较充分的水分条件，以保证光合作用旺盛进行，加速分蘖及根系的形成。这个时期水分不足，就会使穗子的生长速度降低，穗头变小，每穗小穗数及小花数也都相应减少。盆地春小麦分蘖期的适宜土壤水分是田间持水量的 60% ~ 65%。

3. 拔节至抽穗期

拔节至抽穗气温逐渐升高，小麦生长速度加快，营养生长和生殖生长同时并进，此时期是茎秆发育和穗部器官阶段。如前期水分不足即影响单株有效穗数，中期水分不足会影响每穗小花数，后期水分不足，有碍花粉的正常发育而招致不孕。在柴达木盆地春小麦从拔节到抽穗期间，气候干旱，且日照长，风多，蒸发量大。此时，保持充足的土壤水分乃是春小麦生产的关键所在。一般土壤水分保持在田间持水量的 62% ~ 73% 为宜。

4. 抽穗至成熟期

小麦抽穗后进入籽粒形成及灌浆期，此时如土壤水分不足，会引起籽粒不饱满，千粒重下降；但水分过多又会因发生倒伏而影响产量。此时，土壤水分保持在田间持水量的 52% ~ 70% 为宜。

总之，在盆地春小麦个体发育过程中，各生育期都有它最适宜的水分状况。在一定地区、一定栽培条件和产量水平下，各生育期的土壤水分状况之间只是相互配合的关系，其最适的水分组合状况并不一样，各地区视具体情况而制定合理的灌溉制度。

（二）非充分灌溉

根据春小麦各生育阶段的需水量，充分利用春小麦自身的生理特性，合理控制各阶段的灌水量，以提高产量和改进品质为目的，达到提高水分利用效率，节约成本的目的。要保证小麦各生育期有适宜的土壤湿度，以满足其生长发育所需要的水分，必须根据不同地区间温度、湿度、降水量、蒸发量等气象因素的差异来确定灌水次数和灌溉总额。如柴达木盆地的南部（诺木洪、格尔木等地）春小麦生育期内降水量少（仅有 30 ~ 130mm），需要灌 8 至 10 多次水，灌溉总额高达 500 ~ 600m³/亩；而盆地北部（德令哈农场、乌兰、察苏等地），则由于气温偏低，热量条件较差，为促使小麦早熟，以躲避早霜危害，生育期内仅灌水 4 ~ 5 次，灌溉总额只有 235 ~ 370m³/亩；热量条件较好的，降水量较多的香日德地区生育期灌水 6 ~ 7 次即可，灌溉总额 400 ~ 500m³/亩。一般种墒水需 80 ~ 100m³/亩，苗期头水需 60 ~ 80m³/亩，后期生育期每次灌水仅需 50 ~ 60m³/亩即可，全生育期灌溉 400m³/亩，基本能满足盆地春小麦生产所需灌溉用水量。

（三）适时灌溉

根据生长发育过程中对水分的需求，适时进行灌溉，灌水时期适宜，即可取得显著增产效果。盆地春小麦的最佳灌水时期分为分蘖、拔节、抽穗、灌浆等4个生育阶段。

1. 种墒水

柴达木盆地由于冬春季节降水少且多风。春小麦播种期土壤水分一般亏缺8~9成，灌好种墒水是保证苗全苗壮的关键。目前种墒水的灌溉方式有两种：

（1）冬灌储水　即在头年初冬季节灌水，来年早春浅耕或浅耙后，顶凌播种。冬前储水灌溉必须适时，灌水太早水分容易蒸发，失去储水保墒的作用；灌水过迟，水分不宜下渗而在地面结冰，导致土壤储水量不足，会影响翌年春播。农民群众的经验是："灌了不冻，冬灌嫌早；灌了就冻，冬灌嫌迟；夜冻日消，冬灌正好。"盆地冬灌时间为10月下旬到11月上中旬。

（2）春座水　即春播前先灌底墒水，待土壤松散时浅耕或浅耙后播种。此种灌水方式，由于是在早春季节进行，因河渠封冻而不能提前引水，最容易延误播期；同时，在土壤解冻初期灌水，因底层土壤仍然冻结，水分不易下渗而集结于土壤表层，会使土壤持水量减少，所以灌春座水往往不能保证适时播种，还会因欠墒而造成严重缺苗。春灌座水一般在3月中下旬至4月上旬进行。

2. 苗水（或称分蘖水）

春小麦从播种到分蘖历时50d，加之期间干旱多风，土壤水分会大量蒸发，到春小麦分蘖初期，盆地0~20cm土层的土壤水分则下降到田间持水量的22.8%，此时小麦苗小根浅，表层土壤水分不足，不仅影响幼苗生长和分蘖发生，而且也不利于根系生长发育。为此，一定要早浇且浇足春小麦的苗水。据试验表明，盆地春小麦在3叶期浇水比不浇水的增产14.3%，分蘖期浇水比不浇水的增产19.5%。

3. 拔节水

春小麦拔节后茎秆迅速伸长，生长加快，需要大量水分。随着气温上升，麦田水分蒸发量增大，日耗水强度2~2.5m³/亩。拔节前后正是小穗、小花及雌雄蕊分化期，如果此时土壤水分不足，就会使小穗和小花数减少，麦穗变小而导致减产。盆地春小麦拔节到抽穗期正值严重的春旱时期，此时缺水指数为5~9成，是春小麦需水的临界期。香日德地区据试验表明，浇拔节水的比不浇拔节水的增产38.7%。所以，一般情况下，应该适时灌好拔节水。

4. 孕穗抽穗水

小麦孕穗抽穗期间，茎、叶迅速伸展，穗部也显著增长。此期气温升高快、棵间蒸发和叶面蒸腾量都大，田间耗水量进入高峰期，为此应及时浇水，以满足小麦生长发育的需求。香日德地区据试验表明，孕穗期浇水比不浇水的增产 8.0%。

5. 开花、灌浆水

春小麦开花、灌浆期是需水强度最大的时期，日耗水量达 $3 \sim 5m^3/$ 亩。盆地春小麦灌浆期较长，开花至成熟需 60d 左右。开花以后干物质积累量占总干物质重量的 50% 以上，占籽粒重量的 80% 以上。所以，开花后的光合产物的积累对构成高额产量有密切关系，开花期缺水，常造成小花结实率锐减，穗粒数减少；灌浆期缺水，影响植株茎、叶内有机物质向籽粒中转运，使千粒重下降。试验表明、开花期浇水比不浇水的增产 12.6%；乳熟期浇水比不浇水的增产 10.2%。

具体灌水时期和灌水次数，要根据各地区降水规律、供水时间、土壤水分变化情况、各项栽培措施的配合及小麦生长的具体状况而定。柴达木盆地春小麦生产过程中，积累了大量的生产经验。就浇水灌溉而言："座水浇冬灌，早种又保苗"；"头水早，二水跟，三水控，四水、五水看着供，生长期有五水，基本保证仓满粮"。

（四）灌溉方式

柴达木盆地耕地多条田状，田块面积 $2 \sim 15$ 亩不等，条田宽度 $10 \sim 30m$，长度最长达到 $500m$，灌溉时顺条田纵向流水，春小麦基本都是大水漫灌（诺木洪地区实行小畦灌溉）。由于柴达木盆地水资源匮乏，灌溉实行按亩定时定量轮流制，水轮到来时，不管小麦田需不需要灌水，农民几乎都要浇水，且要座水。因此麦田灌溉用水量大，有效利用率较低，水资源浪费严重。随着科学技术的发展，麦田灌溉技术也不断改进，如小畦灌溉、微管技术等都有不同程度的发展。今后随着高科技微管技术在小麦田的大面积推广应用，根据春小麦生长发育需要进行适时适量灌溉，可比地面灌溉节水 $50\% \sim 70\%$，作物增产达 $15\% \sim 30\%$。

为了进一步提高柴达木盆地春小麦生产用水效益，在改进灌溉方式的基础上，还要结合节水高产耕作栽培技术，如，选用抗旱品种；深耕改土，平整土地；增施肥料，合理密植等措施，使作物获得较高产量，减少农田水分的无效消耗，提高农田灌溉水的有效利用率。

第八节　田间管理

一、常规管理

(一) 施肥

在柴达木南部亚区，中产田土壤的基本生产力（不施肥时的产量）200 ~ 300kg/亩，但在丰产栽培条件下，每亩增产 100kg 小麦籽粒，需 N 2.71kg，P_2O_5 1.05kg，K_2O 4.2kg；肥料的当季利用率，化肥 N 和 P_2O_5 分别为 76.22% 和 35.08%，有机肥 N 和 P_2O_5 分别为 18.685% 和 8.74%。从此得出两个施肥方案：①每亩秋施有机肥 3 ~4m^3，春基施三料过磷酸钙 7kg，种肥磷酸二铵 5kg，追施尿素 15kg（头水前 10kg，二水前 5kg）。总施肥量折合 N 13.8kg，$P_2O_5$12kg，N：P_2O_5 为 1：0.86。农户多用此方案，是化肥与有机肥并重。②亩施腐熟有机肥 2 ~3m^3（或翻压绿肥 800kg），播种前结合圆盘耙耙地施三料 P 肥 8kg，播种时施种肥磷酸二铵 5kg，苗期追施尿素 17.5kg（头水前 10kg，二水前 7.5kg）。总施肥量折合 N11.95 ~ 12.95kg，$P_2O_5$9.2 ~ 10.38kg，N：P_2O_5 为 1：（0.79 ~ 0.81）。国营农场主要用此方案，主要是以化肥为主。

在柴达木北部亚区，以上两个施肥方案，将追肥尿素减少 7.5kg/亩用于基肥，追肥于头水前一次性施入。

(二) 灌水

柴达木盆地气候干燥，麦区年降水量 25.2 ~ 167.2mm，而蒸发量高达 2 232.3 ~ 2 814.4mm，是其降水量的数十倍之多，因而作物需水几乎全靠灌溉，无灌溉即无农业，南部亚区丰产小麦的总耗水量为 450 ~ 580m^3/亩，耗水系数为 1 300 ~ 1 500。

为了提高出苗率和提早播种，座水（底墒水）于 10 月底或 11 月上旬进行冬灌，灌水量 70 ~ 80m^3亩；小麦生育期内灌水次数及灌水量，在正常年份，南部亚区的诺木洪地区，灌水 8 ~ 9 次（表 3 – 24），每次灌水量 60m^3/亩，总灌水量 500 ~ 550m^3/亩，其余地区灌水 7 ~ 8 次，每次灌水量 50 ~ 60m^3/亩，总灌水量 400 ~ 450m^3/亩；对于保水性差薄土层地，灌水酌情增加。小麦生育期内的土壤含水率，前期保持在田间最大持水量的 60% ~ 70%，中期保持在 65% ~ 70%，后期由灌浆期的 60% 左右逐步下降到腊熟期的 55% 左右。

表 3 - 24　不同地区春小麦生育期内的灌水次数（程大志等，1988）

生育期 \ 次数		1	2	3	4	5	6	7	8	9
南部亚区	香日德、巴隆	三叶一心	拔节前	孕穗期	开花前	灌浆期	乳熟期	蜡熟期		
	格尔木、大格勒	三叶一心	五叶期	拔节期	孕穗期	抽穗期	开花末期	灌浆期	乳熟期	
	诺木洪	三叶期	四叶一心	拔节期	孕穗期	抽穗期	开花期	座脐期	灌浆期	乳熟中期
北部亚区	希里沟、怀头他拉、德令哈、赛什克	三叶一心	拔节期	抽穗期	灌浆期					

北部亚区气温偏低，小麦实行限水栽培，耗水量较少。丰产小麦的总耗水量为 350m³/亩左右，耗水系数 900～1 000。小麦生育期内灌水 4 次，如水源不足，小麦生育期只灌三次水，灌水期分别为拔节期、抽穗期和灌浆期。

（三）锄草松土

锄草松土的作用不但能去草，而且能蓄水抗旱，能增强土壤的透水性和通气性，有利于提高地温，有利于土壤微生物活动。因此，锄草松土也是一项增产措施。国营农场 15cm 行距机械条播的麦田，在小麦 3 叶期用轻型钉齿耙松土锄草。撒播的麦田均进行人工锄草，尤其是良种繁殖地块，要进行多次锄草松土。

（四）化学灭草

化学除草在小麦生产上是一项工省效宏的增产措施。在小麦分蘖前，用 2，4—D 丁酯加适量尿素喷洒，防除麦田的双子叶杂草，又达到叶面喷肥的目的。

二、病、虫、草害的防治与防除

（一）病害防治

柴达木盆地小麦发生病害有条锈病、根腐病、白秆病、禾谷类孢囊线虫病、散黑穗病、腥黑穗病、白粉病、赤霉病、全蚀病。其中条锈病、根腐病、白秆病、禾谷类孢囊线虫病 4 种病害为柴达木盆地常见病害。在防治上通常采用的农业措施为选用抗病品种，做到抗源布局合理及品种定期轮换，适期播种，施用腐熟有机肥，合理灌溉等措施。

1. 小麦条锈病化学防治

条锈病发病初期（孕穗期至扬花期，小麦条锈病中心病株初显期）可选用：① 240g/L 噻呋酰胺悬浮剂 150 ~ 225ml/hm²。② 250g/L 丙环唑 EC 量 300 ~ 450ml/hm²。③ 75% 戊唑·百菌清可湿性粉剂 675g/hm²。④ 15% 三唑酮 可湿性粉剂 g/hm²。⑤ 30% 己唑醇悬浮剂 225 ml/hm²。⑥ 30% 氟环唑悬浮剂 450g/hm²。⑦ 12.5% 烯唑醇可湿性粉剂 600g/hm²，每公顷对水量 600L 进行叶 面喷雾 1 ~ 3 次。

2. 小麦根腐病化学防治

① 50% 扑海因可湿性粉剂。② 75% 卫福合剂。③ 58% 倍得可湿性粉剂。 ④ 代森锰锌可湿性粉剂。⑤ 50% 福美双可湿性粉剂。⑥ 20% 三唑酮乳油。 ⑦ 80% 喷克可湿性粉剂，按种子重量的 0.2% ~ 0.3% 拌种。或成株开花期喷 洒 25% 敌力脱乳油 4 000 倍液或 50% 福美双可湿性粉剂，每公顷用药 1 500g 对 水 300kg 喷洒。

3. 小麦白秆病化学防治

采用羟锈宁或粉锈宁可湿性粉剂进行拌种，先用种子量 3% ~ 4% 的水将 种子湿润，再用种子量 0.2% ~ 0.3% 的 28% 羟锈宁或 25% 粉锈宁药剂进行拌 种，堆闷 24h 后播种。

4. 小麦禾谷类孢囊线虫病化学防治

① 10% 噻唑膦颗粒剂 2 250 ~ 3 000g/hm²。② 1.8% 阿维菌素乳油 270 ~ 405 ml/hm²。③ 5% 涕灭威颗粒剂 2 250 ~ 2 625g/hm²。④ 10% 灭线磷颗粒剂 6 750 ~ 7 500g/hm²，小麦播种前土壤处理，颗粒剂与适量土壤混匀后撒施耙 匀，1.8% 阿维菌素乳油 1 000 倍液喷施耙匀。

(二) 虫害防治

柴达木盆地小麦害虫种类有麦穗夜蛾、麦长管蚜、麦秆蝇、麦水蝇、 麦茎蜂、小麦皮蓟马。其中麦穗夜蛾、麦长管蚜为发生较为普遍，麦秆 蝇、麦水蝇、麦茎蜂在虫源充分、气候条件适宜年份，在盆地小麦种植区 偶发。

1. 麦穗夜蛾综合防治措施

(1) 物理防治　杀虫灯诱杀。利用该虫的趋光性，在 6 月上旬至 7 月下 旬悬挂频振式杀虫灯，以棋盘式或闭环式分布，以诱杀成虫，减少田间落 卵量。

性诱剂诱杀。在成虫发生期间，用麦穗夜蛾性诱剂诱杀雄蛾，诱芯呈 S 形 分布于田间，一般每个性诱剂诱芯可控制 1 亩地，每个诱芯使用时间为 15d 左 右。使用时应注意性诱剂要高出作物生长点 20 ~ 50cm，将硅橡胶诱芯用细铁 丝穿起悬挂于盆口中心处，诱芯距离水面 0.5 ~ 1.0cm，水盆每日傍晚及时补 水及洗衣粉，从而减少成虫交配概率，降低幼虫密度。

糖醋液诱杀。按糖 6 份、醋 3 份、白酒 1 份、水 10 份、90% 敌百虫原药 1 份调匀装在盆里，于成虫发生期放在田间四周，每亩放 3 ~ 4 盆，每 5 ~ 7d 换一次糖醋液。每天早上捡去死虫，盖上诱盆，以防日晒雨淋而失效，傍晚再把盆盖掀开以诱杀成虫。

（2）农业防治　深耕翻土。虫害发生严重的地区或田块，封冻前深耕翻土，破坏幼虫越冬场所，消灭部分幼虫，降低越冬虫口基数，减少翌年为害。

轮作倒茬。麦穗夜蛾主要为害麦类作物，因此要尽量避免麦穗夜蛾嗜好的作物连作，应与马铃薯、油菜、豌豆、中药材等作物轮作，切断其食物链，控制其为害。

设置诱集带。在小麦田四周及地中间按规格种植青稞或早熟小麦，则能诱集成虫产卵，待诱集带产卵后幼虫转移前，将诱集带及时拔除销毁或喷药杀死幼虫。

（3）化学防治　在 4 龄前幼虫选择 80% 敌敌畏乳油 1 000 ~ 1 500 倍液或 90% 敌百虫原药 900 ~ 1 000 倍液喷雾防治。

幼虫 4 龄后白天潜伏，日落时喷药防治。采用 40% 乐果乳油 1 000 ~ 1 500 倍液或 80% 敌敌畏乳油 1 000 倍液或 4.5% 高效氯氰菊酯乳油 +40% 辛硫磷乳油 50ml 喷雾防治。

小麦收割时可在原麦堆底部喷 80% 敌敌畏乳油 1 000 倍液或 52.25% 毒·氯乳油 1 000 倍液，做到随拉随喷，可杀灭老熟幼虫，对减少越冬虫量，降低次年为害。

2. 麦长管蚜综合防治措施

（1）农业防治　选用抗虫品种，适时集中播种。

（2）生物防治　利用瓢虫、食蚜蝇、草蛉、蚜茧蜂等天敌防治蚜虫。

（3）化学防治　选用 10% 吡虫啉可湿性粉剂 2 000 倍液、或 50% 抗蚜威可湿性粉剂 2 000 倍液在小麦灌浆初期即麦蚜种群上升期施药。

（三）杂草防除

1. 柴达木盆地麦田常见杂草种类

柴达木盆地麦田杂草有 52 属 18 科 60 种。其中菊科（Compositae）、禾本科（Gramineae）、十字花科（Cruciferae）、蓼科（Polygonaceae）、唇形科（Labiatae）、豆科（Leguminosae）、藜科（Chenopodiaceae）是盆地麦田杂草发生种类较多的科。从各地区杂草发生种类来看，德令哈市藜麦田杂草 14 科 24 属 28 种，都兰县为 11 科 28 属 30 种，格尔木市为 7 科 13 属 13 种，乌兰县为 11 科 22 属 26 种（表 3 - 25）。

表 3-25　柴达木盆地麦田杂草区系组成（魏有海，2015）

序号	科名	德令哈		都兰		格尔木		乌兰	
		属数	种数	属数	种数	属数	种数	属数	种数
1	菊科 Compositae	4	6	4	5	2	2	4	5
2	禾本科 Gramineae	5	5	8	8	6	6	5	5
3	十字花科 Cruciferae	3	3	3	3	0	0	2	2
4	蓼科 Polygonaceae	1	1	1	1	1	1	2	3
5	唇形科 Labiatae	1	1	0	0	0	0	1	1
6	豆科 Leguminosae	1	1	4	4	1	1	2	2
7	蔷薇科 Rosaceae	1	2	1	1	0	0	2	3
8	藜科 Chenopodiaceae	2	3	3	4	1	1	1	2
9	紫草科 Boraginaceae	1	1	0	0	0	0	1	1
10	罂粟科 Papaveraceae	1	1	1	1	0	0	0	0
11	杨柳科 Salicaceae	1	1	0	0	0	0	0	0
12	旋花科 Convolvulaceae	0	0	1	1	0	0	0	0
13	苋科 Amaranthaceae	0	0	1	1	1	1	0	0
14	茄科 Solanaceae	1	1	0	0	1	1	0	0
15	茜草科 Rubiaceae	1	1	0	0	0	0	1	1
16	锦葵科 Malvaceae	0	0	0	0	0	0	1	1
17	蒺藜科 Zygophyllaceae	0	0	1	1	0	0	0	0
18	车前科 Plantaginaceae	1	1	0	0	0	0	0	0
	合计 Total	24	28	28	30	13	13	22	26

从杂草的生活型来看，柴达木盆地麦田有一年生杂草 34 种，越年生杂草 6 种，多年生杂草占 20 种，分别占总杂草数量的 56.67%、10.00%、33.33%。德令哈市麦田一年生杂草 14 种，占杂草总量的 50%，越年生杂草 3 种，占 10.71%，多年生杂草 11 种，占 39.29%。都兰县麦田一年生杂草 16 种，占杂草总量的 53.33%，越年生杂草 3 种，占 10.00%，多年生杂草 11 种，占 36.67%。格尔木市麦田一年生杂草 7 种，占杂草总量的 53.85%，越年生杂草 2 种，占 15.38%，多年生杂草 4 种，占 30.77%。乌兰县麦田一年生杂草 12 种，占杂草总量的 46.15%，越年生杂草 3 种，占 11.54%，多年生杂草 11 种，占 42.31%（表 3-26）。

表 3 - 26　柴达木盆地麦田杂草生活型组成（魏有海，2015）

地区	杂草生活型						合计
	一年生		越年生		多年生		
	杂草数量	百分比（%）	杂草数量	百分比（%）	杂草数量	百分比（%）	
德令哈	14	50.00	3	10.71	11	39.29	28
都兰	16	53.33	3	10.00	11	36.67	30
格尔木	7	53.85	2	15.38	4	30.77	13
乌兰	12	46.15	3	11.54	11	42.31	26
综合	34	53.67	6	10.00	20	33.33	60

根据杂草的优势度、出现频度及其在柴达木盆地各地区的具体发生情况，可以将盆地小麦田杂草划分为 4 种类型，即优势杂草、区域性优势杂草、常见杂草和一般杂草。优势杂草即在麦田发生优势度和频度都较高，对小麦生长发育及产量影响严重。野燕麦（*Avena fatua*）、萹蓄（*Polygonum aviculare*）、苦苣菜（*Sonchus oleraceus*）、藜（*Chenopodium album*）、藏蓟（*Cirsium lanatum*）、苣荬菜（*Sonchus arvensis*）6 种杂草综合优势度值在 10 以上，为柴达木盆地麦田优势杂草。

赖草（*Hypecoum leptocarpum*）、芦苇（*Phragmites australis*）、早熟禾（*Poa annua*）、野油菜（*Brassica campestris*）等 4 种杂草在盆地小麦种植区局部地区发生的优势度及频度较大，为区域性优势杂草。

离蕊芥（*Malcolmiaafricana*）、阔叶独行菜（*Lepidium apetalum*）、西伯利亚滨藜（*Atriplex sibirica*）、灰绿藜（*Chenopodium glaucum*）、狗尾草（*Setaria viridis*）、野艾蒿（*Artemisia lavandulaefolia*）、蒙山莴苣（*Lactucatatarica*）、自生青稞（*Hordeum vulgare*）、大巢菜（*Vicia sativa*）、二裂叶委陵菜（*Potentilla bifurca*）、白刺（*Nitraria sibirica*）、密花香薷（*Elsholtzia densa*）、雀麦（*Bromus japonicus Thunb.*）、白香草木樨（*Melilotus albus*）等 14 种杂草在大部分麦田都有发生，但优势度和频度都不大，对小麦产量影响不大，为麦田常见杂草。

此外，有些杂草在柴达木盆地麦田局部发生，优势度和频度较小，对小麦的生长影响极微，为一般杂草。此类杂草有三脉紫菀（*Aster ageratoides*）、猪殃殃（*Galium maborasense*）、节裂角茴香（*Elsholtzia densa*）、车前（*Plantago asiatica*）、田旋花（*Convolvulus arvensis*）、猪毛菜（*Salsola collina*）、荞麦蔓（*Polygonum convolvlus*）、蒲公英（*Taraxacum mongolicum*）、泽漆（*Euphorbia helioscopia*）、天山千里光（*Senecio tianshanicus*）、鼠掌老鹳草（*Geranium sibiricum*）、宝盖草（*Lamium amplexicaule*）、问荆（*Equisetum arvense*）、野芥菜（*Raphanus raphanistrum*)、飞廉（*Carduus nutans*）、遏蓝菜（*Thlaspi arvense*）、荠菜（*Capsella bursa-pastoris*）、菊叶香藜（*Chenopodium foetidum*）、黄花苜蓿（*Medicago falcata*）、反枝苋（*Amaranthus retroflexus*）、薄蒴草（*Lepyrodiclis holosteoides*）、繁缕（*Stellaria media*）、枸杞（*Lycium bardarum*）、旱雀麦（*Bromus tectorum*）、西伯利亚蓼（*Polygonum sibiricum*）、披针叶黄华（*Thermopsis lanceolata*）、独行菜（*Lepidium apetalum*）、野薄荷（*Monarda citriodora*）、微孔草（*Microula sikkimensis*）、黄花棘豆（*Oxytropis ochrocephala*）、羊茅（*Festuca ovina*）、西北针茅（*Stipa sareptana*）、阿尔泰紫菀（*Aster altaicus*）、鹅绒委陵菜（*Potentilla anserina*）、黄芪（*Astragalus membranaceus*）、雾冰藜（*Bassia dasyphylla*）等36种（表3-27）。

表 3-27　柴达木盆地麦田主要杂草的优势度（魏有海，2015）

杂草名称	德令哈	都兰	格尔木	乌兰	综合
野燕麦 *Avena fatua* Linn	33.48	25.3	11.69	7.97	19.61
萹蓄 *Herba Polygoni Avicularis*	34.51	8.16	11.54	23.90	19.53
苦苣菜 *SonchusoleraceusL.*	10.82	35.5	3.11	10.32	14.94
藜 *Chenopodium album*	7.99	14.93	6.99	25.24	13.79
藏蓟 *Cirsium lanatum* Spreng.	9.59	12.85	4.25	20.64	11.83
苣荬菜 *Sonchus arvensis* Linn.	18.86	4.3	0	23.31	11.62
赖草 *Hypecoum leptocarpum* Hook. F. et Thoms.	1.28	10.8	16.89	10.67	9.91
芦苇 *Phragmites australis*（Cav.）*Trin. ex Steud*	0	0	34.70	3.62	9.58
早熟禾 *Poa annua* L.	2.50	10.13	11.36	5.62	7.40
野油菜 *Brassica campestris* L.	3.91	14.87	0	10.59	7.34
离蕊芥 *Malcolmiaafricana*（L.）R. Br.	9.09	9.75	0	0	4.71
阔叶独行菜 *LePidium latifoliomL. var，affineC. A. Mey.*	9.46	1.92	0	6	4.35
西伯利亚滨藜 *Atriplex sibirica* L.	1.72	13.38	0	0	3.78
灰绿藜 *Chenopodium glaucum* L.	0	1.56	0	12.84	3.60
狗尾草 *Setaria viridis*（Linn.）Beauv.	9.36	0	5.02	0	3.60
野艾蒿 *Artemisia lavandulaefolia* DC.	8.58	2.47	0	2.22	3.32
蒙山莴苣 *Lactucatatarica*（L.）C. A. Mey.	0	12.06	0	0.93	3.25
自生青稞 *Hordeum vulgare* Linn. var. nudum Hook. f.	0	6.62	5.45	0	3.02
大巢菜 *Vicia sativa* L.	7.07	0	1.80	1.69	2.64
二裂叶委陵菜 *Potentilla bifurca*	2.5	0.87	0	3.79	1.79
白刺 *Nitraria sibirica*	0	6.2	0	0	1.55
密花香薷 *Elsholtzia densa* Benth	4.49	0	0	0.79	1.32
雀麦 *Bromus japonicus* Thunb.	0	5.26	0	0	1.32

（续表）

杂草名称	德令哈	都兰	格尔木	乌兰	综合
白香草木樨 *Melilotus albus* Medic. ex Desr	0	4.35	0	0	1.09
三脉紫菀 *Aster ageratoides* Turcz.	3.55	0	0	0	0.89
猪殃殃 *Galium maborasense* Masamune	1.73	0	0	0.98	0.68
车前 *Plantago asiatica* Linn.	2.56	0	0	0	0.64
节裂角茴香 *Elsholtzia densa* Benth	1.25	0.76	0	0	0.50

注：表中所列为综合优势度在 0.5 以上的杂草

2. 防除措施

在防除策略上，既要防除优势杂草危害，还需兼顾防控区域性优势杂草的进一步扩散为害。针对对柴达木地区麦田野燕麦、萹蓄、苦苣菜、藜、藏蓟、苣荬菜 6 种优势杂草和赖草、芦苇、早熟禾、野油菜 4 种区域性优势杂草发生情况，基于延缓杂草抗药性产生和群落演替速率考虑，制定防除措施如下。

（1）农业防除 根据具体情况可综合采用如下防除措施：轮作倒茬；深耕细作；精选良种；高温堆肥；高密度栽培；迟播诱发；管理水源等。

（2）化学防除 在以野燕麦等禾本科杂草为主的田块可按表 3 – 28，表 3 – 29 选用除草剂，对水 20 ~ 30kg 分别于小麦播前、播后苗前、茎叶喷雾处理。

表 3 – 28 柴达木盆地麦田优势杂草与可选用除草剂简表（魏有海，2015）

杂草名称		可选用除草剂
学名	所属科名	
野燕麦	禾本科	野麦畏、精恶唑禾草灵、禾草灵、甲基二磺隆、炔草酸（酯）、啶磺草胺、氟唑磺隆、唑草酮
萹蓄	蓼科	唑酮草酯、氟草定、2，4-D 丁酯、2 甲 4 氯、溴苯腈
苦苣菜	菊科	二氯吡啶酸、唑酮草酯、苯磺隆、2，4-D 丁酯、使阔得
藜	藜科	唑酮草酯、苯磺隆、2，4-D 丁酯、溴苯腈、麦草畏、唑嘧磺草胺
藏蓟	菊科	二氯吡啶酸、唑酮草酯、苯磺隆、2，4-D 丁酯、使阔得
苣荬菜	菊科	二氯吡啶酸、唑酮草酯、苯磺隆、2，4-D 丁酯、使阔得
赖草	禾本科	草甘膦
芦苇	禾本科	草甘膦
早熟禾	禾本科	啶磺草胺、甲基二磺隆
野油菜	十字花科	啶磺草胺、唑酮草酯、苯磺隆、2，4-D 丁酯、溴苯腈、麦草畏、唑嘧磺草胺

表 3 – 29　麦田除草剂使用技术简表（魏有海，2015）

通用名称（商品名称）		主要剂型	使用剂量（ml，g/亩）	使用时期	防除对象	注意事项
野麦畏	燕麦畏、阿畏达	40%乳油	200	播前、播后苗前、秋施	野燕麦、看麦娘	施药后及时混土
精恶唑禾草灵	骠马、骠灵	6.9%浓乳剂	45～55	苗期，杂草3～4叶期	野燕麦、看麦娘、狗尾草、日本看麦娘、稗草	
禾草灵	禾草灵、伊洛克桑	28%乳油	200	苗期，禾本科杂草3～4叶期	野燕麦、稗草、毒麦、看麦娘、狗尾草、日本看麦娘	
甲基二磺隆	世玛Sigma	3%油悬剂	25	苗期，禾本科杂草3～4叶期	硬草、早熟禾、碱茅、棒头草、看麦娘、多花黑麦草、野燕麦、牛繁缕、荠菜、雀麦、毒麦	加液量0.2%～0.7%非离子助剂
唑酮草酯	快灭灵	40%干悬浮剂	4～5	苗期，杂草2～4叶期	猪殃殃、播娘蒿、荠菜、泽漆、婆婆纳、田旋花、卷茎蓼、藜、萹蓄、反枝苋、藏蓟、苣荬菜、遏蓝菜、地肤	
苯磺隆	苯磺隆	10%可湿性粉剂	10	苗期，杂草2～4叶期	猪殃殃、繁缕、野芥菜、反枝苋、酸模叶蓼、藜、密花香薷、龙葵、大巢菜、荞麦蔓、播娘蒿、地肤	
使阔得	使阔得	6.25%水分散剂	10～20	小麦3叶至拔节期，杂草1～6叶期	猪殃殃、牛繁缕、婆婆纳、大巢菜、藏蓟、苣荬菜、苦苣菜、藜、蓼、薄蒴草、播娘蒿、独行菜、酸模叶蓼、田旋花	
氟草定	使它隆、治莠灵	20%乳油	50～70	小麦2叶至拔节期	藜、滨藜、灰绿藜、蓼、猪殃殃、牛繁缕、大巢菜、播娘蒿、田旋花、萹蓄、遏蓝菜、野芥菜、荠菜	
2，4-D丁酯	2，4-滴丁酯	72%乳油	40～50	小麦3～5叶期	播娘蒿、繁缕、野芥菜、反枝苋、酸模叶蓼、藜、密花香薷、大巢菜、荞麦蔓、藏蓟、苣荬菜、田旋花、萹蓄	防止飘移性药害
2甲4氯钠	2甲4氯钠盐、2甲4氯	20%水剂	200～250	小麦分蘖至拔节前	播娘蒿、野芥菜、荠菜、藜、遏蓝菜、萹蓄	防止飘移性药害

（续表）

通用名称（商品名称）		主要剂型	使用剂量（ml，g/亩）	使用时期	防除对象	注意事项
麦草畏	百草敌	48%水剂	20~30	小麦3叶至拔节前	猪殃殃、藜、荞麦蔓、牛繁缕、藏蓟、苣荬菜、文静、密花香薷、荠菜	
溴苯腈	伴地农	22.5%乳油	100~150	小麦3~5叶期	播娘蒿、藜、滨藜、麦瓶草、薄蒴草、萹蓄、猪毛菜、地肤、野芥菜、荞麦蔓	
唑嘧磺草胺	阔草清	80%水分散剂	1.5~2.0	小麦苗3~4叶期	藜、反枝苋、酸模叶蓼、荞麦蔓、苍耳、苣荬菜、密花香薷、繁缕、猪殃殃、毛茛、问荆、地肤	
草甘膦	飞达、农达、农民乐、草甘膦	41%可湿性粉剂	100~150	免耕冬小麦田播前喷雾	对已出苗各种杂草灭生性除草	对春小麦田苗期芦苇、赖草等采用毛刷等涂抹方法使用
啶磺草胺	优先	7.5%可分散性粒剂	12.5	小麦3~5叶	看麦娘、繁缕、播娘蒿、野燕麦、荠菜、旱雀麦、野芥菜、薄蒴草、密花香薷、遏蓝菜、苣荬菜、藏蓟	小麦起身拔节后不得施用
氟唑磺隆	彪虎	70%水分散粒剂	4	小麦3~5叶	野燕麦、雀麦、多花黑麦草	
炔草酯	麦极	15%可湿性粉剂	15	小麦3~5叶	日本看麦娘、茵草、看麦娘、硬草、早熟禾、棒头草、碱茅、野燕麦	

三、防御低温冷害

低温冷害是指作物生长季节，0℃以上的低温对作物的损害，使作物生理活动出现故障，严重时某些组织遭到破坏。作物受害后，外观无明显变化，故有"哑巴灾"之称。作物受害的症状为当日最低气温对植株正常发育有一定影响，造成千粒重下降，划分为轻度灾害；低温持续时间较长，作物生育期明显延迟，影响正常开花、授粉、灌浆、结实率低，千粒重下降，划分为中度灾害；作物因长时间低温不能成熟，严重影响产量和质量划分为重度灾害。根据《青海省地方气象灾害标准》（DB63T 372—2001）对低温冷害的规定，作物生长期内日最低气温低于作物生育期下限温度并持续 5d 以上，或任一段内月季平均气温低于历年同期平均值 1.0℃ 以上，小麦生育期下限温度指标苗期为 4～5℃，生物器官形成及开花期为 9～11℃，灌浆结实期为 10～12℃。

（一）发生时期和特征

在柴达木盆地北部亚区，海拔高度与南部亚区接近，年均温 7—8 月平均气温，4～8 月 ≥0℃ 活动积温，均较南部亚区低。年降水量高于南部亚区，灌溉水源不足，水热条件较差。早霜冻在 8 月下旬至 9 月上旬降临，晚霜在 5 月中上旬降临，小麦发生低温冷害的频率较南部亚区高，一般发生在苗期和开花期。近年来由于在苗期气温不正常，忽高忽低，低时可达 –12℃ 以下，苗期发生低温冷害的频率较开花期高。

小麦发生低温冷害的特点是，茎叶部分无异常表现，受害部位多为穗，形成"哑巴穗"，幼穗干死在旗叶叶鞘内；出现白穗，抽出的穗只有穗轴，小穗全部发白枯死；出现半截穗，抽出的穗仅有部分结实，不孕小花数大量增加，减产严重。

（二）低温冷害对小麦生育和产量的影响

春性小麦品种初春生长量较大，低温冷害使当时已进入拔节期和幼穗分化阶段的小麦严重受冻。由于小麦拔节后至孕穗挑旗阶段，处于含水量较多、组织幼嫩时期，抵抗低温能力大大削弱。小麦幼穗发育至四分体形成期（孕穗期）前后，要求日平均气温 10～15℃，此时对低温和水分缺乏极为敏感，尤其对低温特别敏感，若最低气温低于 5～6℃ 就会受害，一般 4℃ 以下的温度就可能对其造成伤害，造成小穗枯死等。

（三）应对措施

1. 防止播种过早

春性品种播种过早，发育时期提前，受低温寒害或晚霜冻害的机率高，因此播种不要超过适宜播期的上限。在柴达木盆地适宜播种期应在 3 月下旬以后。其次防止发育过快。播种密度大，拔节以后 N 肥不足的麦田，往往发育快，拔节早，容易遇到低温寒害或晚霜冻害，因此播量要适宜，播种要均匀。对 N 氮肥不足的麦田应结合中耕追施适量的 N 肥，这对防止小麦发育过快有良好效果。第三是浇好拔节孕穗水。保持充足的土壤含水量和湿润的田间小气候，对防止冻害和减轻冻害具有重要意义，干旱会加重了小麦的冻害。因此在小麦拔节期，特别是发育快拔节早的麦田，要浇好拔节水，这不仅防止冻害有良好的效果，对增加亩穗数，形成大穗有重要作用。

2. 防御低温冷害

在低温到来以前及时浇水或叶面喷施磷酸二氢钾，可防御或减轻低温冷害，是抗御霜冻最主要的措施之一。有水利条件的麦田，要利用一切水源普遍浇灌。

3. 补救措施

在出现低温后，根据当地的实际情况，还应当采取一些补救措施。在柴达木盆地，晚霜时间一般在 5 月中上旬，在低温或晚霜之后，发现冻害及早采取补救措施，对受害田块进行追肥和浇水，一般每亩追尿素 5~7kg，促其尽快恢复生长。拔节期受害严重的麦田及早追肥浇水，可以促进小分蘖成穗弥补损失。对土壤肥力高，水分较充足的麦田，喷施速效肥料对减轻冻害也有明显效果。

第九节　适时收获

一、柴达木盆地小麦收获的适宜时期

小麦成熟程度是决定收获期的主要依据。熟期分为乳熟期、蜡熟期和完熟期。乳熟、蜡熟期又分为初、中、末三个阶段，根据植株和籽粒的色泽、含水量等来确定。乳熟期的茎叶由绿逐渐变黄绿，籽粒有乳汁状内含物。乳熟末期籽粒的体积与鲜重都达到最大值，粒色转淡黄、腹沟呈绿色；蜡熟期籽粒的内含物呈蜡状，硬度随熟期进程由软变硬。蜡熟初期叶片黄而未干，籽粒呈浅黄色，腹沟褪绿，粒内无浆。蜡熟中期下部叶片干黄，茎秆有弹性，籽粒转黄色，饱满而湿润。蜡熟末期，全株变黄，茎秆仍有弹性，籽粒黄色稍硬。完熟期叶片枯黄，籽粒变硬，呈品种本色。

最适宜的收获阶段是蜡熟末期到完熟期。过早收获，籽粒不饱满，产量低，品质差。收获过晚，籽粒因呼吸使蛋白质含量降低，碳水化合物减少，千粒重、容重、出粉率降低，在田间易落粒，有些品种还易折秆、掉穗。人工收割收获宜在蜡熟中期到末期进行；使用联合收获机直接收获时，宜在蜡熟末至完熟期进行。留种用的麦田在完熟期收获。

二、收获机械的应用

(一) 确定适宜收割期

小麦机收宜在蜡熟末期至完熟期进行，此时产量最高，品质最好。小麦成熟期主要特征为蜡熟中期下部叶片干黄，茎秆有弹性，籽粒转黄色，饱满而湿润，籽粒含水率 14%~16%。蜡熟末期植株变黄，仅叶鞘茎部略带绿色，茎秆仍有弹性，籽粒黄色稍硬，内含物呈蜡状，含水率 14%~15%。完熟期叶片枯黄，籽粒变硬，呈品种本色，含水率在 16% 以下。

（二）保持合适的留茬高度

割茬高度应根据小麦的高度和地块的平整情况而定，一般以 5 ~ 15cm 为宜。割茬过高，由于小麦高低不一或机车过田埂时割台上下波动，易造成部分小麦漏割，同时，拔禾轮的拔禾推禾作用减弱，易造成落地损失。在保证正常收割的情况下，割茬尽量低些，但最低不得小于 5cm，以免切割泥土，加快切割器磨损。

第十节　柴达木盆地春小麦超高产栽培简介

一、时代背景

20 世纪 60—80 年代，由于国家粮食紧张和粮食流通领域计划经济管理，柴达木盆地作为青海省主要的商品粮生产基地，农业科学研究主要是以农作物高产为目标。中国科学院西北高原生物研究所、青海省农林科学院作物育种栽培研究所、青海工农学院农学系（现青海大学农牧学院农学系）、海西州农业科学研究所、州属各县农业科学研究所以及省属国有农场和州属国有农场农科所也主要是以农作物高产育种和栽培为研究方向，特别是在春小麦高产育种和栽培研究方面，投入了大量人力物力，涌现了一批高产和超高产典型。

2008 年为促进中国粮食生产稳定发展，保障粮食有效供给，农业部决定将 2008 年作为"全国粮食高产创建活动年"，广泛开展粮食高产创建活动，组织制定了《全国粮食高产创建活动年工作方案》。其重要意义是开展粮食高产创建，有利于充分发挥技术推广的示范带动作用；有利于充分挖掘中国粮食生产潜力；有利于形成科技兴粮的合力；有利于推动粮食省长负责制的落实。总之，通过扎实开展粮食高产创建活动，集约资源、集成技术、集中力量，大力提高粮食单产水平，对确保中国粮食生产稳定发展具有十分重要作用。总体目标是：在全国粮食主产区建设 500 个万亩优质高产创建示范点，其中水稻、小麦、玉米各 150 个，马铃薯 50 个。通过开展粮食高产创建，力争示范区粮食单产实现"6789"的目标要求，即小麦集中连片亩产 600kg 以上，单季稻700kg 以上，玉米 800kg 以上，双季稻 900kg 以上。

二、研究成果

1965 年香日德农场引进的意大利小麦品种阿勃在 0.165hm² 面积上创造了平均产量 11 278.50kg/hm² 的纪录，1974 年诺木洪农场利用阿勃品种在 0.989hm^2 面积上创造了平均单产 10 532.25kg/hm^2 的纪录。1978 年，中国科学院西北高原生物研究所的程大志研究员领导的小麦高额丰产栽培研究课题组通过和香日德农场农科所合作，培育出了春小麦高产新品种高原 338，并在 0.261hm^2 上进行了高产栽培试验，秋季经初步测产计算，产量达 15 474kg/hm^2，单季单作产量首次超过了 15t/hm^2。经过青海省科学技术委员会（现青海省科技厅，下同）邀请 20 多位省内外有关专家组成验收委员会，亲临现场对这片麦田进行了田间验收，经测产、收割、脱粒、称重、除杂、除水等全过程的检验，结果显示：这片麦田平均有效麦穗 774.45 万/hm^2，每穗结实 36.18 粒，千粒重 56.2g，经单收实打，总产量达 3 961.03kg，平均单产 15 195.75kg/hm^2。后经有关情报研究单位查新证明，这一产量创造了春小麦世界高产纪录。此后的几年中，柴达木盆地农业部门的科技工作者又利用高原 338 品种 2 次突破单产 15t/hm^2 的春小麦高产纪录（表 3-30）。

表 3-30　柴达木盆地春小麦高产和超高产典型（谢德庆，2016）

序号	时间	地点	品种	面积（hm^2）	产量（kg/hm^2）	备注
1	1965	香日德农场	阿勃	0.165	11 278.50	
2	1973	诺木洪农场	青春 5 号	0.225	11 889.75	
3	1973	香日德农场	香农 3 号	0.533	11 359.35	
4	1974	诺木洪农场	阿勃	0.989	10 532.25	
5	1974	香日德农场	香农 3 号	1.607	11 056.50	
6	1975	赛什克农场	他诺瑞	0.272	12 631.95	
7	1976	诺木洪农场	青春 26	1.000	10 995.00	
8	1976	香日德农场	墨波	0.096	12 245.70	
9	1976	香日德农场	墨卡	1.001	11 682.75	
10	1977	香日德农场	墨波	0.075	13 241.25	
11	1978	都兰县香日德镇沱海村	高原 338	0.261	15 195.75	单季吨粮
12	1984	都兰县香日德镇沱海村	高原 338	0.151	15 102.30	单季吨粮
13	1987	都兰县香日德镇沱海村	高原 338	0.151	15 217.50	单季吨粮
14	1992—1996	香日德农场农科所	高原 338	0.178	15 218.7	青海省科学技术委员会资助项目"柴达木盆地小麦微机辅助决策高产技术研究"
15	1997	乌兰县希里沟镇西庄村	柴春 901	1.052	12 769.35	
16	2002	都兰县香日德镇沱海村	高原 465	6.833	11 689.65	

2010—2014 年，在国家小麦产业技术体系首席科学家肖世和研究员的安排部署下，青海省农林科学院在青海省都兰县香日德镇下柴源村和沱海村进行

了春小麦高产技术集成试验示范，该项目以亩产850kg为产量目标，以大穗型品种高原338和穗数型品种绵杂168为核心技术，以合理密植、测土配方施肥和壮秆防倒等为配套措施进行小麦亩产850kg高产高效生产技术体系集成组装，并在当地农民田中进行试验示范。2010年，选用高原338和绵杂168两个品种，播量为每亩29kg，试验示范面积为51亩，其中绵杂168试验示范17亩，高原338试验示范34亩。同年9月7日至11日，国家小麦产业技术体系组织黑龙江省农科院副院长、国家小麦产业技术体系成员、东北春麦区小麦育种岗位专家肖志敏研究员；山西农业大学研究生院副院长、农业部小麦专家指导组成员高志强教授等7位专家，根据农业部《全国粮食高产创建测产验收办法（试行）》，绵杂168和高原338高产示范点进行了测产。绵杂麦168，理论产量为761.6kg/亩，实收产量774.8kg/亩。高原338，油菜茬理论产量为771.6kg/亩，实收产量792.2kg/亩。豌豆茬理论产量为858.1kg/亩，实收产量772.01kg/亩。

2011年，选用了4个春小麦品种高原338、青春38、宁春50和N2038。其中，高原338为创高产的老品种，是一密穗型品种；青春38是由青海省农科院培育的高产优质抗病春小麦品种；宁春50、N2038是从宁夏引进的，丰产性、适应性较优的春小麦品种。4个参试品种试验示范面积、播量分别为：高原338，13亩，亩播30kg；青春38，18亩，亩播24kg；宁春50、N2038，1亩，播量22.5kg。

同年9月18—19日，国家小麦产业技术体系及青海省有关专家在都兰县香日德镇新华村对上述4个品种的高产示范田进行了测产。高原338理论产量为845.13kg/亩，实收产量为876.03kg/亩。青春38理论产量为631.06kg/亩，实收产量为597.78kg/亩。宁春50理论产量为656.51kg/亩，实收产量为620.00kg/亩。N2038理论产量为622.21kg/亩，实收产量为660.00kg/亩。

2012年，青海省农林科学院选用高原338和扬麦16号，在都兰县香日德镇新华村进行高产栽培试验，试验示范面积、播量分别为：高原338，5.8亩，亩播30kg；扬麦16，4.5亩，亩播27.5kg。高原338理论产量为665.00kg/亩，实收产量为650.00kg/亩，扬麦16理论产量为495.00kg/亩，实收产量为490.00kg/亩。

2013年，青海省农林科学院选用高原338，在都兰县香日德镇新华村进行高产栽培试验，试验面积为6.5亩，亩播量为28kg，同年9月24日，国家小麦产业技术体系组织5位专家进行了实打验收，实收面积为3.38亩，采用丰收2型小型联合收割机机收，实收亩产为811.80kg。

2014年，青海省农林科学院选用高原338，在都兰县香日德镇新华村进行高产栽培试验，试验面积为9.2亩，亩播量为32.5kg，同年9月24日，青海省农业技术推广总站组织国家农业技术推广服务中心、西北高原生物研究所、青海省农林科学院、互助县农业技术推广中心和湟中县农业技术推广中心等单位的9位专家，根据农业部《全国粮食高产创建测产验收办法（试行）》，进行了实地测产验收。实测面积3.186亩。理论产量为942.8kg/亩，实收产量886.1kg/亩（表3-31）。

表3-31　2010—2014年香日德地区春小麦高产事例（谢德庆，2014）

年份	地点	品种	面积（hm²）	理论产量（kg/hm²）	实收产量（kg/hm²）	备注
2010	香日德镇下柴源村	高原338	2.267	11 574	11 883	油菜茬
				12 871.5	11 580.15	豌豆茬
	香日德镇沱海村	绵杂168	1.133	11 424	11 622	油菜茬
2011	香日德镇新华村	高原338	0.867	12 676.9	13 140.45	油菜茬
		青春38	1.2	9 465.9	8 966.7	
		宁春50	0.067	9 847.65	9 300	
		N2038	0.067	9 333.15	9 900	
2012	香日德镇新华村	高原338	0.387	9 975	9 750	马铃薯茬
		绵杂168	0.3	7 425	7 350	
2013	香日德镇新华村	高原338	0.225		12 177	油菜茬
2014	香日德镇新华村	高原338	0.212	14 142	13 291.5	油菜茬

三、主要栽培措施

（一）品种选择及产量因素构成设计

根据柴达木盆地小麦创高产实践和生产需求，在盆地南部亚区选择耐肥、丰产、中熟的小穗型品种。根据高原338品种特点及其多年高产栽培研究资料，产量因素构成设计为：亩保苗株数为40万~43万，亩成穗数为42万~45万，穗粒数45粒，千粒重50g，设计理论产量为945.0~1 012.5kg/亩。

（二）播种

播前需进行种子处理。措施主要为晒种和用三唑酮和苯醚咯菌腈拌种，三唑酮拌种预防白粉病和锈病；苯醚咯菌腈拌种预防散黑穗病。播种方式为条播，播量为每亩29kg左右。

（三）施肥量、施肥方式与施肥种类设计

为提高N肥利用率，建立合理群体结构，促进根系下扎，增加每穗粒数和提高粒重，采用化肥和有机肥并重的方式，其中有机肥底肥施用量为每亩

$5m^3$ 翻堆腐熟羊粪。化肥底肥施用量为每亩 200kg 过磷酸钙，20kg 磷酸二铵，5kg 尿素。磷酸二铵、尿素用播种机和种子分层施入。追肥施用量为头水亩追施尿素 10kg。二水亩追施尿素 7.5kg。

（四）灌水设计

由于柴达木盆地降雨量小，蒸发量大，根据多年经验，高产麦田全生育期设计灌水 7~8 次。三叶一心灌头水，并进行追肥，分蘖盛期灌二水，并进行追肥，拔节期灌三水，孕穗期灌四水，扬花期灌五水，灌浆期灌六水，乳熟末期灌七水，蜡熟期灌八水。

（五）壮秆防倒

由于高产麦田群体较大，为防止倒伏，设计喷施矮壮素两次，喷施时间为分蘖至拔节期，喷施量为每亩每次喷施矮壮素 200g。

第三章　柴达木盆地小麦品质

第一节　小麦品质概况

一、品质性状概述

（一）营养品质

小麦籽粒蛋白质和赖氨酸是小麦营养品质的重要方面。对柴达木盆地不同年份推广种植的春小麦品种（系）营养品质状况进行调查发现（表3－32），柴达木盆地小麦籽粒蛋白质含量平均仅为10.850%，与全国平均水平（12.760%）相差1.910个百分点，80%的品种（系）蛋白质含量在9.650%～12.460%，赖氨酸含量在0.244%～0.370%，而全国90%的品种（系）蛋白质含量在10.000%～16.000%，赖氨酸含量在0.340%～0.490%，柴达木盆地有蛋白质含量低至8.01%，赖氨酸含量低至0.237%的品种。柴达木盆地小麦蛋白质含量均值比全国小麦均值的12.760%低1.910%，赖氨酸比全国均值0.400%低0.081%。柴达木盆地小麦品种同中国北部春麦区、东北春麦区、西北春麦区、青藏高原麦区小麦品种相比，除青藏高原麦区的蛋白质含量相对较低以外，其蛋白质、赖氨酸含量都低于全国以及北部春麦区、东北春麦区、西北春麦区平均水平（表3－33）。

表3－32　全国小麦与柴达木盆地春小麦营养品质（李永照等，1987）

区域	测定项目	蛋白质含量（%）	赖氨酸（%）
全国	参试品种均值	12.760	0.400
	变异幅度	9.910～21.100	0.325～0.503
	极差	11.19	0.178
	90%的品种所在范围	10.000～16.000	0.340～0.490
柴达木盆地	参试品种均值	10.850	0.319
	变异幅度	8.010～13.090	0.237～0.406
	极差	5.080	0.169
	80%的品种所在范围	9.650～12.460	0.244～0.370

表 3 – 33　全国主要春麦区品种营养品质比较表（李永照等，1987；陈集贤，1994）

区域	蛋白质（%）	赖氨酸（%）	柴达木盆地比其他麦区低或超出数	
			蛋白质（%）	赖氨酸（%）
全国小麦品种均值	12.760	0.400	− 1.910	− 0.081
北部春麦品种均值	15.300	0.460	− 4.450	− 0.141
东北春麦区品种均值	13.830	0.440	− 2.980	− 0.121
西北春麦区品种均值	12.660	0.400	− 1.810	− 0.081
青藏高原麦区均值	9.670	0.350	+ 1.180	− 0.031
柴达木盆地参试品种均值	10.850	0.319	0.000	0.000

　　清蛋白、球蛋白、醇蛋白和麦谷蛋白是小麦籽粒蛋白质的主要组分，它们的多少及在蛋白质中所占比例，对小麦品质影响很大。柴达木盆地，由于气候条件特殊，一年一熟，小麦开花到成熟近 60d。因此，其籽粒蛋白质的变化也有一些特点。开花后 7 或 13d，清蛋白质含量较高，以后逐渐下降，开花后 25 或 37d 左右降到最低点，成熟时含量略有提高；球蛋白在开花后 7d 左右含量较高，随后便下降，花后 25d 左右降到低谷，此后缓慢回升，成熟时含量与花后 7d 相近；醇溶蛋白，在开花后 7~13d，是四种组份中含量最低的，以后便逐步上升，成熟时的含量显著高于开花初期；麦谷蛋白在开花后 19d 或 25d 呈波动状上升，增幅小，以后便稳步增长，增幅较大。四种组分的变化规律为清蛋白和球蛋白在籽粒形成期积累较多；醇溶蛋白主要是在灌浆开始后积累；麦谷蛋白在籽粒形成时就开始积累，但积累较少或略有下降。

　　柴达木盆地春小麦籽粒蛋白质含量低，品质差，究其原因，在于麦谷蛋白含量低，出现这种情况的原因主要是：柴达木盆地是春小麦高产区，碳水化合物的合成和积累量大，在一定程度上影响了蛋白质的积累；柴达木盆地小麦品种大部分为中早熟品种，而中早熟品种较晚熟品种积累蛋白质的速度要慢；随着海拔高度上升同一品种的籽粒蛋白质含量下降，主要是小麦籽粒蛋白质形成期间气温较低所致。

（二）加工品质

1. 面筋含量低

　　小麦粉面筋含量是衡量小麦加工品质的重要指标。柴达木盆地春小麦粉面筋含量低，加工品质差（表 3 – 34）。小麦蛋白质中含有麦清蛋白、麦胶蛋白、麦球蛋白、麦谷蛋白，其重要性表现在形成面筋的特性上，面筋是由 2/3 的水和 1/3 的干物质组成，主要成分是麦胶蛋白和麦谷蛋白。通过对柴达木盆地种植的两个小麦品种的面筋成分进行比较，组成面筋蛋白质的麦谷蛋白均比麦胶蛋白低 30% 以上。一般面筋品质好的小麦粉面筋蛋白中，麦谷蛋白比麦胶蛋白低 10% 左右。因此，柴达木盆地春小麦粉由于组成面筋蛋白质化学成分有别于品质较优的小麦粉，所以在食品加工制做中表现出性黏的特性。

表 3－34　柴达木盆地小麦品种面筋成分（马辉等，1996）

品种	麦谷蛋白	麦胶蛋白
高原 338	2.18	5.06
阿勃	3.46	6.56

注：柴达木盆地都兰县香日德镇

2. 千粒重高

千粒重是籽粒大小与整齐度的综合反映，影响着磨粉品质。柴达木盆地春小麦的籽粒大，千粒重高，可达 60g 左右。在一般栽培条件下（亩产 400kg 左右），品种（系）的千粒重在 40～50g；在高产栽培条件下，多穗型品种的千粒重在 37.4～42.2%，重穗型品种的千粒重在 52.5～60.0g。

3. 容重较低

柴达木盆地推广的春小麦品种（系）的平均容重为 759.6g/L，容重高于中国优质麦容重标准 790g/L 的品种（系）相对较少。

4. 出粉率较低

柴达木盆地春小麦品种（系）出粉率变化在 44.3%～64.0%，平均值为 56.3%，较河南省小麦品种标准粉出粉率平均值 76.8% 低 20.5%，较商业部四川粮食贮藏科学研究所对河南省品种测定的出粉率平均值 78.4% 低 22.1%。

5. 籽粒硬度软且差异很大

由于国内以往对籽粒硬度的选择不严，所以柴达木盆地春小麦品种的籽粒硬度软且变异大。在所有春小麦品种中，籽粒最硬的品种只比加拿大品种中最软的略硬，其余品种都软于加拿大品种中最软的品种。

6. 灰分含量较高

柴达木春小麦品种样品的灰分含量，其平均值为 2.12%，比国家规定的标准粉灰分标准 1.2% 超出 0.92%，最高灰分含量为 2.78%，最低为 1.44%，灰分含量最低者都超过了国家规定的标准粉灰分标准。

7. 面粉吸水率较低

柴达木盆地小麦品种的面粉吸水率在 54.8%～59.7%，面粉吸水率高于加拿大小麦品种较少，全部小麦品种的面粉吸水率都低于加拿大硬红春小麦。

8. 面团流变学特性较差

柴达木盆地春小麦品种的面团形成时间短，在和面仪上为 1.1～2.2min，在粉质仪上为 2.1~4.6min；而加拿大品种分别为 2.6~3.3min、5.3~8.0min。柴达木盆地春小麦的面团稳定时间为 3.3~6.5min，明显短于加拿大品种的 9.8~19.8min。总之，柴达木盆地春小麦的面团形成时间短，稳定时间短，表明其面团流变学特性差，烘烤潜力较小。

9. 面筋质量差

面筋质量可用比沉降值进行评价。比沉降值为沉降值除以蛋白质含量，它只受麦谷蛋白强度的影响，而与蛋白质含量无关。柴达木盆地春小麦品种平均比沉降值为 5.47，加拿大小麦品种平均比沉降值为 6.97，柴达木盆地春小麦品种的面筋质量较差。

（三）烘焙品质与食用品质差

柴达木盆地小麦的品质较差，其面粉仅能定为弱力粉，因此它的烘焙品质极差，加工制成的面条（挂面）、馒头，食用性能差。其原因，一方面由于青海春小麦生长期短，特别是在后期低温、高寒，且多正值雨季，造成光照不充分，成熟度不完全，淀粉转化过程中未彻底完成，含糖份较高；存在于小麦中的 α-淀粉酶活性强，加速了面粉的酶解与水解，促进了面食制作中的糖化，不能使之完全熟化。另一方面，易被人们忽视的因素是青海地处高原，海拔高、气压低，水的沸点低，在面食制作中淀粉熟化所需要的热量不足，延长蒸煮时间必然加剧淀粉酶的活性，从而使 α 化淀粉易 β 化。另外，与柴达木盆地春小麦淀粉的分子结构组成有关，其支链淀粉含量较高，而直链淀粉相对含量较低。

二、品质性状的环境效应

（一）柴达木盆地范围内小麦品质性状的地域差异

柴达木盆地各县、市由于种植品种不同以及地理位置、生态条件差异，形成了小麦蛋白质含量的差异。蛋白质含量在 10% 以上的有诺木洪、格尔木，10% 以下的地区有香日德、德令哈。以诺木洪的小麦蛋白质平均含量 10.86% 为最高，变化幅度为 9.05%~12.74%。其次是格尔木平均为 10.49%，变化幅度为 8.5%~12.32%，香日德平均 9.48%，变化幅度为 9.22%~9.89%，德令哈最低，平均为 9.45%，变化幅度为 8.42%~10.91%。在柴达木盆地没有一个地区高于全国小麦蛋白质含量平均值（13.72%）。

柴达木盆地历年推广种植的小麦品种（系）蛋白质含量较低，但其在不同区域间的变化范围较大。诺木洪推广种植小麦品种（系）的蛋白质含量最高，可达 12.74%，德令哈推广种植小麦品种（系）的蛋白质含量最低，为 8.98%。柴达木盆地区域内，小麦籽粒蛋白质含量平均仅为 10.850%，这就说明，在柴达木盆地，推广种植的小麦品种（系）蛋白质含量普遍偏低。

同一品种在同一年份、同一地区由于栽培条件、土壤肥力等因素影响，同一小麦品种蛋白质含量也有差异。如在诺木洪地区不同村社种植的同一小麦品种也有差别，诺木洪农场 1 大队种植的小麦品种蛋白质含量为 11.29%，而 5 大队种植的小麦品种蛋白质含量仅为 9.06%；在德令哈市宗隆乡种植的小麦品种蛋白质含量为 10.26%，而德令哈农场种植的小麦品种蛋白质含量为 8.87%。

（二）施肥对小麦品质性状的影响

1. 氮肥

前人用 3 个小麦品种，在不施肥条件下亩产 366.8kg 的中等肥力地块上进行施 N 试验，在亩施纯 N 0～30.0kg 范围，随着施 N 量的增加，3 个品种的籽粒蛋白质含量相应增加，单位面积上的蛋白质产量也相应提高；当施 N 水平为 30.0kg/亩时，品种的蛋白质产量降低，是由于籽粒产量降低所致。在柴达木盆地，春小麦开花期结合灌水亩施 2.5～5.0kg 尿素，能明显改善籽粒品质。一般情况下，后期追施 N 肥不仅可提高籽粒蛋白质和赖氨酸含量，而且也能提高沉降值、面粉强度和面包体积。但在柴达木盆地，N 肥施用不当，尤其是后期施用过量，会造成贪青晚熟反而降低品质。

2. 磷肥

在柴达木盆地，P 肥有利于春小麦蛋白质含量的提高，但其作用较 N 肥小。在亩施 P_2O_5 0.0～4.2kg 范围内，品种的籽粒蛋白质含量随施 P 量增加而增加，但最大增加量仅为 0.62%，单位面积蛋白质质量也随施 P 量而有所增加。不过 P 肥的效果受植株 N 素供应和土壤水分供应状况的影响，品种间的差异不明显。

第二节　筋性评价

一、高分子量麦谷蛋白亚基遗传多样性和遗传规律

（一）遗传多样性

青海省柴达木盆地是中国春小麦典型的高产区，但品质较差，蛋白质含量低，面筋的延展性和黏弹性差，α—淀粉酶活性强，加工的面条、水饺等水煮制品耐煮性和口感不好。因此，改善小麦品质一直是小麦育种、种植、加工部门的一大目标。小麦高分子量麦谷蛋白亚基及组成与面粉加工品质紧密相关。

例如，Glu – A1 位点上的 1、2* 亚基，Glu – B1 位点上的 7 + 8、17 + 18，Glu – D1 上的 5 + 10 等亚基与优良的面粉加工品质相关。

对青海高原不同区域种植的小麦品种（包括地方品种、引进品种及选育品种）进行 HMW – GS 分析发现，尽管绝大多数品种在 Glu – B1 位点上具有优质亚基 7 + 8，但是缺乏 Glu – A1 位点上的优质亚基 1、2* 和 Glu – D1 位点上的优质亚基 5 + 10，因此，同时具有 Glu – A1、Glu – B1、Glu – D1 三个位点上的优质亚基组合的品种缺乏。

所有在青海高原区域内种植推广的品种存在 12 种等位变异，Glu – A1 有 3 种，Glu – B1 有 7 种类型，Glu – D1 有 2 种类型。通过绘制部分品种的 HMW – GS 图谱，在 Glu – A1、Glu – B1 位点，20 世纪初期，推广种植的品种劣质亚基 Null 所占的频率较高，高达 64.29%，优质亚基 7 + 8 的频率很高，自 20 世纪中期，优质亚基 1 所占频率较高，达到 50%，同时优质亚基 2* 的频率也提高到 11.63%，但优质亚基 7 + 8 的频率却有所下降，而 7 + 9 的频率显著上升了近 50%。此外，自 21 世纪初，品种的优质亚基 17 + 18 的频率有所提高。但推广品种 2 个位点上总的优质亚基（品质评分为 3）频率有所降低。Glu – D1 有 2 种亚基类型，5 + 10 和 2 + 12，近 15 年推广品种的优质亚基 5 + 10 频率达到 55.81%，远高于 20 世纪中期该优质亚基的频率 17.86%，相反，近年来推广的小麦品种该位点的劣质亚基 2 + 12 频率却显著下降。

近年推广的品种中，共有 20 种亚基组合类型，分布频率最高的组合类型为 N，7 + 9，2 + 12，但仅占 16.9% ~ 28.57%，这说明，亚基组合分布很分散，没有占绝对优势的组合类型。对 HMW – GS 谷蛋白亚基组合类型进行品质评分，品质评价得分在 4 ~ 10 分，平均分值为 7.214 分，20 世纪中期推广品种的品质评价得分为 6.29 分，低于近年来推广品种的 7.65 分，因此，从总体上说，近年来推广的小麦品种的品质评分得到增加；进一步对评分达到 10 分的优质亚基组合分析，近年来推广品种的比例达到 18.6%，而 20 世纪中期推广品种仅为 3.57，对评分达到 9 分的优质亚基组合而言，近年来品种的比例高达 20.93%，而 20 世纪中期品种仅为 7.14%。

近年来审定和推广品种的 Glu – A1 位点上以品质较差的 N 亚基为主，占 49.3%，Glu – B1 位点上以 7 + 9 为主，占 43.66%，Glu – D1 位点 2 + 12 占 59.15%。这些品质较差的 HMW – GS 使得品种品质评分较低，从而导致品质较差；Glu – D1 位点 5 + 10 亚基往往与 Glu – A1 位点上的劣质亚基 Null 连锁出现，从而导致具有高品质得分的品种较少；Glu – B1 位点在不同年代评分相差不大，对提高小麦品质作用不明显。

（二）遗传规律

杂交后代的高分子量麦谷蛋白亚基组合是双亲亚基的重新组合，且表现出来自母本的 HMW – GS 谱带较强的特征（表 3 – 35）。杂交后代的 Glu – A1、Glu – B1、Glu – D1 位点上，来自母本的亚基约占 2/3，来自父本亚基的约占 1/3。杂交后代在高分子量麦谷蛋白亚基组合上表现出很强的倾母性。这种杂交种杂交后代胚乳 HMW – GS 的倾母现象与小麦双受精和 3N 胚乳形成是来源于母本和父本的遗传物质的比例不同所造成的基因剂量效应有关。品质得分高低反映了该品种烘烤品质的好坏，品质得分高的小麦品种烘焙品质好，加工品质优良。杂交后代的品质得分是双亲共同作用的结果。双亲间亚基的交换存在随机性，但来源于母本和父本的遗传物质的比例不同（母本占 2/3，父本占 1/3），所以母本对杂交后代品质得分的贡献更大。

表 3 – 35　高分子量麦谷蛋白亚基组成（相吉山等，2006）

母本				父本				杂交后代（F1）			
A1	B1	D1	得分	A1	B1	D1	得分	A1	B1	D1	得分
N	17 + 18	2 + 12	6	2 *	7 + 8	5 + 10	10	2 *	17 + 18	2 + 12	8
N	7 + 9	2 + 12	5	2 *	7 + 8	5 + 10	10	2 *	7 + 9	2 + 12	7
2 *	7 + 8	5 + 10	10	2 *	7 + 8	2 + 12	8	2 *	7 + 8	2 + 12	8
2 *	7 + 8	5 + 10	10	1	7 + 8	2 + 12	8	2 *	7 + 8	5 + 10	10
N	6 + 8	2 + 12	4	N	17 + 18	2 + 12	6	N	6 + 8	2 + 12	4
N	7 + 9	2 + 12	5	N	6 + 8	2 + 12	4	N	7 + 9	2 + 12	5
2 *	7 + 8	2 + 12	8	N	6 + 8	2 + 12	4	2 *	7 + 8	2 + 12	8
1	7 + 8	2 + 12	8	N	6 + 8	2 + 12	4	1	7 + 8	2 + 12	8
2 *	7 + 8	2 + 12	8	N	17 + 18	2 + 12	6	2 *	7 + 8	2 + 12	8
2 *	7 + 8	2 + 12	8	N	7 + 9	2 + 12	5	2 *	7 + 8	2 + 12	8
2 *	7 + 8	2 + 12	8	2 *	7 + 8	2 + 12	8	2 *	7 + 8	2 + 12	8
2 *	7 + 8	2 + 12	8	1	7 + 8	2 + 12	8	2 *	7 + 8	2 + 12	8
N	17 + 18	2 + 12	6	1	7 + 8	2 + 12	8	N	17 + 18	2 + 12	6
1	7 + 8	2 + 12	8	N	7 + 9	2 + 12	5	N	7 + 8	2 + 12	6
2 *	7 + 8	2 + 12	8	1	7 + 8	2 + 12	8	2 *	7 + 8	2 + 12	8
1	7 + 8	2 + 12	6	1	7 + 8	2 + 12	8	1	7 + 8	2 + 12	8

二、筋性评价

青海高原不同区域推广种植的春小麦品种，具有理想 HMW – GS 组成的品种较少，加工品质普遍较差。从高分子量麦谷蛋白亚基及分布频率不难发现，主要是缺乏 Glu – A1 控制的亚基 1 或 2* 和 Glu – D1 控制的 5 + 10，推广品种都缺优质亚基 5 + 10，甚至缺亚基 1 或 2*。在 Glu – A1 位点上，亚基出现的频率 N（74.1%）> 1（17.2%）> 2*（8.6%），最高为最低的 8.6 倍；在 Glu – B1 位点上，亚基出现频率 7 + 8、7 + 9（36.2%）> 14 + 15、17 + 18（8.6%）> 7、6 + 8（5.2%），最高为最低的 7.0 倍；在 Glu – D1 位点上，亚基出现频率 2 + 12（89.7%）> 5 + 10（5.2%）> 2 + 10、3 + 12、4 + 12（1.7%），最高为最低的 51.7 倍。这是造成青海高原整个区域内春小麦普遍为弱筋粉、少部分为中筋粉、强筋粉几乎是零的主要原因（表 3 – 36）。

表 3 – 36   高分子量麦谷蛋白亚基及分布频率（相吉山等，2008）

Glu – A1		Glu – B1		Glu – D1	
亚基	频率（%）	亚基	频率（%）	亚基	频率（%）
1	17.2	7	5.2	5 + 10	5.2
2*	8.6	6 + 8	5.2	2 + 10	1.7
N	74.1	7 + 8	36.2	2 + 12	89.7
		7 + 9	36.2	3 + 12	1.7
		14 + 15	8.6	4 + 12	1.7
		17 + 18	8.6		

青海高原生态环境不利于蛋白质质量的提高。在以往关于青海高原春小麦品质研究中也发现，某些具有优质高分子量谷蛋白亚基组成的品种，其面筋强度并不高，这是由于青海高原生态环境对蛋白质质量产生了不利影响所致。因为蛋白质各组分对环境和基因型反应不同，醇溶蛋白和非面筋蛋白对环境较为敏感，而谷蛋白质含量几乎完全由基因型决定。出现某些具有优质高分子量谷蛋白亚基组成的品种面筋强度并不高的现象，与组成面筋的醇溶蛋白受生态环境影响较大有关。

三、青海春小麦适宜生产饼干专用粉

青海春小麦种植分布较广，因地理位置、气候条件差异较大，品种较杂，品质也大不一样。利用春小麦开发饼干专用粉，首先要掌握不同地区春小麦的品质特性是否符合饼干专用粉标准规定的品质指标要求（表 3 – 37）。青海不同区域主要推广种植且面积较大的小麦品种，其面筋含量为 19.5% ~ 25.2%，粉质曲线稳定时间为 1.5 ~ 2.0min，与饼干专用粉品质特性指标比较，青海春小麦粉的品质特性与饼干专用粉的指标接近，比较适合加工酥性饼干专用粉。

表 3 - 37　青海省小麦粉与饼干专用粉品质特性指标对比 （曲凌夫等，2005）

项目		酥性饼干专用粉	发酵饼干专用粉	青海春小麦粉
水分/%		≤14.0	≤14.0	≤14.0
灰分/%		≤0.55	≤0.55	≤0.55
粗细度	CB36 号筛	全通	全通	全通
	CB42 号筛	留存 <10%	留存 <10%	留存 <10%
湿面筋/%		22 ~ 26	24 ~ 30	19.5 ~ 25.2
粉质曲线稳定时间/min		≤2.5	≤3.5	1.5 ~ 2.0
降落数值/s		≥150	≥250 ~ 350	210 ~ 338
含沙量/%		≤0.02	≤0.02	≤0.02
磁性金属物 （g·Kg⁻¹）		≤0.003	≤0.003	≤0.003
气味		正常	正常	正常

对生产出的合格饼干专用粉，用酥性饼干的制作方法制作饼干，并从组织结构、口感、质量等方面进行了评价，综合评分可达 92。将开发生产的饼干专用粉与企业合作进行酥性饼干加工制作，生产的酥性饼干、花纹清晰、形态完整、口感细腻、酥松、组织结构均匀。用青海春小麦开发生产饼干专用粉，产品经青海省粮油产品质量监督检验站检测，各项指标均符合饼干专用粉标准（SB/T 10141—93）的要求。同时开发生产的饼干专用粉经适当配粉、调制后即可达到蛋糕专用粉标准（SB/T 10142—93）。

本篇参考文献

毕常锐，白志英，李存东，等.2010.种植密度对小麦群体光能资源利用的调控效应［J］.华北农学报，25（5）：171－176.

曹廷杰，赵虹，王西成，等.2010.河南省半冬性小麦品种主要农艺性状的演变规律［J］.麦类作物学报，30（3）：439－442.

陈集贤.1994.青海高原春小麦生理生态［M］.北京：科学出版社.

陈丽华，相吉山，李高原，等.2008.青海省春小麦主要农艺性状及育种演化分析［J］.青海大学学报，26（6）：1－6.

陈晓杰，王亚娟，申磊，等.2009.西北春麦区小麦地方品种高分子量麦谷蛋白亚基组成分析［J］.植物遗传资源学报，10（1）：42－45.

董留卿.1978.青海春小麦高产实践［M］.北京：农业出版社.

董玉琛，郝晨阳，王兰芬，等.2006.358个欧洲小麦品种的农艺性状鉴定与评价［J］.植物遗传资源学报，7（2）：129－135.

金善宝，王恒立.1961.青海柴达木盆地春小麦高产的调查分析［J］.中国农业科学（3）：11.

金善宝.1983.中国小麦品种及其系谱［M］.北京：农业出版社.

金善宝.1996.中国小麦学［M］.北京：中国农业出版社.

李红琴，刘宝龙，刘登才，等.2011.青海省审定小麦品种的农艺性状多样性分析［J］.麦类作物学报，31（6）：1 040－1 045.

李思恭，唐明鑫，卢开定.1982.青海省种植业区划［M］.西宁：青海人民出版社.

李志波，王睿辉，张茶，等.2009.河北省小麦品种基于农艺性状的遗传多样性分析［J］.植物遗传资源学报，10（3）：436－442.

刘纹瑕，陈辉，巩国丽，等.2013.51年来柴达木盆地东部地区气候特征分析［J］.湖北农业科学，52（8）：1 806－1 810.

刘会涛，何中虎，张怀刚，等.2004.青海省春小麦品种加工品质研究［J］.麦类作物学报，24（2）：38－44.

刘琦，张怀刚，刘宝龙，等.2010.青海省审定的小麦品种高分子量麦谷蛋白亚基遗传多样性研究［J］.新疆农业科学，47（11）：2 121－2 127.

刘青元.2008.青海省农作物品种志［M］.西宁：青海人民出版社.

刘义花，胡玲，马占良，等.2008.柴达木盆地春小麦种植区低温冷害特征分析研究［J］.青海气象（3）：71－74.

刘义花，胡玲，马占良，等.2008.柴达木盆地春小麦种植区低温冷害特征

分析研究 [J].青海气象 (3)：17-18.

刘义花，胡玲，宋华.2009.青海省春小麦种植区低温冷害特征分析 [J].
　青海科技 (6)：70-73.

刘玉皎，马晓岗，袁名宜，等.1998.柴达木春小麦干物质积累动态模拟研
　究 [J].麦类作物，18 (4)：32-34.

马麟，侯生英，张贵.2004.青海春小麦主要病虫害的发生与综合防治
　[J].青海农林科技 (2)：14-16.

马辉，朱惠琴，王有庆，等.1996.青海柴达木盆地春小麦蛋白质含量状况
　调查 [J].青海大学学报：自然科学版，14 (2)：56-58.

马晓刚，迟德钊，吴昆仑，等.2003.青海省小麦近缘野生物种的原生境保
　护及评价利用 [J].青海科技 (1)：42-43.

孟令杰，张红梅.2004.中国小麦生产的技术效率地区差异 [J].南京农业
　大学学报，4 (2)：13-16.

慕美财，张日秋，崔从光，等.2010.冬小麦高产群体源库流特征及指标研
　究 [J].中国生态农业学报，18 (1)：35-40.

慕晓茜，慕美财，刘新程.2010.高产小麦几个性状的相关性研究 [J].中
　国生态农业学报，18 (4)：787-791.

穆德智.2012.青海高原农作物种质资源保护与利用现状分析 [J].中国种
　业 (8)：10-11.

祁贵明，汪青春.2007.柴达木盆地干热风气象灾害分布规律及对气候变化
　的响应 [J].青海气象 (2)：20-22，27.

青海省农林科学院.1983.青海省农作物品种志 [M].西宁：青海人民出
　版社.

青海灌区春小麦中低产田丰产栽培技术研究协作组.1988.青海灌区春小麦
　丰产栽培模式 [M].西宁：青海人民出版社.

青海省种子管理站.2013.青海省农作物退出生产使用品种名单（第一批）
　[J].青海农技推广 (4)：9-11.

曲凌夫，柴本旺.1999.青海省春小麦品质研讨 [J].郑州粮食学院学报
　(4)：20-24.

曲凌夫，武文斌，侯勇，等.2005.用青海春小麦生产饼干专用粉的研究
　[J].河南工业大学学报：自然科学版，26 (5)：68-71.

孙翠花，陈志国，张俭录，等.2006.柴达木盆地春小麦种植历史与高产栽
　培 [J].安徽农业科学，34 (1)：58-61.

孙艳丽，李卓夫，张喜君.2002.小麦主要农艺性状协调关系的研究 [J].

黑龙江农业科学 (2)：13 – 15.

王发科，李兵，郭晓宁，等.2009.气象条件对格尔木种植区春小麦产量的影响 [J].青海科技 (3)：17 – 19.

王金明，谢德庆，王燕春.1995.青海省小麦育种的回顾与展望 [J].青海农林科技 (4)：46 – 48.

王力，李凤霞，徐维新，等.2011.青海高原不同海拔高度区小麦生长对气候变暖的响应 [J].气候变化研究进展，7 (5)：324 – 329.

王顺寿，张俭录，陈志国，等.2007.青海柴达木盆地麦田化学除草剂筛选与杂草综合控制 [J].安徽农业科学，35 (24)：7 518 – 7 519，7 521.

魏刚，胡贵寿，李彬.2009.柴达木盆地的水资源开发及利用 [J].山西建筑，35 (11)：181 – 182.

魏志玲，刘得俊.2014.青海东部农业区春小麦非充分灌溉制度研究 [J].安徽农业科学，42 (21)：6 973，6 975.

文振祥.2010.青海省小麦条锈病流行因素分析及综合防治措施 [J].安徽农业通报，16 (11)：175，179.

相吉山，许永财.2006.青海小麦高分子量麦谷蛋白亚基遗传规律探讨 [J].青海农林科技 (2)：1 – 3.

相吉山，马晓岗.2008.青海省小麦主栽品种高分子量谷蛋白亚基组成分析 [J].麦类作物学报，28 (2)：238 – 242.

谢学光，尚小刚，杨振兴，等.2010.柴达木盆地水资源开发潜力评价 [J].青海科技 (2)：16 – 19.

熊国富.2007.青海柴达木盆地春小麦高产条件与对策研究 [J].农业科技通讯 (10)：45 – 47.

徐黎黎，李伟，郑有良.2006.东方小麦主要农艺性状分析 [J].麦类作物学报，26 (6)：15 – 20.

徐淑华.2011.青海省植保体系现状及发展对策 [J].现代农业科技 (7)：191 – 192.

许永财，相吉山.2006.不同来源小麦品种 (系) 高分子量麦谷蛋白亚基分析 [J].青海大学学报：自然科学版，24 (6)：8 – 12.

许永财，相吉山.2006.春小麦品种 (系) 高分子量麦谷蛋白亚基分析 [J].内蒙古农业科技 (3)：13 – 15.

喻朝庆.1998.青藏高原小麦高产原因的农田生态环境因素探讨 [J].自然资源学报，13 (2)：98 – 100.

张长青，杨文美，赵燕驹.2005.青海省春小麦品种 (系) 对赤霉病的抗

性鉴定 [J].新疆农业科学, 42 (3): 175 – 177.

张黛静, 马雪, 杨杰瑞, 等.2013.种植密度对豫中区小麦群体构建和光能资源利用的影响 [J].西北农业学报, 22 (11): 20 – 25.

张豪禧, 贾绍凤.1998.柴达木盆地土地合理利用与绿洲生态农业持续发展 [J].干旱区资源与环境, 12 (4): 44 – 53.

张怀刚, 陈集贤, 赵绪兰, 等.1995.青海高原春小麦品种 HMW-GS 组成 [J].西北农业学报, 4 (4): 11 – 16.

张焕平, 张占峰, 金惠瑛, 等.2014.柴达木盆地沙尘天气的气候特征及与气象要素的关系 [J].安徽农业科学, 42 (5): 1 382 – 1 384, 1 538.

张梅纽, 张怀刚, 井春喜, 等.2003.青海高原春小麦 HMW-GS 等位基因变异及其对面团流变学特性的作用 [J].麦类作物学报, 23 (4): 15 – 18.

张亚丽, 陈占全, 高玉亭, 等.2011.不同 N、K 肥用量对青海春小麦产量及品质的影响 [J].西北农业学报, 20 (8): 58 – 61.

张亚丽.2013.长期不同施肥对青海小麦产量和土壤钾素的影响 [J].青海大学学报 (自然科学版), 31 (6): 69 – 72, 85.

张永涛, 申元村.2000.柴达木盆地绿洲区划及农业利用评价 [J].地理科学, 20 (4): 314 – 319.

赵德勇, 窦全文, 陈志国, 等.2010.青海高原春小麦糯性新品系的筛选及其直链淀粉含量 [J].麦类作物学报, 30 (1): 34 – 38.

赵广明, 赵明.2000.柴达木盆地绿洲的形成演替和对策 [J].中南林业调查规划, 19 (4): 49 – 50.

赵明, 王树安, 李少昆.1995.论作物产量研究的"三合结构"模式 [J].中国农业大学学报, 21 (4): 359 – 363.

赵明, 李建国, 张宾, 等.2006.论作物高产挖潜的补偿机制 [J].作物学报, 32 (10): 1 566 – 1 573.

周立, 胡令浩, 等.2004.柴达木盆地开发与研究 [M].西宁: 青海人民出版社.

四川盆地篇

第一章 四川盆地自然条件和小麦生产

第一节 自然条件

一、地势地形

四川盆地是中国四大盆地之一。又称信封盆地、紫色盆地。由连结的山脉环绕而成，位于亚洲大陆中南部，中国腹心地带和中国大西部东缘中段。总面积超过 26 万 km²，可明显分为边缘山地和盆地底部两大部分，面积分别约为 10 万 km² 和 16 万 km²。边缘山地区从下而上一般具有 2～5 个垂直自然分带。

四川盆地山地海拔多在 1 000～3 000m；盆底地势低矮，海拔 200～750m。地表广泛出露红色岩系，称为红色盆地。四川盆地底部分为川东平行岭谷、川中丘陵和川西成都平原三部分。盆地主要城市有重庆市以及四川省的成都、绵阳、泸州、南充、自贡、德阳、广元、遂宁、内江、乐山、宜宾、广安、达州、雅安、巴中、眉山、资阳等。

四川盆地地形较为独特，四周为大凉山、邛崃山、大巴山和巫山等所环绕，形成低盆地。盆地内部丘陵、平原交错，地势北高南低。由于地表形态的不同，以华蓥山、龙泉山为界，盆底可分为 3 部分。

华蓥山以东为大致平行的川东岭谷，由东北—西南走向的许多条状山体组成，海拔一般为 700～800m。谷地中多低丘与平坝，海拔 200～500m，是川东农业和人口集中之处。

华蓥山和龙泉山之间为方山丘陵。区内由于紫红色砂页岩倾角平缓，受切割后形成大片方山式丘陵。海拔 350～450m，相对高度几十米。

龙泉山以西为平原。称为川西平原或成都平原，面积超过 6 000km²，是四川盆地最大的平原，也是西南地区最大的平原，海拔约 600m。

二、气候

（一）温度

四川盆地地形闭塞，气温高于同纬度其他地区。最冷月均温 5～8℃，较同纬度的上海、湖北及纬度偏南的贵州高 2~4℃。极端最低温 -6~-2℃。霜雪少见，年无霜期 280~350d。盆地各地夏季始于5月底，夏长 4~5 个多月，温度东高西低。盆地气温东南高西北低，盆底高边缘低。最热月气温高达 26~29℃，长江河谷近 30℃。盛夏连晴高温天气又造成盆地东南部严重的夏伏旱。各地年均温 16~18℃。10℃以上活动积温 4 500~6 000℃，持续期 8~9 个月，属中亚热带。东南部的长江河谷积温超过 6 000℃，相当于中国南岭以南的南亚热带气候。盆地气温东高西低，南高北低，盆底高而边缘低，等温线分布呈现同心圆状。

盆地边缘山地气温具有垂直分布特点，如峨眉山、金佛山海拔升高百米，气温递减 0.55℃ 和 0.61℃。峨眉山顶年均温仅 3℃，10℃以上活动积温 586℃，气候上相当于寒温带和亚寒带。

（二）光照

四川盆地云多雾重日照少，年日照仅 900~1 600h，年太阳辐射量为 370~420kJ/cm²，均为中国最低值。在地域上日照由西向东递增，盆西 900~1 200h，盆中 1 200~1 400h，盆东 1 400~1 600h。年太阳辐射量时空分布与日照类似。从不同季节看，冬春日照较低，夏秋较高。以绵阳市为例，根据多年的气象资料，全年的月平均日照时数为 97.2h，月平均日照百分率为 25.8%。每年9月至下年2月，绵阳的月平均日照时数和月平均日照白分率均偏少，分别为 67.8h 和 20.1%，尤其以2月为最少，为 52.2h 和 16.9%；而 3—8月的月日照时数和日照百分率明显增加，分别为 126.5h 和 30.8%，其中 8月的日照时数和百分率最高，达到 156.8h 和 35.3%（表 4-1）。

表 4-1　绵阳市多年平均日照时数和日照百分率（任勇，2016）

月份	1月	2月	3月	4月	5月	6月	7月	8月	9月	10月	11月	12月	全年
多年平均日照时数（h）	64.1	52.2	101.8	128.4	138.0	114.5	119.7	156.8	78.2	70.4	73.6	68.6	97.2
多年平均日照百分率（%）	19.2	16.9	27.0	33.8	32.5	27.1	29.1	35.3	21.1	20.1	21.2	21.9	25.8

（三）降水

四川盆地年降水量 1 000~1 300mm，盆地边缘山地降水十分充沛，如乐山和雅安间的西缘山地年降水量为 1 500~1 800mm，为中国突出的多雨区，有"华西雨屏"之称。但冬干、春旱、夏涝、秋绵雨，年内分配不均，70%~75% 的雨量集中于 6—10月；小麦生长期 11月至翌年5月降水量偏

少，平均 150～280mm。最大日降水量可达 300～500mm。夜雨占总雨量的
60%～70% 以上。盆地区雾大湿重，云低阴天多。

第二节　四川盆地小麦生产

四川小麦属西南冬麦区，主要是冬小麦，春小麦仅在川西北高山区有少量
种植。

根据自然条件和种植制度，四川小麦分为 6 个麦区：盆西平原麦区、盆
中浅丘麦区、盆东南丘陵麦区、盆周边沿山地麦区、川西南山地麦区、川西
北高原春麦和冬麦区（《四川种植业区划》，1985）。其中，盆中浅丘麦区和
盆西平原麦区是目前小麦最集中的两大麦区。盆中浅丘麦区地处龙泉山和华
蓥山之间，包括遂宁市、南充市和资阳市的全部，内江市、广安市、自贡市
和绵阳市的大部分县（区），以及巴中市、眉山市、乐山市、德阳市和成都
市个别县，共 43 个县（市、区）。2006 年该区域小麦种植面积 1 145.9 万
亩、总产 328.4 万 t，分别占全省的 55.9% 和 60%，平均亩产 286.6kg。盆
西平原麦区包括成都市、德阳市的大部分县（区），以及乐山市、眉山市、
雅安市和绵阳市的个别县（区），共 38 个县（市、区）。2006 年该区域小麦
播种面积 277.5 万亩、总产 86.2 万 t，分别占全省的 13.5% 和 15.5%，平
均亩产 310.6kg。

四川小麦种植面积最大年份 1995 年达到 2 795 万亩，经过多年种植结构调
整和退耕还林工作，近几年小麦面积稳定在 1 800 万亩左右，总产 500 余万 t，
面积和总产均位于全国第 6 位。2000—2014 年四川小麦平均播种面积为
1 937.6 万亩，占全省粮食播种面积的 20.2%；总产量 464.9 万 t，占全省粮食
总产量的 14.3%。2014 年，播种面积 1 756.5 万亩，总产 423.2 万 t，亩产
240.9kg（《四川省农业统计年鉴》，2014）。

小麦是四川重要的粮食作物，用途主要是作为面条、馒头、酿酒和饲料的
原料。近年来，四川小麦生产呈现以下特点：一是小麦高产抗病品种更新换代
速度加快，良种覆盖率进一步提高；2011—2015 年，四川省共育成小麦新品
种 53 个。目前生产上主推绵麦 367、绵麦 51、川麦 104、川麦 42、蜀麦 969 等
小麦品种，良种覆盖率达 90% 以上。随着气候变化和小麦生产形式的发展，
对小麦品种丰产性、适应性、抗病性、抗逆性和品质等都提出了更高的要求。
二是小麦种植面积进一步向种粮大户集中，规模化种植效益明显提高。三是小
麦加工以中筋小麦为主，产品丰富多样，更加注重营养和健康；主要包括不同

等级的面粉，不同形式的特色面条和手工馒头等。未来随着适度规模经营的发展，逐步增加小麦机械播收面积，加强农田基础设施建设，增强多抗、高产、抗倒小麦新品种的选育，同时鼓励小麦产业化经营发展，小麦种植效益将进一步提高。

第二章　四川盆地小麦丰产
栽培主要技术环节

第一节　选用品种

一、品种资源

四川盆地小麦种植处在中国小麦产区的西南冬麦区范围内，也是小麦主产区之一。种植历史悠久，种质资源丰富，育成优良品种甚多。据统计，1949—2015 年共育成小麦品种 260 个（表 4 – 2）。在众多的育成品种中，绝大多数品种农艺性状优良，适应当时生产需求，得以在生产上大面积推广应用。如四川省绵阳市农业科学研究院（原绵阳地区农业科学研究所，下同）育成的以绵阳 11 为代表的绵阳号小麦品种，从 1981 年开始在生产上推广应用，1983—2003 年连续 21 年的年推广面积超过 1 000 万亩，连续 17 年栽培面积达到 2 000 万亩以上，1984—1993 年连续 10 年平均年推广面积 3 005 万亩，其中 1990 年栽培面积达到 3 396.52 万亩。在四川，1984—1993 年的 10 年间，累计推广面积 24 870.18 万亩，平均每年推广 2 487 万亩，平均占四川小麦栽培面积的68.77%。1988 年推广面积达 2 788.82 万亩，占四川小麦总面积的 89.96%，1990 年推广面积达 2 823.19万亩，占四川小麦总面积的 84.73%（表 4 – 3）。

表 4 – 2　四川盆地育成小麦品种名录（李生荣，2016）

（1949—2015 年）

序号	品种名称	组合	选育单位	育成/审定
1	绵阳早	51 麦/南大 2419	绵阳市农业科学研究院	1961 年 四川
2	绵阳 62-31	南大 2419/51 麦	绵阳市农业科学研究院	1962 年 四川
3	绵阳 4 号	南大 2419/玛垃	绵阳市农业科学研究院	1963 年 四川
4	绵阳 8 号	北碚红花麦/玛垃	绵阳市农业科学研究院	1963 年 四川
5	绵阳 64-39	51 麦/阿勃	绵阳市农业科学研究院	1964 年 四川
6	绵阳 68-40	玛拉/吉利	绵阳市农业科学研究院	1968 年 四川
7	绵阳 10 号	玛垃/阿勃	绵阳市农业科学研究院	1969 年 四川

（续表）

序号	品种名称	组合	选育单位	育成/审定
8	绵阳 72-34	印 W. G5/阿勃	绵阳市农业科学研究院	1972 年 四川
9	绵阳 11 *	70-5858/繁 6	绵阳市农业科学研究院	1979 年 四川 1985 年 四川 1984 年 国家
10	绵阳 12	繁 6/406	绵阳市农业科学研究院	1984 年 四川
11	绵阳 15 *	从绵阳 11 中系选	绵阳市农业科学研究院	1984 年 四川 1990 年 国家
12	绵阳 19	从绵阳 11 中系选	绵阳市农业科学研究院	1984 年 四川 1990 年 国家
13	绵阳 20 *	从绵阳 11 中系选	绵阳市农业科学研究院	1987 年 陕西 1988 年 四川 1992 年 云南
14	绵阳 21	从绵阳 11 中系选	绵阳市农业科学研究院	1989 年 四川 1989 年 重庆
15	绵阳 22	82-36 天然杂交变异株	绵阳市农业科学研究院	1993 年 四川
16	绵阳 8723	75-19/75-25/81-1294-2	绵阳市农业科学研究院	1994 年 重庆
17	绵阳 23	绵阳 19/79-2812 选	绵阳市农业科学研究院	1994 年 四川
18	绵阳 24	绵阳 01821/83 选 13028	绵阳市农业科学研究院	1995 年 四川 1998 年 国家
19	绵阳 25	$T7915_{K-3-69}$/绵阳 15	绵阳市农业科学研究院	1995 年 四川
20	绵阳 26 *	绵阳 20/81-24	绵阳市农业科学研究院	1995 年 四川 1996 年 陕西 1998 年 国家
21	绵阳 89-30	绵阳 15/8201-1	绵阳市农业科学研究院	1996 年 陕西
22	绵阳 27	绵阳 20/81-24	绵阳市农业科学研究院	1997 年 四川
23	绵阳 28	$T7935_{0-1-4}$/绵阳 15	绵阳市农业科学研究院	1996 年 四川 1999 年 国家
24	绵阳 92-330	绵阳 85-40/绵阳 01821	绵阳市农业科学研究院	1999 年 陕西
25	绵阳 29	绵阳 11/江油 83-5	绵阳市农业科学研究院	1999 年 四川
26	西南 335 （绵阳 335）	绵阳 85-40/绵阳 01821	绵阳市农业科学研究院 西南农业大学	2000 年 重庆
27	绵阳 90-32	87-44/（76-3$_{15}$/温江 81188）F3	绵阳市农业科学研究院	2001 年 陕西
28	绵阳 940112	绵阳 19/88-4210	绵阳市农业科学研究院	2002 年 陕西
29	绵阳 30	绵阳 01821/83 选 13028/3/8445-22/80（1）21-8-1//81-5/7963-K3-3	绵阳市农业科学研究院	2003 年 国家
30	绵阳 31	从 97-392（绵 90-310/川植 89-076）中系选	绵阳市农业科学研究院	2002 年 四川 2003 年 陕西
31	绵阳 32	C49S-87/J17	绵阳市农业科学研究院	2003 年 国家

（续表）

序号	品种名称	组合	选育单位	育成/审定
32	绵阳 33	1294/绵阳 86-5	绵阳市农业科学研究院	2003 年 四川
33	绵阳 35	05363-8-1/绵优 2 号	绵阳市农业科学研究院	2003 年 四川
34	绵麦 37	96EW37/绵阳 90-100	绵阳市农业科学研究院	2004 年 四川
35	绵麦 38	07146-12-1/贵农 19-4	绵阳市农业科学研究院	2004 年 四川
36	绵麦 39	绵阳 96-78/贵农 21-1	绵阳市农业科学研究院	2005 年 四川
37	绵麦 40	绵阳 01821/贵农 19-4	绵阳市农业科学研究院	2005 年 四川
38	绵麦 41	绵阳 01821/90 中 165//贵农 19-4	绵阳市农业科学研究院	2006 年 国家
39	绵麦 42	绵阳 96-5/贵农 21-1	绵阳市农业科学研究院	2006 年 四川
40	绵麦 43	07146-12-1/贵农 19-4	绵阳市农业科学研究院	2006 年 四川
41	绵麦 45	07146-12-1/贵农 19-4	绵阳市农业科学研究院	2007 年 国家
42	绵杂麦 168	MTS-1/MR168	绵阳市农业科学研究院	2007 年 国家 2007 年 四川 2012 年 甘肃
43	绵麦 1403	绵阳 04854/贵农 21-1	绵阳市农业科学研究院	2007 年 四川
44	绵麦 185	绵阳 96-5/辽春 10 号	绵阳市农业科学研究院	2008 年 四川
45	绵麦 46	07242-3-1-1/贵农 21	绵阳市农业科学研究院	2008 年 四川
46	绵麦 47	绵阳 96-5/贵农 19-4	绵阳市农业科学研究院	2009 年 贵州
47	绵麦 48	绵阳 01821/贵农 19-4	绵阳市农业科学研究院	2009 年 国家
48	绵麦 367	1275-1/99-1522	绵阳市农业科学研究院	2010 年 国家
49	绵麦 228	1275-1/99-1522//内 2938	绵阳市农业科学研究院	2011 年 四川
50	国豪麦 15	绵阳 96-5/贵农 19-4//NE	四川国豪种业有限公司 绵阳市农业科学研究院	2011 年 四川
51	国豪麦 18	绵阳 96-5/ pm99106-2	四川国豪种业有限公司 绵阳市农业科学研究院	2011 年 贵州
52	绵麦 51	1275-1/99-1522	绵阳市农业科学研究院	2012 年 国家
53	绵麦 1618	1275-1/99-1522//内 2938	绵阳市农业科学研究院	2013 年 四川
54	绵杂麦 512	4377S13/MR168	绵阳市农业科学研究院 四川国豪种业有限公司	2014 年 四川
55	绵麦 285	1275-1/99-1522	绵阳市农业科学研究院	2015 年 四川
56	国豪麦 3 号	1227-185/99-1522//99-1572	四川国豪种业有限公司 绵阳市农业科学研究院	2015 年 国家
57	五一麦	成都光头/矮立多//川福麦/碧玉麦	四川省农业科学院	1951 年 四川
58	川麦 3 号	玛吉斯提克/南大 2419//碧玉麦/南大 2419	四川省农科院作物研究所	1961 年 四川
59	川麦 8 号	玛拉/51 麦	四川省农科院作物研究所	1962 年 四川
60	川麦 10 号	从阿勃中系选	四川省农科院作物研究所	1965 年 四川

（续表）

序号	品种名称	组合	选育单位	育成/审定
61	川麦 15	从玛拉中系选	四川省农科院作物研究所	1965 年 四川
62	川麦 16	从阿勃中系选	四川省农科院作物研究所	1965 年 四川
63	川麦 13	山农 205/玛拉	四川省农科院作物研究所	1966 年 四川
64	川麦 17	阿勃/竹叶青	四川省农科院作物研究所	1971 年 四川
65	川麦 18	69-1776/663	四川省农科院作物研究所	1975 年 四川
66	川麦 19	川麦 10 号/高加索	四川省农科院作物研究所	1984 年 四川
67	川麦 20	阿勃/竹叶青//630/69-1776	四川省农科院作物研究所	1984 年 四川
68	川麦 21	绵阳 11/77 中 2882	四川省农科院作物研究所	1988 年 四川
69	川麦 22 ＊	绵阳 11/川麦 20	四川省农科院作物研究所	1989 年 四川
70	川麦 23	1900/川麦 20	四川省农科院作物研究所	1991 年 四川
71	川麦 24	8282-15/绵阳 19	四川省农科院作物研究所	1995 年 四川
72	川麦 25	1414/川育 5 号//Genauo80	四川省农科院作物研究所	1994 年 四川
73	川麦 26	Tia8282-15/12391//绵阳 11	四川省农科院作物研究所	1995 年 四川
74	川麦 27	1900/川麦 20	四川省农科院作物研究所	1996 年 四川
75	川麦 28	万雅 2 号/2874//（高加索/2874）/3/绵阳 19	四川省农科院作物研究所	1997 年 四川
76	川麦 29	TaI874/7781-1-2-K4//川麦 22	四川省农科院作物研究所	1997 年 四川
77	川麦 30	77/YAA//ALD·S/3/YSZ//ST2022/983	四川省农科院作物研究所	1997 年 四川
78	川麦 107	2469/80-28-7	四川省农科院作物研究所	2000 年 四川 2000 年 国家
79	川麦 32	1900 "S"/Ning8439//1900	四川省农科院作物研究所	2001 年 四川 2003 年 国家
80	川麦 33	2469/80-28-7	四川省农科院作物研究所	2002 年 四川
81	川麦 35	SW1862/2469	四川省农科院作物研究所	2002 年 四川
82	川麦 36	Milan 'S'/SW5193	四川省农科院作物研究所	2002 年 四川
83	川麦 37	88 繁 8/88-309	四川省农科院作物研究所	2003 年 四川
84	川麦 38	Syn-CD768/SW89-3243//川 6415	四川省农科院作物研究所	2003 年 四川
85	川麦 39	墨 444/90-7	四川省农科院作物研究所	2003 年 四川 2004 年 国家
86	川麦 41	91T4135/88 繁 8	四川省农科院作物研究所	2003 年 四川
87	川麦 42	Syn-CD768/SW89-3243//川 6415	四川省农科院作物研究所	2003 年 四川 2004 年 国家
88	川麦 43	Syn-CD768/SW89-3243//川 6415	四川省农科院作物研究所	2004 年 四川 2006 年 国家
89	川麦 44	96 夏 410/贵农 21	四川省农科院作物研究所	2004 年 四川
90	川麦 45	GH430/SW1862	四川省农科院作物研究所	2005 年 四川

（续表）

序号	品种名称	组合	选育单位	育成/审定
91	川麦 46	Til93-6280/96-5429	四川省农科院作物研究所	2005 年 四川
92	川麦 47	Syn-CD768/绵阳 26//绵阳 26	四川省农科院作物研究所	2005 年 四川
93	川麦 48	SW8188/SW8688	四川省农科院作物研究所	2006 年 四川
94	川麦 49	贵农 21/3295	四川省农科院作物研究所	2006 年 四川
95	川麦 50	贵农 21/3295	四川省农科院作物研究所	2008 年 四川
96	川麦 51	174/183//99-1572	四川省农科院作物研究所	2008 年 四川
97	川麦 52	川麦 36/SW1862	四川省农科院作物研究所	2008 年 四川
98	川麦 53	477/绵农 4 号//Y314	四川省农科院作物研究所	2009 年 四川
99	川麦 54	92R171/98 间 335//DH1523	四川省农科院作物研究所	2009 年 四川
100	川麦 55	川麦 30/川麦 36	四川省农科院作物研究所	2009 年 四川
101	川麦 56	川麦 30/川麦 42	四川省农科院作物研究所	2009 年 四川
102	川麦 58	川麦 42/03 间 3/川麦 42	四川省农科院作物研究所	2010 年 四川
103	川麦 59	99FP2/01MP10	四川省农科院作物研究所	2010 年 四川
104	川麦 60	98-1231//贵农 21/生核 3295	四川省农科院作物研究所	2011 年 国家 2012 年 四川
105	川麦 61	郑 9023/间 3//间 3/3/1522	四川省农科院作物研究所	2012 年 四川
106	川麦 62	Fr3/SW1862	四川省农科院作物研究所	2012 年 四川
107	川麦 104	川麦 42/川农 16	四川省农科院作物研究所	2012 年 四川 2012 年 国家
108	川麦 63	01-3570/R138	四川省农科院作物研究所	2013 年 四川
109	川麦 64	川麦 42/川农 16	四川省农科院作物研究所	2013 年 四川
110	川麦 65	98-1231//贵农 21/生核 3295	四川省农科院作物研究所	2013 年 四川
111	川麦 66	99-1572/98-266//01-3570	四川省农科院作物研究所	2014 年 四川
112	川麦 67	99-1572/SW8688//01-3570	四川省农科院作物研究所	2014 年 四川
113	川麦 80	郑 005/1522//1522	四川省农科院作物研究所	2014 年 四川
114	川麦 90	间 3/99116//川麦 42	四川省农科院作物研究所	2014 年 四川
115	川麦 91	内麦 8 号/郑 9023//00062/3/川麦 42	四川省农科院作物研究所	2014 年 四川
116	川麦 68	99-1572/98-266//01-3570	四川省农科院作物研究所	2015 年 四川
117	川麦 69	川麦 104/B2183	四川省农科院作物研究所	2015 年 四川
118	川麦 81	SW8019/99-1572//99-1572	四川省农科院作物研究所	2015 年 四川
119	川麦 92	内麦 8 号/间 3//川麦 42	四川省农科院作物研究所	2015 年 四川
120	川麦 1131	01-3570/R138	四川省农科院作物研究所	2015 年 四川
121	川麦 1145	01-3570/R138	四川省农科院作物研究所	2015 年 四川
122	川麦 1217	L239-248-5/07225	四川省农科院作物研究所	2015 年 四川
123	雅安早	合川红排灯/矮立多//山农 205	四川农业大学	1962 年 四川

（续表）

序号	品种名称	组合	选育单位	育成/审定
124	大头黄	成都光头分枝麦天然杂交种	四川农业大学	1962 年 四川
125	繁 6 *	IBO1828/NP824/3/51 麦//成都光头分枝麦/中农 483 分枝麦/4/中农 28B 分枝麦/IBO1828//NP824/阿夫	四川农业大学农学院	1969 年 四川
126	繁 7		四川农业大学农学院	1969 年 四川
127	川农麦 1 号	绵阳 11/84-1	四川农业大学农学院	1995 年 四川 1999 年 国家
128	川农 10 号	70-5038/85-DH5015	四川农业大学农学院	2003 年 国家
129	川农 11	70-5038/85-DH5015	四川农业大学农学院	2003 年 四川
130	川农 12	91S-23-9/A302	四川农业大学农学院	2002 年 四川
131	川农 16	川育 12/87-422	四川农业大学小麦所	2002 年 四川 2003 年 国家
132	川农 17	91S-23/A302	四川农业大学农学院	2002 年 四川 2003 年 国家
133	川农 18	R164-1/A302-1	四川农业大学农学院	2003 年 四川
134	川农 19	黔 1104A/R935	四川农业大学农学院	2003 年 四川 2005 年 国家
135	川农 20	78-5038/85-DH5015	四川农业大学农学院	2003 年 四川
136	良麦 2 号	绵阳 26/异源 2 号	四川农业大学小麦所	2002 年 四川
137	川农 21	R841/黔恢 3 号	四川农业大学农学院	2004 年 四川
138	川农 22	R164/86-104	四川农业大学农学院	2005 年 四川
139	川农 23	R1685/绵阳 26	四川农业大学农学院	2005 年 四川
140	良麦 3 号	N711/N301-1-1	四川农业大学小麦所	2006 年 四川
141	良麦 4 号	N1491/N1071	四川农业大学小麦所	2006 年 四川
142	成电麦 1 号	MY92-8/91S-5-4	电子科大生命科学院 四川农业大学农学院	2007 年 四川
143	蜀麦 375	（绵阳 93-7/92R141）F₂/绵阳 96-324	四川农业大学小麦所	2007 年 四川
144	蜀麦 482	（绵阳 93-7/92R141）F₂/绵阳 96-324	四川农业大学小麦所	2008 年 四川
145	川农 24	川农 20/云凡 52894-2	四川农业大学农学院	2007 年 四川
146	川农 25	96I-225/91S-5-4	四川农业大学农学院	2007 年 四川
147	川农 26	川农 19/R3301	四川农业大学农学院	2006 年 四川
148	川农 27	川农 19/R3301	四川农业大学农学院	2009 年 四川
149	渝麦 13	川农 19/R3301	四川农业大学农学院 重庆市农科院作物所	2010 年 重庆
150	蜀麦 51	N711/N2401	四川农业大学小麦所	2013 年 四川

（续表）

序号	品种名称	组合	选育单位	育成/审定
151	蜀麦 969	SHW-L1/SW8188//川育 18/3/川麦 42	四川农业大学小麦所	2013 年 四川
152	川农 29	02017/R88//R131	四川农业大学农学院	2015 年 四川
153	川育 5 号	繁 6/大粒早	中科院成都生物研究所	1976 年 四川
154	川育 6 号	繁 6/6585-10	中科院成都生物研究所	1984 年 四川
155	川育 8 号	阿二矮/川育 7 号	中科院成都生物研究所	1986 年 四川 1987 年 审定
156	川育 9 号	川育 5 号/NPFP	中科院成都生物研究所	1989 年 四川
157	川育 10 号	（983/高加索）F_7/（3130/980-1）F_4	中科院成都生物研究所	1990 年 四川
158	川育 11	79-2812/1900	中科院成都生物研究所	1992 年 四川
160	川育 12	川育 8 号/83-4516	中科院成都生物研究所	1992 年 四川
161	川育 13	81-24//772 中 882/绵阳 11	中科院成都生物研究所	1995 年 四川
162	川育 14	9920/21646	中科院成都生物研究所	1998 年 四川 1999 年 国家
163	川育 15	14133/10927	中科院成都生物研究所	2000 年 重庆
164	川育 16	30020/8619-10//晋麦 30	中科院成都生物研究所	2002 年 四川 2003 年 国家
165	川育 17	绵阳 26/G295-4	中科院成都生物研究所	2003 年 四川
166	川育 18	川育 5 号/墨 460//94F_2-4	中科院成都生物研究所	2003 年 四川
167	川育 19	川育 5 号/墨 460//绵阳 26	中科院成都生物研究所	2003 年 四川
168	科成麦 1 号	贵农 22/川育 12	中科院成都生物研究所	2005 年 四川
169	川育 20	SW3243//35050/21530	中科院成都生物研究所	2006 年 四川 2007 年 国家
170	川育 21	周 88114/G159	中科院成都生物研究所	2007 年 四川
171	川育 23	R59//郑 9023/H435	中科院成都生物研究所	2008 年 四川
172	川育 24	周 88114/G394	中科院成都生物研究所	2009 年 四川
173	科成麦 2 号	咸阳大穗/E//多花-1	中科院成都生物研究所	2009 年 四川
174	中科麦 47	W7268/硬粒小麦//川麦 107	中科院成都生物研究所	2014 年 四川
175	中科麦 138	川麦 42/川育 16	中科院成都生物研究所	2014 年 四川
176	科成麦 4 号	37147/CD02-1574-3	中科院成都生物研究所	2015 年 四川
177	川育 25	金顶-1/41058	中科院成都生物研究所	2015 年 四川
178	绵农 1 号	绵阳 11/Alondra's	绵阳农业专科学校	1991 年 四川
179	绵农 2 号	（75-21-4/76-19）F_4//（绵阳 11/Alondras）F_3	绵阳农业专科学校	1992 年 四川
180	绵农 3 号	绵农 2 号姐妹系	绵阳农业专科学校	1993 年 四川
181	绵农 4 号 *	绵农 2 号姐妹系	绵阳农业专科学校	1993 年 四川

序号	品种名称	组合	选育单位	育成/审定
182	绵农 5 号	0918$_{7-1}$/8102-11	绵阳农业专科学校	1997 年 四川
183	绵农 6 号	绵 85-42/巴麦 18	绵阳农业专科学校	2001 年 国家
184	绵农 7 号	绵 85-42/巴麦 18	绵阳农业专科学校	2001 年 四川
185	西科麦 1 号	绵 88-304/M-212	西南科技大学小麦所	2003 年 四川
186	西科麦 2 号	14133/墨 444	西南科技大学小麦所	2005 年 四川
187	西科麦 3 号	贵农 21/5575	西南科技大学小麦所	2007 年 四川
188	西科麦 4 号	墨 406/9601-3	西南科技大学小麦所	2007 年 四川 2008 年 国家
189	西科麦 5 号	贵农 21/96 II -39	西南科技大学小麦所	2008 年 四川
190	西科麦 6 号	绵 95-325/92R-135	西南科技大学小麦所	2009 年 四川
191	西科麦 7 号	0105-2/SW8688	西南科技大学小麦所	2012 年 四川
192	西科麦 8 号	97-392/云 22575475	西南科技大学小麦所	2013 年 四川
193	西科麦 9 号	内 4301/绵阳 31	西南科技大学小麦所	2014 年 四川
194	西科麦 10 号	99-55/1257	西南科技大学小麦所	2015 年 四川
195	内麦 2 号	玛拉/伍子堆	内江市农科院	1964 年 四川
196	内麦 65-5	从阿勃中系选	内江市农科院	1965 年 四川
197	内麦 6 号	肯贵阿、综抗矮 1 号、绵阳 19 等复交	内江市农科院	1996 年 四川
198	内麦 8 号	绵阳 26/92R178	内江市农科院	2003 年 四川
199	内麦 9 号	绵阳 26/92R178	内江市农科院	2004 年 四川
200	杏麦 2 号	绵阳 26/92R178	内江市农科院	2004 年 四川
201	内麦 11	品 5/94-7	内江市农科院	2007 年 四川
202	内麦 836	内 5680/92R133	内江市农科院	2008 年 国家
203	内麦 316	R57/品 5	内江市农科院	2013 年 四川
204	大白壳（南充麦 7 号）	蓬安三月黄/玛拉	南充市农科院	1966 年 四川
205	大红芒	弗兰尼分枝麦/玛拉	南充市农科院	1972 年 四川
206	友谊麦（南充麦 2 号）	阿夫/丰收麦	南充市农科院	1973 年 四川
207	南麦 302	16-1/攀早抗	南充市农科院	2012 年 四川
208	南麦 618	2001-43-1/攀早抗	南充市农科院	2013 年 四川
209	特研麦南 88	16-1/攀早抗	南充市农科院 绵阳市特研种业有限公司	2013 年 四川
210	荣春南麦 1 号	16-1/攀早抗	南充市农科院 四川省荣春种业有限公司	2014 年 四川
211	南麦 991	30-9-1/04-2-23	南充市农科院	2015 年 四川
212	宜宾 1 号	NP824/IBO1828//雅安早	宜宾市农科院	1971 年 四川

（续表）

序号	品种名称	组合	选育单位	育成/审定
213	宜宾 3 号	阿勃选系	宜宾市农科院	1973 年 四川
214	宜宾 6 号	71-5543/阿夫乐尔	宜宾市农科院	1990 年 四川
215	宜麦 7 号	87016c-4-10/绵 86-5	宜宾市农科院	1999 年 四川
216	宜麦 8 号	宜 98-53/SW8188	宜宾市农科院	2005 年 四川
217	宜麦 9 号	R59/宜 97-24	宜宾市农科院	2014 年 四川
218	川福 1 号	β 射线诱变川育 5 号	四川省农科院生核所	1984 年 四川
219	川福 2 号	Y 射线诱变（川辐 1 号/77 中 2882）F$_1$ 于种子	四川省农科院生核所	1989 年 四川
220	川福 3 号	Y 射线诱变（巴麦 18/79-600）F$_1$ 于种子	四川省农科院生核所	1989 年 四川
221	川福 4 号	Y 射线诱变（川辐 1 号/77 中 2882）F$_1$ 于种子	四川省农科院生核所	1993 年 四川
222	川福 5 号	Y 射线诱（88-334/88-11525）F$_1$ 于种子，经花培选育而成	四川省农科院生核所	2002 年 四川
223	川双麦 1 号	96-5/辽春 10 号//98-351/云 46725-2	四川省良种繁育中心	2013 年 四川
224	乐品 2 号	绵阳 11/77 中 2882	乐山市农科院	1994 年 四川
225	乐麦 3 号	89-224/7705	乐山市农科院	2004 年 四川
226	资麦 1 号	绵阳 29/川麦 25	四川万发种子开发有限公司	2006 年 四川
227	资麦 2 号	R25 变异株/川麦 30	四川万发种子开发有限公司	2014 年 四川
228	荣麦 757	T274/283	四川兴丰农业科技服务有限公司	2008 年 四川
229	博麦 1 号	绵阳 29/川麦 30	资中瑞博作物种子研究所	2009 年 四川
230	金科麦 33	米拉/172	蒲传永、蒲春雷 等	2009 年 四川
231	先麦 99	T10090/YT4-8	四川确良种业科技有限公司	2009 年 四川
232	玉脉 1 号	R59/4551	四川胜龙天象科技有限公司	2009 年 四川
233	蓉麦 1 号	7786-18-K4/78-5415//绵阳 82-7	成都市第二农科所	1995 年 四川
234	蓉麦 2 号	53283/90M776	成都市第二农科所	2003 年 四川
235	蓉麦 3 号	96-2457/133/3	成都市第二农科所	2005 年 四川
236	蓉麦 4 号	96-2457/133/3	成都市第二农科所	2007 年 四川
237	金丰 626	9481/93N101	阆中市农科所	2004 年 四川
238	达 742	337J1-2-3/雅安早	达县地区农科所	1974 年 四川
239	阿二矮	阿勃中系选	南充县农场	1966 年 四川
240	80-8	从繁 6 中系选	成都市金牛区	1989 年 四川

（续表）

序号	品种名称	组合	选育单位	育成/审定
241	山农 205	中农 28/合川光头	万县地区农科所	1954 年 四川
242	蜀万 8 号	合场 5 号/南大 2419	万县地区农科所	1958 年 四川
243	蜀万 24	合场 5 号/南大 2419	万县地区农科所	1959 年 四川
244	蜀万 29	蜀万 13/山农 205	万县地区农科所	1967 年 四川
245	万雅 2 号	阿夫/玛拉	万县地区农科所	1970 年 四川
246	蜀万 761	蜀万 651/阿勃//阿勃/蜀万 28	万县地区农科所	1984 年 四川
247	蜀万 831	蜀万 761/繁 6	万县地区农科所	1986 年 四川
248	蜀万 40	77 中 2753 系选 4769/蜀万 761	万县地区农科所	1990 年 四川
249	蜀万 41	夭因 C27/82-653	万县地区农科所	1995 年 四川
250	蜀万 42	79-2812/绵阳 19	万县地区农科所	1996 年 四川
251	092	r 射线照射南大 2419	西南农大农学系	1966 年 四川
252	红矮 1 号	永川红秆麦/中原 19	西南农大农学系	1975 年 四川
253	西农麦 1 号	76509/独秆大穗麦	西南农业大学	1989 年 四川
254	西农麦 2 号	Y 射线照射 77 中 2882）F₁	西南农大农学院	1993 年 四川
255	矮麦 58	农林 10 号/宁 7304//郑引 1 号/74-6302	重庆市作物研究所	1992 年 四川
256	渝麦 4 号	77 中 2882/巴麦 18	重庆市作物研究所	1994 年 四川
257	巴麦 18	内 31/繁 6	重庆市巴县农科所	1985 年 四川
258	足农 7 号	玛拉/合川平安麦	大足县农场	1964 年 四川
259	足农 9 号	足农 7 号/玛拉	大足县农场	1966 年 四川

注：推广面积 10 万亩以上或获成果奖励的品种。* 年推广面积达到 1 000 万亩以上的优良品种

表 4 - 3　绵阳号小麦品种推广面积（李生荣，2016）　　　　（单位：万亩）

年份	主要推广品种	推广总面积	四川推广面积	占四川（%）
1983	绵阳 11、12	1 874.50	1 818.00	53.61
1984	绵阳 11、12、15、19	2 652.00	2 445.60	74.35
1985	绵阳 11、12、15、19、20	2 355.89	2 223.70	74.93
1986	绵阳 11、12、15、19、20	2 799.66	2 423.00	80.95
1987	绵阳 11、15、19、20、21	3 225.24	2 596.24	85.91
1988	绵阳 11、15、19、20、21	3 396.46	2 788.82	89.96
1989	绵阳 11、15、19、20、21	3 292.65	2 654.26	82.33
1990	绵阳 11、15、19、20、21	3 396.52	2 823.19	84.73
1991	绵阳 11、15、19、20、21	2 917.53	2 303.87	67.35
1992	绵阳 11、15、19、20、21	3 103.30	2 415.00	70.12
1993	绵阳 11、15、19、20、21	2 912.80	2 196.50	62.63

（续表）

年份	主要推广品种	推广总面积	四川推广面积	占四川（%）
1994	绵阳11、15、19、20、21、22、26	2 900.00	2 000.00	60.00
1995	绵阳15、19、20、21、22、24、26	2 665.00	1 906.00	71.52
1996	绵阳15、19、20、21、22、24、26	2 477.00	1 450.00	48.76
1997	绵阳19、20、21、24、26号、89-30	2 500.00	1 400.00	45.00
1998	绵阳19、20、21、24、25、26、28	2 510.00	1 425.00	57.96
1999	绵阳19、20、21、24、26、28、29、92-330	2 293.00	1 312.00	63.72
2000	绵阳19、20、21、26、28、29、绵阳335	2 097.00	1 083.00	49.68
2001	绵阳19、20、25、26、28、29、绵阳335	1 592.00	940.00	51.37
2002	绵阳19、20、26、28、30、31、绵阳335	1 428.00	904.00	43.52
2003	绵阳19、20、25、26、28、30、31	1 525.00	800.00	42.22
平均		2 567.31	1900.39	60.98

庄巧生院士主编的《中国小麦品种改良及系谱分析》一书，统计了1949—2000年中国年最大种植面积超过1 000万亩的小麦品种共计59个品种，其中，引进品种6个，中国自育品种53个，四川盆地育成的绵阳11、绵阳15、绵阳20、绵阳26、繁6、绵农4号、川麦22等7个品种榜上有名。其中，四川省绵阳市农业科学研究院育成的绵阳11栽培面积最大，1984年全国栽培面积达到2 200万亩，1988年绵阳15全国栽培面积达到1 273.5万亩，1993年绵阳20全国栽培面积达到1 237.5万亩，1998年绵阳26全国栽培面积达到1 725万亩。四川农业大学（原四川农学院，下同）小麦所育成的繁6全国栽培面积1980年达到1 227万亩。西南科技大学（原绵阳农业专科学校，下同）育成的绵农4号1995年全国栽培面积达到1 099.5万亩。四川省农科院作物所育成的川麦22全国栽培面积1993年达到1 020万亩。由于新品种在生产上发挥的突出贡献，先后多次获国家及省级大奖。如绵阳11于1983年获农牧渔业部技术改一等奖，1985年获国家技术发明一等奖，繁6于1992年获国家技术发明一等奖，绵阳15于1987年获农业部科技进步二等奖，绵阳26于1998年获四川省科技进步一等奖，绵农4号1998年获四川省科技进步二等奖，川麦22于1991年获四川省科技进步二等奖，川麦107于2006年获国家科技进步二等奖，川麦42于2009年获四川省科技进步一等奖，2010年获国家科技进步二等奖。

二、四川盆地小麦品种更新换代

新中国成立以来，随着育种工作的不断取得新的成就，小麦生产水平得到不断提高，四川盆地小麦生产上先后经历过7次品种大更换，每次品种更换，均使小麦产量大幅度提高，一般亩产提高 50kg 左右。

1959 年南大 2419 全省栽培 1 070 万亩，矮粒多栽培 170 万亩，取代了部分感染条锈病和散黑穗病、产量低的地方品种，实现了第一次大面积品种更换。

20 世纪 60 年代初，以山农 205 取代了南大 2419。1966 年山农 205 全省栽培 800 万亩，51 麦曾推广 100 万亩，实现了第二次品种大面积更换。

60 年代后期，以阿勃、大头黄、雅安早等取代山农 205，1970 年阿勃栽培 1 000 万亩，大头黄 500 万亩，雅安早 300 万亩，实现了第三次大面积品种更换。

70 年代后期，以繁六等取代了阿勃，1979 年繁六栽培 1 200 万亩，繁七栽培 300 万亩，实现了第四次大面积品种更换。

80 年中期以绵阳 11 为代表的绵阳系列小麦品种取代了繁六，1984 年绵阳 11 栽培面积达 2 077 万亩，占四川小麦总面积的 63.5%，实现了第五次大面积品种更换。

1988 年绵阳 15 栽培面积达到 1 273.5 万亩，1993 年绵阳 20 栽培面积达 1 237.5 万亩，1993 年川麦 22 的栽培面积达到 1 020 万亩，1995 年绵农 4 号栽培面积达到 1 099.5 万亩，1998 年绵阳 26 栽培面积达到 1 725 万亩。以绵阳 15、绵阳 20、绵阳 26 为代表的绵阳号，川麦 22 为代表的川麦号，绵农 4 号为代表的绵农号为主，共同实现了四川第六次品种大更换。

进入 21 世纪，由于《中华人民共和国种子法》《中华人民共和国植物新品种保护条例》等政策法规的贯彻实施，品种权可以进行有偿转让，种业企业对转让品种享有独家生产经营权，致使小麦生产上出现推广品种多，单一品种种植面积不大的局面。据全国农技推广服务中心统计，四川省 2001—2014 年通过审定并在生产上种植的品种多达 143 个。但是，年推广面积超过 100 万亩以上的仅有绵阳 26、绵阳 28、绵阳 29、绵阳 30、绵阳 31、绵麦 37、绵麦 367、绵阳 335、川麦 107、川麦 42、川麦 47、川麦 104、川农 16、绵农 4 号、绵农 5 号、内麦 8 号、内麦 9 号等 17 个品种。其中只有绵阳 26 年推广面积超过 500 万亩，该品种 2001 年和 2003 年推广面积分别达到 654 万亩和 595 万亩；绵阳 28 和川麦 107 两个品种年最大推广面积超过 400 万亩；西南 335 和绵农 4 号年最大推广面积超过 300 万亩；绵阳 29、绵阳 31 年最大推广面积达到 200 万亩；其余品种最高年推广面积均在 100 万亩以上（表 4-4）。

利用杂种优势是提高小麦产量、改进品质和抗性的重要途径。近半个世纪以来，小麦杂种优势研究利用取得了较大进展。特别是温光敏雄性不育系具有恢复源广、杂交种生产程序简化和商品性好等特点，已成为小麦杂种优势利用的主要途径。绵阳市农业科学研究院先后创制出高抗条锈病、高抗白粉病、不育性稳定的温光敏雄性不育系 MTS-1 和 4377S13，及综合农艺性状优良、高抗条锈病和白粉病的温光型两系恢复系 MR168 和 09-638；育成 3 个杂交小麦品种通过国家、四川和甘肃审定。其中绵阳 32 号是我国首个通过国家审定的杂交小麦品种，绵杂麦 168 是首个通过国家、四川和甘肃（春小麦）等多生态区审定的杂交小麦品种，也是首个累计推广面积突破 100 万亩的杂交小麦品种。继绵杂麦 168 之后，2014 年育成强优势小麦杂交种绵杂麦 512 通过四川审定。

表 4 – 4　2001—2014 年四川盆地年推广 100 万亩以上的小麦品种
（李生荣，2016）（单位：万亩）

品种名称	2001		2002		2003		2004		2005		2006		2007
	合计	四川	合计	四川	合计	四川	合计	四川	合计	四川	合计	四川	合计
绵阳 26	654	390	/	/	595	300	249	/	202	55	123	16	/
绵阳 28	262	210	409	259	402	230	116	/	/	/	/	/	/
绵阳 29	/	/	265	265	240	240	240	227	141	113	/	/	/
绵阳 335（西南 335）	384	300	/	/	/	/	/	/	/	/	/	/	/
绵阳 30	/	/	130	130	/	/	/	/	/	/	/	/	/
绵阳 31	/	/	/	/	/	/	/	/	119	60	158	78	174
绵麦 37	/	/	/	/	/	/	/	/	/	/	/	/	108
绵农 4 号	352	323	/	/	/	/	/	/	/	/	/	/	/
绵农 5 号	/	/	113	113	/	/	/	/	/	/	/	/	/
川麦 107	322	304	425	380	432	360	481	404	356	249	286	108	236
川麦 42	/	/	/	/	/	/	/	/	/	/	/	/	130
川育 14	109	84	/	/	/	/	/	/	/	/	/	/	/
内麦 8 号	/	/	/	/	/	/	/	/	/	/	/	/	151
川农 16	/	/	/	/	/	/	/	/	/	/	/	/	129
绵阳 31	200	55	129	41	164	26	112	33	113	12	100	15	/
绵麦 367	/	/	/	/	/	/	/	/	/	/	/	/	121
川麦 107	135	42	138	56	/	/	127	41	115	40	/	/	/
川麦 42	120	120	135	115	151	128	110	97	110	97	178	166	/
川麦 47	134	134	/	/	/	/	/	/	/	/	/	/	/
川麦 104	/	/	/	/	/	/	/	/	/	/	/	/	151
内麦 9 号	103	103	/	/	/	/	/	/	/	/	/	/	/

注：表中数据来源于中国农业技术推广服务中心（全国农作物主要品种推广情况统计）

三、四川盆地小麦品种的生育特征和特性

四川盆地小麦以春性为主，品种间春性强弱存在差别，但以春性中熟品种居多。每年秋季 10 月下旬至 11 月上旬播种，翌年 5 月上中旬成熟，生育期

170~190d。按照生育进程顺序，四川盆地小麦生育期主要划分为出苗、分蘖、拔节、孕穗、挑旗、抽穗、开花、灌浆、成熟期等9个时期。

由于四川盆地冬季气温较高，小麦在冬季不停止生长，对小麦没有越冬性的要求，因此就没有越冬期、返青期和起身期。

四川盆地小麦幼苗阶段短、器官建成阶段长、籽粒形成阶段较长，有利于形成大穗多粒和较高的千粒重，但分蘖成穗率较低。四川盆地小麦不同生育阶段对气象条件的要求不同，提高温度和延长光照时间对小麦生长发育均起促进作用，拔节至抽穗期日长的影响明显大于温度，而增长日长对小麦生长发育的影响在播种期不明显，在出苗至三叶期延缓生育速度，而三叶至拔节期、抽穗至成熟期则是温度的影响比日长更大。

四川盆地小麦随纬度北移和海拔升高播种期提前，而成熟期则推迟，纬度北移1度，播种期提前2d，成熟期推迟5d，全生育期延长7d；海拔升高100m，播种期提前3d，成熟期推迟3~4d，全生育期延长6~7d。

四、优良新品种简介

2008—2015年，共有25个小麦品种被四川省农业厅推荐为主导品种。其中，绵麦37、绵麦1403、绵麦367、绵麦51、绵杂麦168、川麦42、川麦104、川麦60、蜀麦969和内麦836推广面积较大，在生产上表现突出。

（一）绵麦37

选育单位：绵阳市农业科学研究院。

品种来源：96EW37/绵阳90-100。

审定时间：2004年通过四川省品种审定（川审麦2004002）。

本品种2004年被确定为四川省重点推广品种，2008—2014年为四川省小麦新品种区域试验对照品种，国家植物新品种权保护品种（品种权号：CNA20040287.0）。

特征特性：春性、早熟，全生育期190d左右。分蘖力强，上林成穗率较高。株高75~80cm，茎秆坚韧，抗倒伏力强。穗层整齐，长方形穗，长芒、白壳、浅红粒、半角质，千粒重45g以上。四川省区试统一品质分析，容重757g，粗蛋白质含量14.76%，湿面筋29.66%，沉降值36.72ml，稳定时间4.58min。据晏本菊等（2004）、杨恩年等（2008）测定，绵麦37高分子谷蛋白亚基（HMW-GS）组成为1，20，5+10，品质评分8分，具有较好的加工品质。免疫至高抗条锈病，高抗至中抗白粉病，抗性持久稳定。经遗传分析，绵麦37对条中32号小种的抗性主要受1对显性基因控制，同时受另两对隐性基因影响。

产量与分布：2003 年参加四川省区试，平均亩产 358.6kg，比对照川麦 107 增产 9.01%，增产极显著；2004 年继续参加四川省区试，平均亩产 322.87kg，比对照川麦 107 增产 6.88%，增产极显著；同时参加四川省生产试验，平均亩产 364.75kg，比对照川麦 107 增产 13.99%。本品种多抗性突出，矮秆抗倒，丰产稳产性好，品质优良，适应性广，尤其适宜在条锈病常发区和广大丘陵地区进行间套作种植。据全国农业技术服务中心统计，2007 年在四川栽培 108 万亩，2014 年栽培面积仍达 27 万亩。

（二）绵麦 1403

选育单位：绵阳市农业科学研究院。

品种来源：绵阳 04854/贵农 21-1。

审定时间：2007 年四川省农作物品种审定委员会审定（川审麦 2007001）。

本品种先后被列为四川省重点推广品种和高产创建主导品种，国家植物新品种权保护品种（品种权号：CNA20070320.X）。

特征特性：弱春性。中早熟，全生育期 188d 左右。分蘖力较强，上林成穗率较高。株高 82cm 左右，穗层整齐。穗长方形，长芒，白壳，籽粒红色、卵圆形、粉质-半角质，饱满。穗粒数 41 粒左右，千粒重 44g 左右。2007 年经农业部谷物及制品质量监督检验测试中心（哈尔滨）品质测定，容重 787g/L，粗蛋白含量 13.49%，湿面筋含量 23.1%，沉降值 24.98ml，稳定时间 3.8min。周强等（2014）测定，高分子谷蛋白亚基（HMW-GS）组成为 N，7+8，5+10，品质评分 8 分。经四川省农科院植保所鉴定，高抗条锈病，高抗至中抗白粉病，感赤霉病。

产量与分布：2004—2005 年度参加省区试，平均亩产 363.87kg，比对照川麦 107 增产 12%，差异极显著；2005—2006 年度继续试验，平均亩产 394.41kg，比对照川麦 107 增产 14.5%，差异极显著。适宜在四川的平坝、丘陵区种植，亦适宜在长江上游相似生态区栽培。全国农业技术服务中心统计，2012 年推广面积 45 万亩。

（三）绵麦 367

选育单位：绵阳市农业科学研究院。

品种来源：1275-1/99-1522

审定时间：2010 年通过国家品种审定（国审麦 2010001）。

本品种 2011 年被科技部列为国家农业科技成果转化项目（2011GB2F000007），2013—2016 年被农业部推荐为全国主导品种。2014 年起为四川省小麦新品种区域试验对照品种。

特征特性：春性。中早熟，全生育期 188d。幼苗半直立，分蘖力较强，成穗率较高。株高 82cm，穗层整齐，茎秆粗壮，抗倒伏力强。穗长方形，长芒，白壳，红粒，籽粒粉质-半角质，均匀，饱满。每穗粒数 45 粒左右，千粒重 45g 以上。抗条锈病，兼抗白粉病。容重每升 750g 左右，粗蛋白 11.25% ~ 13.00%，湿面筋 18.2% ~ 24.6%，吸水率 50.5% ~ 57.6%，沉降值 28.5 ~ 30.0mm，面团稳定时间 1.2 ~ 3.3min。

产量与分布：2007—2008 年度参加国家长江上游组预备试验，平均亩产 433.3kg，比对照川麦 107 增产 13.1%，居参试品系首位；2008—2009 年度参加国家长江上游组区域试验，平均亩产 374.6kg，比对照川农 16 增产 22.2%，差异极显著，居第一位；2009—2010 年度继续试验，平均亩产 383.5kg，比对照川农 16 增产 5.7%，居第二位。在示范中表现突出，增产效果显著。2011、2012 年，江油市示范推广 1.24 万亩，平均亩产 411kg，较全县小麦平均亩产增产 92kg，增幅 28.4%。2012 年 5 月 25 日现场收打验收，大堰乡泉水村 6 组农户曹永万、曹永林，分别种植 1.21 亩和 1.13 亩，亩产达 649.93kg 和 638.95kg；广元市苍溪县两年示范推广 1.6 万亩，平均亩产 468kg，较全县小麦平均亩产增产 54.6kg，增幅 13.2%，经专家现场验收，核心示范片最高亩产达 544.9kg。全国农业技术服务中心统计，2014 年推广面积达 121 万亩。

（四）绵麦 51

选育单位：绵阳市农业科学研究院。

品种来源：1275-1/99-1522。

审定时间：2012 年 10 月通过国家品种审定（国审麦 2012001）。

本品种 2013 年被科技部列为国家农业科技成果转化项目（SQ2013ECF000056），2014—2016 年被四川省列为主导品种。

特征特性：春性。中早熟，全生育期 190d 左右。幼苗半直立，叶色深，分蘖力较强，生长势旺。株型适中，株高 85cm，穗层整齐。穗长方形，长芒，白壳，红粒，籽粒半角质，均匀、饱满。穗粒数 45 粒左右，千粒重 45g 以上。抗条锈病，高抗白粉病，中感至高感赤霉病和叶锈病。容重 761g/L，粗蛋白 12.21%；湿面筋 24.05%，吸水率 51.5%，沉降值 23.95mm，面团稳定时间 1.4min。

产量与分布：2009—2010 年度参加国家长江上游组区域试验，平均亩产 374.9kg，比对照川麦 42 减产 1.0%，差异不显著，居 B 组第二位。2010—2011 年度继续试验，平均亩产 409.29kg，比对照川麦 42 增产 3.6%，差异显著，居 A 组第二位。2011—2012 年度参加四川、重庆、云南、贵州、陕西等省生产试验，7 个试点全部增产，平均亩产 382.2kg，比对照品种平均增产 11.4%，居参试品种第二位。适宜在四川、云南、贵州、重庆、陕西汉中地区、湖北襄樊地区、甘肃徽成盆地川坝河谷种植。2014 年在四川北部的江油、梓潼、三台、中江、苍溪等县示范种植近 40 万亩。

（五）绵杂麦 168（杂交小麦品种）

选育单位：绵阳市农业科学研究院。

品种来源：MTS-1/MR168。

审定时间：2007 年通过国家审定（国审麦 2007002）；同年通过四川省审定（川审麦 2007012），2012 年通过甘肃省审定（甘审麦 2012012）。

本品种先后被推荐为四川省重点推广品种和高产创建主导品种。2012 年列为绵阳市科技成果转化项目（12CGZH0030），2013 年列为四川省农业科技成果转化项目。国家植物新品种权保护品种（品种权号：CNA20080386.7）。

特征特性：春性。早熟，全生育期 182d 左右，比对照品种川麦 107 早熟 5d 左右。幼苗长势中等，分蘖力较强，上林成穗率较高。株高 90cm 左右，茎秆韧健，抗倒伏力较强。植株较紧凑，穗层整齐，成熟落黄转色好。长方形穗，穗长 10~12cm，结实 45~50 粒，籽粒红皮，千粒重 45g 左右。产量构成三因素协调合理，较多的有效穗数和较高的每穗结实粒数是增产的主要因素。品质分析结果，平均容重 784g/L，粗蛋白质含量 14.4%，湿面筋 30.5%，沉降值 39.9ml，面团稳定时间 3.6min。周强等（2014）测定，高分子谷蛋白亚基（HMW-GS）组成为 1，7+9，5+10，品质评分 9 分。

产量与分布：参加国家区试长江上游组试验，两年平均亩产 420kg，每亩比对照增产 12.65%。参加四川省小麦新品种区域试验，两年平均亩产 375.97kg，比对照增产 16.1%。2008 年在什邡市进行高产示范面积 30 亩，5 月 12 日四川省农业厅邀请中国农科院作物科学研究所肖世和研究员为组长的同行专家验收组进行现场验收，亩产达到 571.4kg，刷新了四川盆地小麦单产新纪录；2009 年 4 月 27 日，凉山州科技局组织专家验收组，对西昌市高枧乡中所村农户谢光权种植的绵杂麦 168 进行现场收打验收，实测面积 1.22 亩，亩产 668.6kg；2011 年在青海省海西州都兰县香日德镇新华村作春小麦高产示范，经青海省种子站组织专家测产验收，面积 4.04 亩，亩穗数 46.2 万，穗粒数 43.7 粒，千粒重 47.3g，亩产 811kg。据全国农业技术服务中心统计，2010 年推广面积 25 万亩，2011 年推广面积 43 万亩，2012 年推广面积 45 万亩，2014 年推广面积 51 万亩。累计推广面积达 184 万亩，是当前中国栽培面积最大的杂交小麦品种。

（六）川麦 42

选育单位：四川省农业科学院作物研究所。

品种来源：Syn-CD768/SW89-3243/川 6415。

审定时间：2004 年经四川省审定（川审麦 2004006）。

该品种从 2004 年起连续多年被确定为全国和四川省主推品种，2009 年被确定为国家区试长江上游组对照品种。其作为亲本已育成小麦新品种 12 个。

特征特性：春性，全生育期平均为 196d，熟期中等。幼苗半直立，芽鞘绿色，叶耳绿色，分蘖力强，长势旺盛；株高 90cm 左右，穗锥形，长芒，白壳。穗粒数 35 粒，千粒重 47g，红粒，粉质 - 半角质，饱满。品质测试，粗蛋白含量 11.67%、面团稳定时间 2.7min、拉伸面积 59.2cm^2。经分析，高分子亚基组成为 1，6 + 8，2 + 12。经四川省农科院植保所鉴定：高抗条锈病，中抗白粉病，感赤霉病；经中国农科院植保所鉴定为条锈病免疫。其携带的抗条锈病基因为 $YrCH$42，位于 1BS 染色体臂（Li G Q，2006）。

产量和分布：2002—2003 年度四川省区试平均亩产 414.6kg，比对照川麦 28 增产 70.22%（比对照川麦 28 的常年产量增产 43.9%）；2003—2004 年度省区试平均亩产 403.21kg，比对照川麦 107 增产 22.77%。2002—2003 年参加长江流域冬麦区上游组区域试验，平均亩产 354.7kg，比对照川麦 107 增产 16.3%（极显著），2003—2004 年度续试，平均亩产量 406.3kg，比对照川麦 107 增产 16.5%（极显著）；2003—2004 年度生产试验平均亩产 390.9kg，比对照川麦 107 增产 4.3%。该品种 2010 年在江油市大堰乡最高亩产达到 710kg，创西南地区小麦亩产最高纪录。适宜长江上游冬麦区种植。据农业部统计，2013 年推广面积 178 万亩，累计种植 1 069 万亩。

（七）川麦 104

选育单位：四川省农业科学院作物研究所。

品种来源：原代号川重组 104，系谱为川麦 42/川农 16。

审定时间：2012 年通过四川省（川审麦 2012001）和国家审定（国审麦 2012002）。

该品种 2013 年被四川省农业厅推荐为四川省主推品种，2015 年被农业部推荐为国家主推品种。

特征特性：春性，全生育期 186d 左右，熟期中等。幼苗半直立，芽鞘绿色，叶耳绿色，分蘖力较强，生长势旺。株高 88cm 左右，穗长方纺锤型，长芒，白壳。穗粒数 40 粒左右，千粒重 49g 左右，红粒，半角-粉质，饱满。品质测定：籽粒容重 799g/L，粗蛋白含量 12.54%，湿面筋 26.21%，沉降值 32.4ml，吸水量 52.6ml/100g，面团稳定时间 3.9min，最大拉伸力 663EU，延展性 147mm。经四川省农科院植保所两年鉴定：高抗条锈病，高抗白粉病，中抗-中感赤霉病；经中国农科院植保所两年鉴定：条锈病近免疫、中感白粉病和纹枯病、高感叶锈病和赤霉病。

产量和分布：2011、2012 年度参加国家区域试验长江上游组，两年平均亩产408.7kg，比对照川麦42增产8.45%，增产点次率84.6%。2012年度生产试验平均亩产391.2kg，比对照增产13.1%，7点次全部增产。2010、2011年度参加四川省区域试验，两年平均亩产407.74kg，比对照绵麦37增产14.12%，增产点次率93%；2012年度生产试验平均亩产397.46kg，比对照绵麦37增产15.6%，5点全部增产。丰产稳产特性突出，2015年中江县辑庆镇联丰村12组村民谌玉安种植的1.65亩，全田实收亩产达621kg。适宜长江上游冬麦区种植。据农业部统计，2014年推广面积151万亩。

（八）川麦60

选育单位：四川省农业科学院作物研究所。

品种来源：98-1231//贵农21/生核3295。

审定时间：2011年通过国家品种审定（国审麦2011001），2012年通过四川省品种审定（川审麦2012003）。植物新品种权公告号：CNA009516E。

特征特性：春性、早熟，全生育期180d左右。分蘖力较强，成穗率较高。株高91cm，抗倒伏力强。穗层整齐，长方形穗，长芒、白壳、红粒、半角质，千粒重45g以上。四川省区试品质分析，容重813g/L，粗蛋白质14.12%，湿面筋30.2%，沉降值32.5ml，面团稳定时间3.9min。含高分子谷蛋白亚基基因Bx7，By8，Dx5。高抗条锈病，感白粉病、赤霉病和叶锈病。

产量与分布：2008—2009年四川省区试平均亩产401.68kg，比对照绵麦37增产8.5%，增产极显著；2010—2011年四川省区试续试平均亩产372.46kg，比对照绵麦37增产5.6%，增产极显著；2010—2011年四川省生产试验，平均亩产359.53kg，比对照绵麦37增产8.9%。2008—2009年度国家区试长江上游组试验平均亩产量366.0kg，比对照川农16增产15.3%；2009—2010年度续试，平均亩产量387.8kg，比对照川农16增产6.8%；2011年度生产试验，平均亩产373.8kg，比对照品种平均亩产（362.1kg）增产3.23%。适宜在西南冬麦区的四川省、贵州省、重庆市、陕西省汉中地区和安康地区、湖北省襄樊地区、甘肃省徽成盆地川坝河谷种植。

（九）蜀麦969

选育单位：四川农业大学小麦研究所。

品种来源：SHW-L1/SW8188//川育18/3/川麦42。

审定时间：2013年通过四川省品种审定（川审麦2013009）。

该品种兼具高产、强筋、早熟、抗冻的突出优势。该品种为模拟普通小麦起源并成功应用于育种提供了一个新范例。该品种是"十一五"以来，四川省统一组织的生产试验中绝对产量最高的小麦品种；是达到四川强筋小麦品种审定标准的少数品种之一；是生产上成熟最早的品种之一；是2016年1月小麦生产发生严重冻害时，表现最抗冻的品种之一。2014年获得国家农业科技成果转化资金项目资助（"高产抗病强筋小麦新品种蜀麦969的试验示范"），2015年开始被确定为四川省主导品种。

特征特性：春性，全生育期185 d左右，比对照绵麦37早熟。幼苗半直立-直立，叶色深绿，叶片宽窄适中，生长势旺，分蘖力中等。株高95cm左右，穗锥形，长芒，白壳，红粒，半角质，籽粒卵圆形，籽粒饱满。平均有效穗23.5万/亩，穗粒数41.0粒/穗，千粒重46.7g。2012年经农业部谷物及制品质量监督检验测试中心（哈尔滨）品质分析结果为：平均容重778.0g/L，蛋白质含量14.57%，湿面筋含量31.0%，沉降值47.3ml，稳定时间8.1 min，达到四川强筋小麦标准。经四川省科院植保所鉴定，中抗条锈病，中抗白粉病，中抗赤霉病。

产量与分布：2010—2011年度四川省区试，平均亩产358.7kg，比对照绵麦37增产3.5%，7点中5点增产；2011—2012年度续试，平均亩产409.2kg，比对照绵麦37增产12.6%，7点全部增产；两年平均亩产384.0kg，比对照增产8.1%。2012—2013年度生产试验，平均亩产404.5kg，比对照绵麦37增产10.2%，5点全部增产。2013—2015年，在江油、绵竹、广汉、仁寿、崇州等不同生态区验收测产，均稳定表现高产。本品种优良性状突出，迅速成为生产上的主导品种，推广面积上升很快。

特殊遗传基础：在普通小麦起源过程中，仅有少数四倍体小麦和节节麦居群参与杂交过程，导致了"进化瓶颈"，供体四倍体小麦和节节麦物种的大量变异，在目前普通小麦群体中不存在。中国四倍体兰麦地方品种AS2255具有多小穗特征，伊朗节节麦AS60具有一对原始的高分子量谷蛋白亚基新组合1Dx3.1^{t}和1Dy11*^{t}（Chen et al.，2012），且其具有影响抽穗期的光周期新基因Ppd-D^t（Xiang et al.，2009）。模拟普通小麦起源过程，于2000年5月，在都江堰用AS2255与AS60杂交，于2002年创制了人工合成六倍体新小麦SHW-L1（Zhang et al.，2004）。当年，用SHW-L1与川麦32杂交，连续顶交两次后自交，选育出蜀麦969。该品种导入了供体四倍体小麦和节节麦的遗传物质，包括现有小麦群体不存在的谷蛋白亚基新组合1Dx3.1t和1Dy11*t（Liu et al.，2016）。除了谷蛋白新基因，可能还导入了节节麦灌浆速度快、抗冻等特征，使得该品种比其他一些品种早熟并抗冻；此外，蜀麦969在稀播、肥水条件好的条件下，小穗数可超过30个，因此可能导入了四倍体小麦的多小穗遗传基础。该品种从人工模拟起源到成功选育出该品种，花了14年。该品种的成功育种实践，证明以人工合成小麦为"桥梁"，利用小麦供体物种的遗传基础进行小麦育种的潜力大。

（十）内麦 836

选育单位：四川省内江市农业科学院。

品种来源：内 5680/92R133。

审定时间：2008 年通过国家品种审定（国审麦 2008001）。

该品种 2011 年被农业部推荐为全国主导品种，2011 年、2013 年、2014 年列为四川省主导品种。

特征特性：春性、中熟。全生育期 180d 左右。株高 79cm，抗倒伏性强，株型中等、整齐。穗长方形，长芒，白壳。每穗粒数 44 粒。籽粒卵圆形，白色，半硬质。千粒重 44g 左右。2006、2007 两年经农业部谷物及制品质量监督检测中心（哈尔滨）测试：容重 760.5g/L，蛋白质含量 12.7%，湿面筋 25.65%，沉降值 26.9ml，面团稳定时间 4.0min。2006、2007 两年中国农科院植保所接种抗病性鉴定：条锈病、白粉病免疫，慢叶锈病，中感赤霉病。2009 年经南京农业大学陈佩度教授等细胞学鉴定和分子标记鉴定，内麦 836 含外源片段 6VS，携有抗条锈病基因 Yr26 和抗白粉病基因 pm21。

产量与分布：2005—2006 年度参加长江上游冬麦组品种区域试验，平均亩产量 387.9kg，比对照川麦 107 增产 5.1%；2006-2007 年度续试，平均亩产量 395.27kg，比对照川麦 107 增产 5.0%。2007—2008 年度生产试验，平均亩产 343.42kg，比当地对照品种增产 0.94%。在四川、贵州中部和西部、重庆东部、云南中部田麦区、甘肃徽成盆地川坝河谷种植。2009 年开始在四川、重庆、云南、贵州等地种植，最高年推广面积达 100 万亩以上，2015 年在四川、重庆、贵州等地仍有种植。

第二节　多熟制中的小麦接茬关系

四川盆地小麦的前茬作物有水稻、蔬菜、甘薯、大豆等；后茬作物有玉米、水稻等。在稻麦两熟制的种植模式下，小麦的前后茬都是水稻；而丘陵旱地套作小麦的前茬有玉米、甘薯、花生、大豆、蔬菜等，后茬有玉米、甘薯、蔬菜等。

第三节　整　地

整地是指小麦播种前进行的一系列土壤耕作措施的总称。其目的是创造良好的土壤耕层构造和表面状态，协调水肥气热等因素，提高土壤肥力，为小麦播种和生长、田间管理提供良好条件。

在四川盆地，小麦整地的主要作业包括旋耕灭茬、翻耕、耙地等。其中旋耕灭茬是指用旋耕机等破碎根茬、疏松表土、清除杂草的作业，在前茬作物收获后、翻耕前进行，能提高翻耕与播种质量。可浅耕灭茬后直接播种下茬作物，也可不浅耕灭茬，直接进行翻耕。翻耕是用有壁犁翻转耕层和疏松土壤，并翻埋肥料和残茬、杂草等的作业，是整地作业的中心环节。耙地是翻耕后用各种耙平整土地的作业，一般用圆盘耙、钉齿耙等耙地，有破碎土块、疏松表土、保持土壤水分、提高地温、平整地面、掩埋肥料和根茬、灭草等作用。

整地必须注意选择宜耕期进行耕作，避免因土壤过湿耕作造成的板结。宜耕期的标准是：土壤相对含水量为14%～20%，将土壤捏成土团时不粘手，土团平举自由落下时可以散开。整地应在前作收获后及早进行，以改善土壤理化性状，促进营养物质的有效转化。整地应达到的标准是：深（耕层深度达20～25cm）、松（表土疏松透气不板结）、碎（土团细小，无大的明暗坷垃）、净（及时灭茬，地里无大的作物根蔸）、平（地面平整、厢平沟直）。

对部分质地偏沙（壤）、排水良好的稻茬田，可进行旋耕整地；对多数土壤黏重、湿度大的稻茬田，不宜对土地进行耕作，以免破坏耕层结构，宜采取免耕栽培。无论免耕或旋耕，都应在水稻黄熟期提早排水，水稻收后要及时做好田间排水系统，开好边沟、厢沟，做到沟沟相通，利于排水降湿。边沟宽25～30cm、深25～30cm，厢沟宽20～25cm、深20～25cm。播种前达到地面平整、厢平沟直的标准。

对广大的丘陵旱地麦田，应立足于逐年加深耕作层，结合增施有机肥，在保蓄水肥的基础上，根据不同复种方式进行整地。前作收获较早者，如春玉米、高粱、芝麻等，收后应先浅耕灭茬，然后深翻炕土，使残茬腐烂并接纳秋雨，雨后浅耙，减少蒸发；前作收获较晚者，如甘薯等，收播时间紧迫，提倡挖薯、平地、施肥、小麦播种等连续作业，以保证小麦抢时、抢墒播种。

对实行免耕的麦田，应保证每3年翻耕一次，以免造成土壤板结。

第四节　播　种

一、精选和处理种子

优先选择由种子公司生产销售的、经过精选和包衣处理的、质量符合国家有关规定的小麦生产良种。对于农民自留小麦种，应在播前进行种子晾晒、精选和药剂拌种。

（一）播前晒种

在小麦播种前 10～15d，选择晴好天气连续晒种 2～3d。可增强种皮的透水性和氧气的渗透性，提高发芽势和发芽率，并可晒死各种害虫，保证麦田出苗整齐。小麦晒种后，发芽势可提高 10%～20%，发芽率可提高 5% 左右。最好在塑料布或土麦场上晒种，不可在水泥晒场上暴晒。

（二）种子筛选

用风车、簸箕等对晒种后的种子进行筛选，去掉小粒、瘪粒、芽粒、破粒、草籽、杂物及病粒。使播种用的种子籽粒大小整齐均匀、无病虫，保证出苗整齐一致，生长健壮。

（三）药剂拌种

四川盆地，小麦病虫害较多，提倡药剂拌种，可防治地下害虫、小麦生长期发生的病害。采用杀虫剂和杀菌剂混合拌种，应先拌杀虫剂、再拌杀菌剂。

具体操作：取 20ml 50% 辛硫磷乳油或者 10ml 40% 甲基异柳磷乳油，加水 1kg 稀释成药液，用喷雾器将稀释药液均匀喷洒摊在塑料编织袋上的 10kg 小麦种子，喷药后堆闷 3～4h，再摊开晾干。之后取 10g 2% 立克莠（又称戊唑醇）干拌种剂，或用 15% 粉锈宁 20g，对水 200g，与拌过杀虫剂的 10kg 种子一并倒入拌种器或塑料编织袋中，充分搅拌。最后，将拌好的种子放在阴凉处晾干后用于播种。注意，用药量必须严格按要求进行，以免发生药害。

二、适时播种

（一）品种类型

应选用通过国家或四川省农作物品种审定委员会审定的小麦品种。在盆地稻麦轮作区可选择抗条锈病、兼抗白粉病、耐肥抗倒、丰产性好的春性或弱春性小麦品种；在盆地丘陵地区应选用耐旱耐瘠、抗条锈病、兼抗白粉病、丰产的春性或弱春性小麦品种。目前生产上常用的小麦品种有绵麦 367、川麦 104、蜀麦 969、绵麦 51、内麦 836 等。

（二）播种日期

根据四川盆地常年的气候资料，弱春性品种在日平均气温稳定降低到 16℃ 以下时播种为宜，春性品种在日平均气温稳定降低到 14℃ 以下时播种比较适合，这样冬前的有效积温达 500～600℃。袁礼勋等（2000）对不同类型春性小麦品种的播期效应进行了研究，结果表明：小麦产量的播期效应因品种春性强弱和年份不同而存在显著差别。强春性早熟品种对迟播有较好的适应性，正常年份（无明显倒春寒）于10月底播种不会出现结实异常，但在低温年份会因结实锐减导致严重减产；弱春性晚熟品种早播可获得较高产量，越迟减产越多；春性中熟品种年际之间和播期之间的产量波动都相对较小，适播期弹性较大，但以适期早播产量更佳。强春性品种迟播后穗数和粒数变化较小，弱春性品种早播的穗数和穗粒数均较高，是其适宜迟播或早播的原因。三类型品种播期间千粒重的变化均相对较小。旱区小麦抢墒早播宜选用弱春性品种，增加复种需晚播时，应选用强春性品种。周强等（2006）利用五个播期（10月20日、10月26日、11月1日、11月7日、11月13日）对五个小麦品种绵阳33、绵阳35、绵麦37、绵麦38和绵麦39的产量及产量构成因素的影响进行了研究。结果表明，各品种的产量及产量构成因素随播期的变化而各不相同，这5个品种在四川麦区（川西北）的适宜播期分别为：绵阳33、绵麦37和绵麦38为10月26日至11月1日，而绵阳35和绵麦39为10月20日至10月26日。

因此，在正常年份下，多数小麦品种高产播期在10月25日至11月5日。春性较强品种的适宜播种期为11月1—8日；弱春性、生育期相对较长品种的适宜播种期为10月25日至11月3日。

（三）适期早播

小麦减数分裂期（孕穗期）易受低温危害，早播的界限是安全孕穗期日均气温稳定达到10℃为指标。

谭飞泉等于2005—2006年对几个弱春性小麦新品种（系）在四川盆地不同播期的产量效应进行了研究，结果表明：提前播种时小麦各生育阶段都相应提前，灌浆期和全生育期都有所延长，在保持较高单位面积粒数的同时，提高了千粒重，产量有较大幅度提高。在10月24日播种的"川农23""川农19"和"J210"分别比11月4日播种增产3.97%、8.80%和12.64%。他们于2006—2007年在四川盆地气候生态条件下，研究了不同程度早播（从10月18日到11月5日每2d一个播期，共10个播期）对弱春性高产小麦新品系J210生育进程、籽粒灌浆特性、产量、产量构成及品质的影响。结果表明，J210的生育进程随播期的提前而提前，全生育期和灌浆持续期随播期的提前而增长；10月18—30日间播种，单位面积穗数和粒数变化不明显，籽粒平均灌浆速率差异也很小，但粒重随播期推迟而降低。而10月30日之后播种，单位面积穗数和粒数明显减少，籽粒灌浆速率和粒重随播期推迟而增高；从产量看，以10月18日播种最高，但在10月28日之前播种减产不显著，在10月28日之后播种显著减产，10月18日播种比11月5日播种增产达29.92%。各播期下 J210 的品质性状较稳定，但早播条件下的 J210 各品质性状略优于迟播。由于 2006—2007 年为暖冬年，可认为 J210 在生产上的高产而又安全的播期为 10 月 25 日左右。因此他们建议，在稻麦两熟制种植模式下，几个弱春性小麦新品种（系）"川农 23""川农 19"和"J210"的播期可以提前到 10 月 25 日左右，以获得较高的产量和较佳的品质，又能有效地避开抽穗开花期的"倒春寒"天气，以达到稳产的目的。

在 2015—2016 年度，因 2015 年 10 月至 11 月小麦播种期间，土壤墒情适宜，小麦出苗迅速；小麦播种后至 12 月上旬，气温偏高，小麦生长迅速，生育进程加快，有徒长的现象，部分地方小麦生育期提前 5~7d；2016 年 1 月下旬，又出现了罕见的持续低温寒潮天气，平均降温 5~8℃，最低温度达到 −9℃，连续 7d 出现霜冻现象，大部分小麦品种出现冻害，春性强的品种正值拔节期，受冻严重；2 月上旬春节期间气温偏高，但 2 月 12—14 日，又出现了低温雨雪天气，小麦再度受冻。据绵阳市农业科学研究院对四川省和国家长江上游组区试小麦新品系的受冻情况调查表明，84 个参试品系中有 15 个品系因春性较强，受冻严重，占 17.9%；遭受中等程度冻害的品系 45 个，占 53.6%；受冻较轻的品系 21 个，占 25.0%；仅有 3 个品系生育期偏晚或偏冬性，没有受到冻害。总体来看，播种偏早（10 月 25 日前播种）、地力瘠薄（二三台土）、密度过大（每亩基本苗超过 20 万）的小麦因生育期提前而受冻严重。据绵阳市农业局统计，全市 145 万亩小麦中，有 4.4 万亩因播期提早到 10 月 21 日前，受冻极严重，几乎绝收；有 27 万亩因播期在 10 月 21—25 日，表现受冻严重，估计减产 70% 左右；播期在 10 月 25 日至 11 月 1 日的小麦受冻较轻；而 11 月播种的没有受到冻害。

针对应对日益不稳定的气候条件，为安全稳妥起见，四川盆地小麦的播种期可适当提前到 10 月 28 日左右，而不宜提前到 10 月 25 日。

三、播种方式

在不同的种植模式下，小麦的播种方式有撒播、机播、点播等。稻麦轮作两熟制下的稻茬净作小麦，无论是翻耕整地或免耕的麦田，均可采用撒播或机条播的播种方式；而丘陵旱地间套作小麦可采用机条播、点播等播种方式。

（一）撒播

即把小麦种子均匀地撒在田地里。这种播种方式因其方便易行，因而在四川盆地普遍采用。

具体的操作方式为：整理好土地开好边沟和厢沟，以利排水；化学除草免耕田在小麦播种前 2~3d，用 20% 百草枯水剂 150~200ml/亩，或在小麦播种前 7~10d，用 41% 草甘磷水剂 200ml/亩²，对水 30~45kg，对土壤表层进行喷雾，防除田间杂草；撒施肥料。将肥料均匀撒施在土壤表层；分厢播种。把麦田按 3~5m 的宽度分厢，厢与厢之间留 20~30cm 的走道，以方便田间管理与通风排湿；按亩用种量及每厢面积进行分厢称种，均匀撒播，之后用稻草覆盖（田湿状态下）或微耕机浅旋盖种。

撒播的注意事项：因撒播属于露播，如果用稻草覆盖则种子裸露在土壤表面，在田湿的情况下出苗效果较好；天干年份可能因炕芽影响发芽出苗，应在播种后及时灌一次"跑马水"。撒播用种量不宜过大，一定要撒均匀，以免因群体过大或群体不当而引起后期倒伏。旋耕机进行浅旋盖种时，一定要掌握好盖种的深度，使种子入土 3cm 左右，盖种过深会使出苗时消耗过多养分，导致弱苗、长脚苗，影响分蘖。分蘖期要进行化学除草，以免杂草滋生引起草害。在拔节初期注意控旺防倒伏。

四川盆地目前广泛采用了免耕撒播稻草覆盖与免耕撒播浅旋盖种这两种播种方式。生产上也有种粮大户采用电动施肥器进行撒肥和撒种，效率很高，在种子播撒均匀的情况下效果很好，值得大力推广。

（二）机条播

用播种机具进行的精量露播或条播。因采用的动力不同，播种机分为人力播种机和机动播种机两种。目前推广较多的播种机有人力带动的 2BJ-2 型简易播种机（播 2 行），用微耕机驱动的 2B-4 型简易播种机（播 4 行）与 2B-5 型简易播种机（播 5 行）等，用拖拉机带动的 2BMFDC-6 型播种机（播 6 行）与 2BMFDC-8 型播种机（播 8 行）等。

2BJ-2 型简易人力播种机重量 11kg 左右，中等劳力一人操作，一天可播 4.5~8.0 亩。适于平原和丘陵有水源保证的稻茬麦或旱地麦的播种。亩播量 6~15kg。一次播 2 行，按每亩基本苗 14 万~16 万计算，则将 2BJ-2 型播种机调至每孔出麦粒 5~6 粒。播种前将稻草移到田边，播后再用稻草盖种，这种播种方式适宜于田湿的稻茬麦田，如遇天干，则需要在播种后及时灌一次"跑马水"，以保证出苗整齐。目前农业机械厂家又研制出一种一次播 6 行、播种效率提高了 3 倍的简易人力播种机，在四川盆地各地进行试验，取得了非常好的效果。用简易人力播种机进行的播种也属于精量露播，注意事项同撒播。

用微耕机或拖拉机驱动的播种机都适合稻茬麦的播种，播种之后不需要稻草盖种，能实现稻草的全量还田，有利于增加土壤有机质。

2B-4 型与 2B-5 型简易播种机是在微耕机后面挂带一个播种箱，在前面进行旋地的同时，后面播种箱下种，并进行盖种。这两种播种机播种效率较高，一天可播 10 亩稻茬麦或 15 亩套作小麦。最好在播种前进行一次旋耕或翻耕，以提高出苗率。

2BMFDC-6 型/8 型播种机可在免耕田直接进行播种，由于它同时具有肥料箱（前）与种子箱（后），播种时将旋地、施肥、播种、盖种等工序一次性完成，大大节约了工效。播种效率高，一天可播 25～40 亩净作小麦。因它带有肥料箱进行机施底肥，最好使用颗粒状的复合肥，以利于操作，同时可避免烧芽、烧苗。

据汤永禄等（2010）研究，用播种机具实施的精量露播或条播，能显著提高播种质量，并显著提高分蘖成穗率和中后期群体光合能力，增强抗旱功能，抑制杂草，使四川盆地高温、高湿、寡照生态区稻茬麦的生产潜力得以明显提高。多年试验示范结果表明，较传统撒播，一般增产 10%～15%，高产片从原来的亩产 450kg 上升到 500kg 左右。

丘陵旱地套作小麦，也可采用机播的播种方式。如果采用"双三 0"的种植模式，在 100cm 宽的小麦种植带上，可用 2B-4 型简易播种机播种 4 行，行距 25cm，或 2B-5 型简易播种机播种 5 行，行距 20cm；如果采用"双六 0"的种植模式，在 200cm 宽的小麦种植带上，用 2B-4 型简易播种机来回播种共 8 行，行距 25cm，或用 2B-5 型简易播种机来回播种共 10 行，行距 20cm。"双六 0"的种植模式更适应机械化播种与收获的需要，在四川盆地西部丘陵山区的应用日益广泛。

据钟华等（2014）报道，简阳市在旱地套作小麦种植区大力推广了 2B-4 型简易播种机的机播技术，2011—2012 年推广面积达 1 500 亩，平均亩产 328.8kg，较传统播种技术亩增产 49.9kg，增幅 17.9%，节支增收 40% 以上。莫太相等（2011）研究认为，小型播种机尤其是 2B-4、2B-5 型播种机在西南丘陵旱地有很好的适应性。

（三）点播

在没有播种机的情况下，也可采用小窝疏株密植技术，即用小锄或圆撬人工挖窝点播，使小麦在单位面积上有较多窝数，每窝株数较少，做到苗全、苗壮，合理密植，提高产量的一项栽培技术。一般稻茬净作小麦要求每亩窝数应达到 1.6 万～2.0 万，套作小麦要求每亩窝数应达到 0.8 万～1.0 万，即行距 23～25cm、窝距 13～15cm，每窝种子 8 粒左右。播后用渣肥（堆厩肥）或粪水浇窝盖种，或铲细土盖种。余遥等（1983）研究认为，在大面积一般栽培条件下，小窝疏株密植能促进播种质量的规范化、精细化，利于保证苗全苗匀苗壮，增加穗数，是中低产变高产的有效措施；在精耕细作的高产栽培下，它对小麦生长具有促控结合的作用，能使群体和个体在整个生长期得到健壮均衡而又适度的发展，在形成产量的关键阶段，同化和向穗部转运有机物质的能力都较强，最终能在单位面积上达到一定的穗数和较高穗重，实现高产更高产。小窝疏株密植比宽行条播、窄行条播和宽窄行条播增加 5.34% ~ 12.09%。这种播种方式曾经在四川小麦生产中发挥了较大的作用，但因耗工费时，播种效率低，在农村劳动力日益老化与减少的形势下，逐渐被淘汰，目前仅在一些小麦高产创建项目中有所采用。

无论采用哪种播种方式播种，需要稻草覆盖的，一定注意稻草不要覆盖太厚，以刚好盖住种子为宜，盖草不严会造成鸟雀危害，盖草过厚不利出苗和分蘖发生，可能造成黄苗、弱苗。同理，机播的播种深度应控制在 2 ~ 4cm。

李朝苏等于 2009—2012 年在成都平原稻茬麦区开展撒播（免耕 + 人工撒种 + 人工覆盖稻草）与机播（免耕 + 稻草粉碎覆盖 + 2BMFDC-6 型播种机机播种）比较试验，研究播种方式对稻茬小麦生长发育及产量建成的影响。研究表明，机播处理的播种效率、出苗率、麦苗均匀度，以及中前期的个体与群体质量均显著高于撒播处理。但到了生育后期，机播小麦的个体与群体质量反而不及撒播小麦，进而影响穗部性状。机播小麦开花期干物质积累量和叶面积指数的年均值较撒播小麦低 1.8%、8.9%，成熟期单穗结实小穗数和穗粒数较撒播处理低 4.2%、3.5%，但千粒质量较撒播高 4.9%，籽粒产量则基本相当。机播小麦开花期耕层土壤的速效 N 含量较撒播处理低 7.8%，植株全 N 含量低 19.4%。增施 N 肥后，机播小麦个体和群体质量得到改善，增产趋势明显。结果表明，2BMFDC-6 型机播有利于提高稻茬小麦播种效率和质量，但需要适当提高施 N 水平以提高中后期个体与群体质量，进而实现高产。

在农村劳动力日益短缺的情形下，以免耕精量机播技术（以 2B-4 型/5 型简易播种机或 2BMFDC-6 型/8 型播种机为基础）和免耕撒播稻草覆盖（浅旋盖种）为主要内容的小麦轻简化栽培技术在四川盆地广大种粮大户和专业合作社得到了广泛应用。

四、合理密植

小麦的产量由每亩穗数、每穗粒数和千粒重三个因素构成的。

亩产量（kg）= 每亩穗数 × 每穗粒数 × 千粒重（g）÷ 1 000

从理论上来说，每亩穗数和每穗粒数越多，千粒重越重，小麦产量就越高。在生产实践中产量三因素是相互制约的，对产量的影响也不相同，其中穗数是构成产量的主要基础，是产量形成中最活跃的因素，而且最容易被人为控制；而穗粒数和千粒重受遗传的影响大，穗粒数受影响的因素较多，千粒重比前两者要稳定些。

合理密植是增加单位面积产量的有效途径，是人为控制小麦群体的一项重要栽培技术措施。其作用主要在于充分发挥土、肥、水、光、气、热的效能，通过调节小麦单位面积内个体与群体之间的关系，使小麦群体结构合理，个体生长健壮，达到高产的目的。在稀植条件下，每亩穗数较少，地上通风透光良好，地下肥水充足，个体得到充分发育，穗粒数多，千粒重高，但因穗数少，产量不会高；而密度过大时，虽群体大，穗数多，但因植株个体之间争光、争水、争肥等，最后导致穗粒数显著减少，千粒重降低，同样不能获得高产。只有当种植密度适宜，产量构成因素协调时，才能获得较高产量。

合理密植包括确定适宜的基本苗、采用适当的播种方式和提高播种质量等环节。基本苗数量适当，分布合理，生长健壮，是建立合理群体结构的基础。另外，品种特性和播种时期也影响着群体密度。分蘖能力较强、分蘖成穗率较高的弱春性品种，适宜较低的密度；反之，则适宜较高的密度。偏早播种的宜稀植，偏迟播种的宜密植。

基本苗主要是通过用种量来决定的：

用种量（kg/亩）＝每亩基本苗数/每 kg 种子粒数×种子净度（％）×发
    芽率（％）×田间出苗率（％）

其中，田间出苗率与整地质量、土壤水分和播种质量有关，一般整地精细，土壤水分适宜，播种深浅适中，盖土一致，田间出苗率可达80％左右；当整地质量差时，田间出苗率仅能达到50％左右。发芽力正常的种子，千粒重为45～50g的大粒型品种，如蜀麦969等，用种量应为每亩9～11kg；千粒重45g以下的中小粒型品种，如绵麦37等，用种量为每亩8～10kg。生产上正常时期播种的净作小麦，每亩用种量不超过15kg；而迟播小麦用种量适当增加。

王相权等（2010）对四川丘陵区冬小麦合理的施N量和种植密度（基本苗）进行了研究，认为四川丘陵区冬小麦高产栽培以亩种植14万株为宜。郑建敏等（2011）在四川省广汉市和金堂县分别对川麦51进行了密度试验，结果表明，川麦51基本苗分别为14万/亩和16万/亩时，产量最高。马宏亮等（2015）研究了不同密度（每亩基本苗为4万、8万、12万、16万和20万）对四川丘陵旱地带状种植小麦群体质量、产量及边际效应的影响，结果表明，套作小麦的边行优势主要发生在生育后期；小麦苗期单株分蘖力及拔节期单茎干物质积累量在不同行间差异不显著；孕穗以后，边行优势明显；各种植密度下均以边行小麦的成穗率、单株成穗数、单茎干物质积累量最高，其有效穗数、穗粒数、千粒重和产量也较高，边行产量对群体产量的贡献最大；边行较内行增产的主要原因为有效穗数增加，其次是穗粒数增加，千粒重在行间差异不显著。12 万/亩密度下边行有效穗数基本达到饱和，穗粒数较大，边行和次边行的产量最高，为四川丘陵旱地"双三0"带状种植小麦最适宜种植密度。

在四川盆地的川西平原，一般春性品种每亩穗数容量可达 30 万左右，净作高产麦田的适宜基本苗一般为每亩 12 万～14 万，有效穗可达 25 万左右。盆地东南丘陵地区，春性品种分蘖较少，且叶片长大披垂，每亩穗数容量可达 20 万左右，净作高产麦田的适宜基本苗为每亩 15 万～8 万，有效穗可达 18 万～20 万；套作小麦因占地面积减少，其基本苗也相应减少，为每亩 7 万～8 万。

第五节　种植方式

四川盆地总体光热条件较好，属亚热带多熟种植集约农区，除冬水田一年一熟外，稻田以稻麦水旱两熟复种为主，旱地以带状间套作复种三熟为主。

一、净作

稻麦两熟是一种水旱轮作、集约化程度较高的种植制度，不仅能充分利用光热水资源，提高耕地利用率，而且通过水旱交替及小麦与油菜合理轮作，可以改善水田土壤结构，提高土壤肥力，消除土壤有毒物质，防止稻田次生潜育化和减少病、虫、杂草等。净作是稻田小麦的主要种植方式。分布在四川盆地的盆西平原麦区、盆中浅丘麦区及盆东南麦区。每年秋末冬初播种小麦，翌年5 月上中旬小麦收获后移栽水稻，水稻于 9 月中下旬至 10 月初收获，水稻常年连作，部分小麦每 2～3 年与油菜轮换，部分稻麦长期连作。

稻茬净作小麦的产量较高，单产一般可达每亩 400～500kg。但部分下湿田因湿害重、整地播种质量差、病虫草害重及肥料投入不足导致地力衰退等原因，小麦产量低而不稳，亩产仅 200kg 左右。稻茬净作小麦高产需解决的技术关键有：选用耐湿性强、抗倒伏的早熟品种；做好开沟排湿工作；实行少耕免耕栽培。

二、间套作

为提高全年光热水土资源利用率，有效解决小麦晚茬、瘦茬和多熟茬口矛盾，实现全年高产和耕地可持续发展，在四川盆地发展了多种间套作种植模式。在盆地丘陵旱地麦区，目前主要推广的有"小麦/玉米/甘薯（简称：麦/玉/薯）、小麦/玉米/大豆（简称：麦/玉/豆）"间套作的带状种植模式。

（一）"麦/玉/薯"种植模式

在一个地块内，以2m（"双三0"模式）、4m（"双六0"模式）等为一复种轮作单元，每个单元带分成对等的甲、乙两个种植带。第一年甲带种植小麦—甘薯—冬绿肥，乙带种植冬绿肥—春玉米—秋大豆（绿肥）；第二年，甲、乙两带互换种植，在秋绿肥茬口上种小麦，冬绿肥茬口上接种玉米。如此轮流互换，往复进行。

具体做法为：第一年10月中下旬播种小麦，最迟不晚于11月上旬，在每一个带幅内播种5行（"双三0"模式）或10行（"双六0"模式）小麦，行距20cm。在预留来年种植玉米的带内，可种植绿肥、豌豆、蚕豆或蔬菜等作物，或培肥地力，或增加收入，避免空闲过冬。第二年3月下旬至4月上中旬播种玉米，若所种的豌豆或蚕豆未成熟，可收青豆作为蔬菜上市，也可在其株间套种玉米；若采用营养钵育苗移栽技术，则可待豌豆与蚕豆成熟收获后再移栽玉米（2~4行）。玉米育苗的播期在3月中下旬，移栽期为叶龄三叶一心至四叶一心。5月中下旬抢收小麦，并抓紧对玉米中耕、培土和原小麦带的整地、扦插甘薯苗（2~4行）。甘薯夏插的适应期是5月下旬至6月上旬，最晚不迟于6月中旬，在这段时间内，每提前5d，增产效果都很显著。所以，收小麦和扦插甘薯都要抓紧，这段时间是旱地耕作上的大忙季节。秋季收获玉米后，在甘薯行间原玉米带，还有一段农时可供种植蔬菜等作物，以充分利用光热资源。收获甘薯后，重新整地开始新一轮种植时，要在上一轮的玉米带种植小麦，在上一轮的甘薯带种植玉米，做到一块地内不同带间的轮作。

（二）"麦/玉/豆"种植模式

旱地新三熟"麦/玉/豆"模式是四川农业大学在传统"麦/玉/薯"模式的基础上，与四川省农技推广总站合作研究形成的旱地新型种植模式。其核心内容是在集成免耕、秸秆覆盖、作物直播技术的条件下以大豆代替"麦/玉/薯"模式中的甘薯而进行的连年套种轮作多熟种植制度。

该模式的技术特点是：五改（改甘薯为大豆、改间作为套作、改春播为夏播、改稀植为密植、改开沟起垄为免耕秸秆覆盖）、四减（减少物质投入、减轻劳动强度、减少水土流失、减轻环境污染）、三增（增强抗旱性、增加全年产量、增加农民收入）、两利（利于资源节约和环境友好）和一促（促进旱地农业的可持续发展）。

具体种植模式是：一般采用带状2m开厢模式，1m（或1.17m）种5行小麦，1m（或0.83m）种2行玉米（两行之间距离40~50cm），小麦收后种3行大豆，第二年换茬轮作、免耕直播、秸秆覆盖（小麦播种时，实行免耕直播并用玉米秆覆盖麦行；小麦收后，实行麦秆覆盖免耕直播大豆；玉米收后直接砍倒原地覆盖于空行)。

据杨文钰等（2009）研究，与"麦/玉/薯"模式相比，"麦/玉/豆"模式具有以下的优势：经济效益高。省工、省肥，亩节本增效 259.35 元；生态效益好。可减少土壤流失量 10.6%，减少地表径流量 85.1%；提高土壤 N 素含量。提高玉米和大豆的土壤总 N 4.11% 和 7.29%，提高玉米 N 肥利用率 39.21%。微区轮作避免连作障碍；社会效益显著。减少劳动投入，有利农村劳动力外出务工增收；大豆总产量显著增加，有利大豆产业和畜牧业快速发展。据雍太文等（2009）研究，"麦/玉/豆"较"麦/玉/薯"更有利于氮素的吸收、土壤肥力的保持和周年作物的可持续生产。

第六节　施　肥

小麦生长发育必需的大量元素有 C、H、O、N、P、K、Ca、Mg、S 和微量元素 Fe、Mn、Zn、Cu、B、Mo、Cl 等，其中 C、H、O 三元素占小麦干物质的 90%~95%，主要来源于空气和水，在自然环境中一般不缺。而其他元素主要靠根系从土壤中吸收，其中 N、P、K 三元素所占比重较大，而且土壤中往往供不应求，因此通称为肥料三要素。一般土壤中，N 最为缺乏，P 也较缺乏，部分土壤 K 也不足，三要素不足或比例失调，都会使小麦生长发育不正常，影响产量和品质。

小麦在不同生育时期对 N、P、K 的吸收是存在差异的，总的趋势是随着幼苗生长，干物质积累增加，吸肥量不断增加，至孕穗开花期达到顶峰，以后则逐渐下降，成熟期停止吸收。

施肥是调节作物营养、提高土壤肥力、获得持续高产的一项重要措施。据研究，在各项增产措施中，肥料的作用一般占 30%~50%。合理施肥对提高小麦产量和品质，增加经济效益具有十分重要的作用。

一、测土配方，精准施肥

据全国一些单位的研究结果，每生产 100kg 小麦籽粒和相应的茎秆，需吸收纯 N 3kg 左右、P_2O_5 1~1.5kg、K_2O 3~4kg，N、P、K 三者的比例约为 3：1：3。

据四川省农科院的调查，四川省亩产达 400~500kg 的高产麦田，土壤有机质含量为 2%~3%，全 N 含量为 0.15%~0.18%，有效 N 为 130~150mg/kg，全 P 为 0.12%~0.18%，有效 K 为 20~40mg/kg，全 K 为 2.00%~2.20%，有

效钾为 80 ~ 120mg/kg。因此，小麦要达到高产稳产，首先要培肥地力，提高土壤肥力，在小麦生育期间的有效养分含量达到一定水平。

小麦施肥量主要是依据土壤当季养分供应量来确定，即进行测土配方，精准施肥：根据土壤供肥性能、小麦生长需肥规律和肥料效应，在施用有机肥为基础的前提下，提出 N、P、K 和微肥的适宜用量和比例，以及相应的施肥技术，最大程度发挥肥料的增产作用，提高施肥的经济效益，减少环境污染。

相关的计算公式为：

某元素需要量 = 土壤当季供应量 + 农肥当季供应量 + 化肥当季供应量；

土壤当季供应量 = 土壤中某元素的速效养分含量（mg/kg）×0.15（表层 20cm 土层重约 15 万 kg）；

农肥当季供应量 = 农肥施用量 × 农肥含某元素的含量（%）× 当季利用率（%）；

化肥当季供应量 = 化肥施用量 × 化肥含某元素的含量（%）× 当季利用率（%）；

施肥量（kg/亩）=（计划产量需肥量 – 土壤供肥量）/ × 肥料利用率。

一般来说，有机肥当季利用率约为 20% ~ 25%，N 素化肥为 50% ~ 70%（碳酸氢铵在 50% 以下），P 肥只有 15% ~ 30%，K 肥达 50% ~ 70%。土壤供肥量也可通过空白试验（不施肥所收小麦产量）求得。一般中等肥力的土壤，小麦空白试验的亩产量为 150 ~ 200kg。

目前影响四川盆地小麦生产的第一位肥料因素仍然是 N 素，地力高低相当程度上取决于 N 素含量的多少。据李朝苏等（2014）研究，在四川盆地目前生产水平下，施 N 10kg/亩可以获得较高的产量和经济效益。在四川盆地土壤普遍 K 丰 P 缺的情况下，每亩生产小麦 400 ~ 500kg 的施肥量为：纯 N 8 ~ 10kg/亩，P_2O_5 4 ~ 5kg/亩，K_2O 3kg/亩。川西平原土壤肥力高，施肥量可适当少些，一般施 10kg/亩左右纯 N 较适宜。丘陵地区土层瘠薄，施肥量可适当增加，一般施 13 ~ 18kg/亩纯 N 较适宜。

二、肥料种类、施用时期和方法

目前常用的 N 素化肥是尿素。常用的 P 素化肥主要是水溶性 P 肥，包括普通过磷酸钙、重过磷酸钙和磷酸铵（磷酸一铵、磷酸二铵），其中磷酸铵是 N、P 二元复合肥料，P 含量高，为 N 的 3 ~ 4 倍，在施用时如直接施用须配施 N 肥，调整 N、P 比例，否则会造成浪费或由于 N、P 施用比例不当引起减产。常用的 K 素化肥有氯化钾和硫酸钾，都为中性、生理酸性的速溶性肥料，氯化钾不宜在盐碱土上施用，可作基肥和追肥，但不能作种肥（氯离子会影响种子的发芽和幼苗生长）；硫酸钾可用作基肥（深施覆土）、追肥（以集中条施和穴施为好）、种肥和叶面喷施（浓度为 2%~3%）。

肥料的施用时期，要根据小麦生长发育的需要，又要考虑到各生育期土壤供肥能力，使一定量的肥料发挥最大的增产效果。在小麦的不同生育时期，有不同的生长中心，处于生长中心的器官，对营养条件特别敏感。增加底肥和分蘖肥，能促进分蘖，并在一定程度上提高上穗率；拔节期追肥能提高上穗率和每穗结实小穗数；抽穗期追肥，可增加千粒重并改善品质，但对饱满度有时起不良影响。在肥料用量较少时以底肥加分蘖肥较好；用量较多时以底肥加拔节肥较好。杨仕雷等（2006）认为，在四川弱筋小麦生产中，应科学施肥，节 N 增 P、K 保优质，在施肥上要采取节 N 增 P、K，并且 N 肥前移。建议 N 肥主要用在基肥上，根据苗情，3 叶期可少量追施分蘖肥。吕世华等（1996）通过田间试验表明，二苯胺法可快速、准确诊断小麦 N 素营养状况，可用于指导农民追肥。

大田生产中，一般将有机肥、2/3 的 N 肥、P 肥和 K 肥全部用作底肥，在播种前撒施旋入土壤中；其余 1/3 的 N 肥作为追肥使用。追肥的关键时期是二、三叶期和拔节期。在中低产田、肥料不多、弱筋小麦生产条件下，应重分蘖期追肥；在高产田、肥料施用较多的条件下，要注意拔节肥和孕穗肥的施用。

目前因农村劳动力的缺乏，农村有机肥的使用日益渐少。而小麦专用复合肥因含有丰富的有机质和各类营养元素、施用方便、肥效持续时间长等优点，而日益成为小麦生产上广泛使用的肥源。据李朝苏等（2014）研究，在 N 投入量相同的情况下，复合肥中 P 含量越高，增产潜力越大，种植收益越高。因此各地应根据土壤肥力和品种特性，在实际生产中选择合适的复合肥。

第七节　灌　溉

小麦是一种对水肥较为敏感的旱作粮食作物。小麦的需水量常以耗水量表示。耗水量的大小，受气候、土壤、栽培条件等因素的影响。一般南方气候潮湿，小麦耗水量较少，北方气候干燥，小麦耗水量较多。小麦由播种到收获整个生育期内总耗水量为 $260~400m^3$，折合降水量 $400~600mm$。耗水总量中有 80%~90% 来自自然降水和土壤贮存水。

小麦生育前期和后期，即幼苗和接近成熟阶段，因生活力相对弱一些，需水量不大，耗水量也较少；进入生长中期后，营养生长旺盛，生殖器官迅速发育，生活力较强，因而需水量增多，耗水量也就增大。四川自然生态条件下，小麦的需水高峰是拔节孕穗、抽穗开花和乳熟阶段。小麦的需水临界期为拔节孕穗期，确切地说是四分体至花粉粒形成，外观上为孕穗期，此期对干旱抵抗力最弱，所以孕穗期的水分供应极其重要。开花至乳熟，小麦叶面积处于高峰，蒸腾作用强烈，缺水对粒重影响很大，称为"第二需水临界期"。

四川雨量充沛，据1956—2000年近45年的统计分析，全省多年平均降雨978.8mm。水资源的地区分布极不均衡，径流在210～1 370mm，最大径流是最小的6.5倍。径流在盆地腹部的涪江、沱江中游地区不到300mm，为省内径流低值区；东部盆地底部一般为200～500mm；盆地西部鹿头山、青衣江暴雨区为1 000～2 000mm，最大可达1 966mm，是省内径流高值区；西部高原北30°N以北地区为200～600mm；盆周山地北缘、南缘和东缘山地为600～1 600mm。水资源时空分布也不均，水资源在年际分布状况不稳定，四川省内的河流径流量也存在一年枯水期，一年平水期，一年丰水期交替出现的现象，有时候也会出现连续几年都是枯水期或者连续几年都是丰水期的现象。一年之内，每个月份的降水量分布也不均匀，每年6—9月，是汛期，降水量大，能够占到全年降水的60%～90%，但是由于没有充分利用，所以大部分都是以洪水形式流走了。每年春季和冬季是降水量最小的月份，尤其是春季，到了农业灌溉的时间，但是降水量却特别小，不能够满足农业生产的需要。在小麦整地、播种及开花成熟时常常形成湿害，需要及时排水防渍，而在小麦主要生育期间，正值冬干、春旱季节，多数降雨量在200mm以下；而在广大的盆地腹部地区，有相当大面积的丘陵坡台，土壤瘠薄，保水能力差，不能满足小麦对水分的要求，所以必须灌溉。

李邦发在2013年冬至2014年春干旱严重的年份，在四川绵阳丘陵区大田生产条件下，分析比较了完全依靠自然降水和人工浇灌以及进行1次渗灌、2次渗灌，小麦生长重要时期土壤物理特性的变化及小麦主要农艺性状和产量状况。结果表明，不同灌溉处理在小麦各生长阶段对土壤物理特性和小麦农艺性状影响不同。苗期和拔节期，不同处理间土壤紧实度、土壤容重、土壤含水量差异较小。开花期和成熟期，不同灌溉处理对土壤紧实度、土壤容重、土壤含水量以及小麦性状影响较大。在四川丘陵干旱和半干旱地区，对冬小麦在拔节期进行渗灌1次为宜，此次灌溉比完全依靠自然降水每公顷增加小麦产量2 113.46kg，增产极显著。

灌溉的目的是为小麦生长提供必需的水分，促进小麦的生长发育，在干旱和小麦的需水高峰期进行适量灌溉，能大幅提高小麦产量。灌溉要视天气、土壤和小麦的生长状态等全面分析，来确定灌溉的时间和灌水量。

一、补充灌溉

根据小麦生育期间的需水规律和干旱发生情况，适时进行补充灌溉。

在盆西平原、盆中丘陵的稻茬麦田，应以地面灌溉为主，宜采用"分厢开沟浸灌"，结合播种前整地开好的排水沟，进行均匀浸灌，做到灌水时不漫出厢沟溢到厢面，使灌水在沟中向左右厢土浸润。

而丘陵山区的坡台土，土地不平、活土层浅，水土流失大，水源条件差。特别是丘陵旱地高台土还是靠天种麦，在小麦一生中无水可灌。从长远计，应加大农田基本建设，修建水库、山坪塘、蓄水池和微小水窖，以蓄住天上水，利用地下水，做到需水时有水能灌，同时要更新改造灌溉泵站、引水堰、配套渠道及管道，做到需水时有水灌得到。同时进行深耕改土，实行周年秸秆还田，增加土层厚度和土壤有机质，以增强土壤自身的蓄水保墒能力。另外为充分利用有限的水源，大力发展发展喷灌、滴灌等先进技术，以提高水分的利用率。在进行浇灌时，要注意浇匀浇透不流失，先浇阳坡后浇阴坡，先高台土后低台土。

二、灌溉水源

四川省水资源总量丰富，人均水资源量高于全国；但水资源时空分布不均，洪旱灾害时有发生。四川河流众多，源远流长，河道迂回曲折，有利于农业灌溉；境内共有大小河流 1 419 条，其中流域面积 500km^2 以上的河流有 345 条，1 000km^2 以上的有 22 条，号称"千水之省"。

四川省主要河流水系有岷江水系、金沙江水系、沱江水系和嘉陵江水系。岷江水系长 735km，其上建有泽被千古的都江堰水利工程，惠泽着物产丰饶的成都平原，使四川获得"天府之国"的美誉；金沙江是长江的正源，在四川境内长 1 375km，拥有巨大的水能资源和生态资源，润泽着四川境内广大地区；沱江水系全长 702km，主要流经盆地丘陵地区，沿途土地肥沃，人口集聚，文化悠远，古迹众多，是古蜀文化最集中的地域之一；嘉陵江水系全长 1 120km，支流众多，最大的两条支流是涪江和渠江，其中涪江发源于岷江雪宝顶，流经绵阳、德阳、遂宁、广安等川中丘陵区，在涪江上游建设有武都引水工程；渠江发源于大巴山，又称潜江，流经巴中、达州至渠县三汇镇始称渠江；两江均于合川与嘉陵江汇合。这四大水系是四川农业生产的重要灌溉水源，它们为四川省农业生产发挥了重要作用。其中比较著名的水利工程有都江堰水利工程和武都引水工程。

都江堰水利工程建于公元前 256 年，是中国最古老的水利工程之一。位于四川盆地西部，地跨岷江、沱江、涪江三个流域。其有效灌溉面积达 1000 多万亩，灌区用占全省 5.9% 的土地面积，解决了 27.5% 人口的吃饭问题，支撑了占全省 44.3% 的国民生产总值。都江堰水利工程已成为四川省不可替代的基础设施。

被邓小平同志誉为"第二个都江堰"的武都引水工程，是川西北地区工农业生产和城市经济发展的重要水源工程，分三期建设。已建成的武引一期灌区工程主控灌着绵阳的江油、梓潼、游仙、三台、盐亭和遂宁市的射洪共 6 县，灌面达 127 万亩，受益人口 500 多万。正在建设的二期灌区工程将控灌绵阳市的江油、梓潼、盐亭，广元市的剑阁，遂宁市的射洪，南充市的南部县，涉及 177 个乡镇、1 858 个村社，灌面达 105.32 万亩，受益人口达 500 多万。规划中的武引三期工程，将涉及 35 个乡镇，灌面达 94.7 万亩。武引工程全部建成后，总灌面达 327 万亩，将挤身全国 17 个特大型灌区之一，全力支撑川西 4 市 10 县的经济社会发展，彻底改变这些地区千百年来靠天吃饭的历史。

第八节 田间管理

一、常规管理

田间管理是指小麦播种后至收获前所采取的一系列田间技术措施的总称。包括常规管理（间苗、定苗、补苗、中耕、施肥、灌溉等）以及病虫草害防治和抵御各种自然灾害的技术措施。在苗情、中期和后期各阶段有不同的田间管理措施。

（一）苗情管理

苗期指出苗至拔节期。苗期的生育特点是出叶、分蘖、发根，并开始幼穗分化，是决定穗数的阶段。田间管理的主要目标是在苗全、苗匀的基础上，力争壮苗早发，促根增蘖，为中期稳长奠定良好的基础。主要措施：查苗补缺，匀密补稀；早施苗肥，促根增蘖：一般在二、三叶期看苗适当追肥；排湿或抗旱。

（二）中期管理

中期是指拔节至抽穗、开花期。中期的生育特点是营养器官和生殖器官同时迅速生长发展的阶段，是决定穗粒数的阶段。田间管理的主要目标是：促使营养生长和生殖生长达到"两旺"并协调发展。通过合理运用肥水等促控措施，促进分蘖的两极分化，使大蘖迅速生长，小蘖很快死亡、茎层整齐、麦脚干净，控制基部节间不过长，增加单位长度干重，达到壮秆防倒、增加小花数、减少退化数、提高结实率，争取穗大粒多。

田间管理的主要技术措施如下。

1. 巧施拔节、孕穗肥

如果拔节期没有缺肥症状，群体偏大，叶片披垂，可以迟施、少施；相反，应在第一节间定长时追肥，以 N 素为主，孕穗期正值减数分裂期，是水肥临界期，如果剑叶露尖时叶色转淡，则有早衰现象，可补施少量速效 N 肥，以减少退化小花数，提高结实率。

2. 春灌与防渍

在拔节孕穗阶段，若土壤耕层含水在 16% 以下，麦苗瘦弱，群体偏小时，应以水促肥，提前浇灌；相反，延至孕穗前浇灌。

3. 防止倒伏

倒伏包括根倒与茎倒。根倒即连根倒伏，常平铺在地面，造成严重减产。根倒的原因主要是耕层过浅，土壤结构差，整地播种质量不好；或土壤潮湿，造成根系发育不良，而上部群体又过大。茎倒为基部变曲或折断，主要发生在高肥力、大群体的麦田，密度大，水肥过头，田间郁蔽，基部节间长而细弱，加上大风大雨等自然灾害引起。四川盆地小麦生产上发生的主要为根倒，茎倒也有一定比例。

倒伏的预防措施：采用矮秆抗倒能力强的品种；加深耕层，开沟排湿，促进根系发育；合理运用肥水，科学施肥；控制旺长：施用植物生长调节剂（矮壮素、多效唑或矮丰）。矮壮素在分蘖至拔节初期喷施，浓度为 0.25% ~ 0.40%，每亩药液 50 ~ 60kg；多效唑（15% 粉剂）每亩 33 ~ 50g，对水 50kg，在 3 ~ 5 叶喷施；矮丰（10% 可湿性粉剂）（多效唑 + 甲哌鎓）每亩 50g，对水 25 ~ 30kg，在一叶一心至拔节前期喷施。

（三）后期管理

后期是指开花至成熟，即灌浆结实期。后期的生育特点是籽粒形成和最后决定粒数和粒重的时期。小麦开花后，根、茎、叶的生长基本停止，生长中心转入生殖器官的发育，光合产物主要流向籽粒。田间管理的主要目标是：养根护叶，防早衰和贪青，延长上部叶片功能期，保持较高的光合效率，积极防治病虫害和旱涝灾害。田间常规管理的主要措施包括：抗旱防涝；叶面喷肥和喷施调节剂，以延长叶片的功能期。其中各种肥料的施用浓度分别为：尿素 1% ~ 2%、过磷酸钙 2% ~ 3%、尿素与过磷酸钙混用，总溶液浓度 3%，磷酸二氢钾 0.2% ~ 0.6%，每亩喷液量 50 ~ 75kg。

二、病、虫、草害的防治与防除

（一）病害防治

四川盆地小麦常见的病害有条锈病、白粉病、赤霉病等。游超等（2012）针对四川盆地各地小麦条锈病冬繁与气候条件的关系进行相关性分析，结果表明，四川省的川西高原地区和川西南山地是小麦条锈病冬繁阶段低风险或无风险区，而盆地区是中、高风险的集中区，其中盆地中部地区是主要高风险区。游超等从农业气象灾害风险分析理论出发，采用相关分析、层次分析和极差正规化等方法，建立了四川省小麦条锈病春季流行农业气候风险模型。结果表明，四川省的川西高原地区、川西南山地和盆地西南部是小麦条锈病春季流行低风险区，盆地大部地区是中、高风险的集中区。

对小麦病害，其防治措施首先是种植抗病品种，其次是进行化学防治。

开春后，随着气温的回升，小麦病虫危害逐渐加重。在田间一旦发现有零星条锈病病株，应立即拔除；若已发展成为"中心病团"，应立即开展药剂防治。防治锈病与白粉病的药剂有三唑酮（粉锈宁乳油）、烯唑醇等，亩用20%三唑酮40～50ml，或用12.5%烯唑醇30g，或用15%的粉锈宁可湿性粉剂70g，或用12.5%速保利20～30g，对水20～30kg进行喷雾。

在抽穗至初花阶段，天气预报有2 d以上连阴雨、雾霾和大面积结露天气，就要及时进行赤霉病的药剂防治，连续用药2次，用药间隔期为3～4 d。防治赤霉病的药剂有：多酮混剂：多菌灵40g＋三唑酮10g有效成分/亩，对水15kg；多戊混剂：多菌灵22g＋戊唑醇8g有效成分/亩，对水15kg；氰烯菌酯：40～50g有效成分/亩，对水50kg；戊唑醇：10g有效成分/亩，对水15kg；多菌灵：50g有效成分/亩，对水15kg。

（二）虫害防治

四川盆地小麦常见害虫种类有蚜虫、红蜘蛛和地下害虫，其防治措施是进行化学防治。亩用50%抗蚜威可湿性粉剂15～20g，或用40%氧化乐果乳油50ml，或用10%吡虫啉20～30g，或用溴氰菊酯乳油15～20ml，对水30kg喷雾；防治红蜘蛛可用15%哒螨灵乳油2 000倍液，常规喷雾。

若田间同时发生锈病、白粉病和蚜虫，宜将防治白粉病、条锈病和蚜虫的杀菌剂、杀虫剂混合喷施，进行"一喷多防"，以提高综合防治的经济效应。"一喷多防"可采用以下配方：每亩用100g磷酸二氢钾，20g10%吡虫啉和70g15%粉锈灵可湿性粉剂，对水30kg混合喷雾。

（三）杂草防除

四川盆地麦田常见杂草种类有：繁缕、猪殃殃、看麦娘、播娘蒿、荠菜、野油菜、黎、小黎、雀麦、婆婆纳、牛繁缕、早熟禾、雀舌菜、大巢菜、野燕麦、酸模叶蓼、棒头草、萹蓄、田旋花、通泉草等。陈庆华等（2013）研究表明，四川省小麦田在 3 种不同耕作方式杂草发生的种类差异不大，主要有 5 科 7 种，翻耕处理杂草数量最多，其次为免耕不覆盖稻草处理，免耕覆盖稻草处理杂草最少。在同一耕作方式下，小麦生长前期的杂草最多，生长中期居中，生长后期最少。免耕不覆盖稻草处理的优势杂草为禾本科杂草＋繁缕，免耕覆盖稻草处理和翻耕处理优势杂草为繁缕＋禾本科杂草。杂草的发生高峰期集中在播后 2～4 周，占整个生育期的 70%～80%。免耕覆盖稻草小麦的产量较免耕不覆盖稻草和翻耕产量高，翻耕和免耕不覆盖稻草差异不大。

对杂草的防除措施主要是进行化学除草。陈庆华等（2013）通过药剂筛选试验发现，炔草酯可有效防除禾本科杂草（棒头草和看麦娘）；2 甲·唑草酮和唑草酮都能有效防除繁缕、通泉草、碎米荠，2 甲·唑草酮比唑草酮杀草谱宽，效果更好；2 甲·氯氟吡和氯氟吡氧乙酸能有效防除繁缕、通泉草，2甲·氯氟吡比氯氟吡氧乙酸杀草谱宽，效果更好；苯磺隆对繁缕、碎米荠防效优良，对通泉草、扬子毛茛防效较差。在生产上，一般当小麦在 2～5 叶期（杂草 2～4 叶）时进行化学除草，每亩用 6.9% 精恶唑禾草灵乳油 60～90ml加 10% 苯磺隆可湿性粉剂 15g 对水 30～45kg 喷雾，同时防治小麦田禾本科、阔叶杂草。

三、应对环境胁迫

在小麦的生长期间，要经历秋冬春等季节，经受着各类环境胁迫，其中主要是温度和水分胁迫。

（一）温度胁迫

在四川盆地主要是低温胁迫，包括低温冷害和冻害。

1. 低温冷害

是指在农作物旺盛生长季节，气温 0℃ 以上低温对作物的损害。据调查，四川盆地持续出现 0～5℃ 持续低温天气多集中在 1—3 月，此时小麦处于拔节期，抗寒能力较弱，因此容易遭受低温冷害。同时，从低温冷害发生区域来看，纬度越偏北，越容易遭受低温冷害。四川北部地区小麦因低温冷害造成严重损失的年份不多，但时有发生。如 2008 年自 1 月 20 日以来，四川北部地区遭遇持续雨雪冰冻天气。江油市平均气温只有 2～5℃，比同期偏低 3～7℃，最低气温 -1～3℃。此时正处于小麦拔节阶段，多数小麦叶片 5～7 叶，处于小花分化的前中期。在部分雨雪较大的区域，地力较差、营养不足的田块受害较重。表现全田叶片发黄，少数植株叶片黄白干枯，严重田块出现茎蘖冻死现象。据国家小麦产业技术体系绵阳综合试验站对江油市、三台县、中江县、梓潼县和苍溪县的调查，5县（市）累计受灾面积达44.43万亩，占播种面积的23.5%；受灾小麦平均减产2.3%～8.85%。

2. 冻害

通常指0℃以下的低温对作物造成的伤害。四川大部分地区属轻冻害区，基本上无严重霜冻，轻微和一般霜冻全年各在15d以下，霜冻期为2～3个月，多出现在1—3月，此时小麦处于拔节期，抗冻能力弱，因此容易遭受冻害，且北部重于南部。近年来小麦因冻害造成严重减产的年份不多，但在部分地区也时有发生。2008年在中江县和苍溪县有冻害发生，中江县受灾面积3.29万亩，占60.41万亩小麦收获面积的5.45%，平均减产10%；苍溪县受灾面积1万亩，占28.2万亩小麦收获面积的3.55%，平均减产3.6%。2016年1月下旬，受北方强冷空气影响，四川盆地出现近40年最强寒潮天气，部分地方极端最低气温打破历史极值，且各地连续7d天出现霜冻天气，造成已拔节小麦遭受较严重的冻害。田间表现为叶尖干枯、叶片发黄、基部第二节或第三节受损或坏死，严重的表现为心叶卷曲、幼穗停止发育。

对低温冷害和冻害的应对措施：冻害发生中等及较轻的麦田，在主茎和大分蘖冻死后，要尽早促进小分蘖成穗、提高高位分蘖成穗率。应在气温回升无低温冷害的情况下，及时追施N素化肥，一般亩施尿素4～5kg，并及早喷施叶面肥等植物生长调节剂，促进受冻小麦尽快恢复生长；对于个别播种量偏大、苗期已经有倒伏现象的田块，冻害发生特别严重、预计几乎绝收的麦田，可考虑采取"青储+搭配早茬作物"的做法，于花后1～2周营养体达到最大的时候，即行刈割作为青储饲料，同时接种早春玉米等茬口作物，尽可能弥补前茬小麦冻害损失。

（二）水分胁迫与应对

水分胁迫主要包括干旱和湿（渍）害。

1. 干旱

是四川盆地丘陵旱地小麦生产的主要隐性灾害之一，常年发生。主要原因是由于小麦全生育期（10月底至翌年5月中旬）占全年降水量比例偏少，占15%～20%；而冬、春季（12月至翌年3月底）降雨更少。同时，由于冬暖春旱，蒸发大，小麦苗期不停止生长，需水量大，且丘区小麦基本无有效灌溉条件，所以常常造成冬干春旱，影响小麦生产。

据国家小麦产业技术体系绵阳综合试验站对江油市、三台县、中江县、梓潼县和苍溪县的调查，5县（市）年平均降水量750～1143.4mm，而小麦生育期（10月至翌年5月）平均降水量142～215mm，仅占全年降水量的

5.6%～18.8%，这些降水大部分集中在秋季的10月前后和春季的5月前后，小麦全生育期的70%的时间，即12月至翌年3月底处于干旱半干旱状态，因此，季节性干旱频发。2009年四川盆地小麦旱情较重，江油市、三台县、中江县、梓潼县和苍溪县5个县累计受灾面积达48.74万亩，占播种面积的25.7%；受灾小麦平均减产6%～10%，严重田块减产达30%。据2009年调查，小麦出苗后的11月中、下旬和整个12月，大部分地区没有下雨，造成部分田块土壤开裂，土壤旱情严重。"春旱"连"夏旱"，一直处于持续干旱状态，特别是丘陵旱地小麦受旱更为严重。受旱较轻的麦苗出现叶片萎蔫卷曲现象；一般受旱的麦苗表现生长迟缓，分蘖较少，田间群体明显少于正常麦苗；受旱严重的个别地块出现麦苗枯黄甚至死苗现象。

李迎春等（2008）研究了干旱胁迫下小麦在不同生育时期的叶片水势、相对含水率、游离脯氨酸含量的变化和对产量构成因素的影响。结果表明：干旱胁迫对小麦生长的影响主要表现在叶片水势和相对含水率降低，游离脯氨酸含量增加，穗数和穗粒数降低，导致产量下降。干旱胁迫下小麦的耐旱性在不同生育时期有差异，说明小麦的耐旱性与阶段发育有密切关系，这给选育耐旱性小麦品种提供了依据。

张雅倩等（2011）研究了水分胁迫对不同肥水类型小麦幼苗期抗旱特性的影响。结果表明，小麦品种随着水分胁迫时间的延长，幼苗干旱存活率、根冠比和叶绿素含量均降低，脯氨酸含量和细胞质膜相对透性均升高，根系活力先呈现略微升高再下降的趋势。旱地品种的幼苗干旱存活率、根冠比、叶绿素含量和SOD活性较高且下降较为缓慢，而细胞质膜相对透性较低；高肥水品种受水分胁迫影响较大，上述抗旱指标变化幅度较大；中肥水品种的上述抗旱指标变化幅度介于高肥水和旱地品种之间。旱地品种具有较高的抗旱指数，在水分胁迫条件下能够保持较好的叶片结构和功能状况，因而抗旱性较强。

针对干旱的预防和应对措施是：①使用耐旱品种。②适时播种，早播早管理。在一般性冬干时，抢墒播种应施足水肥；在严重性春旱时，要寻找水源，及时浇水灌苗。③充分利用集雨微水工程，修建集雨场、水窖、水池等集雨工程，提高水利用率。"天上水、地表水、地下水"三水齐抓，使有限的水资源发挥出最大的经济效益。在遭遇干旱时能及时补水御旱。对受旱严重、基本苗不足、长势弱的三类苗田块，结合灌溉及时施用壮苗肥，或在降雨前亩施尿素5～7kg追肥一次，促进有效分蘖和幼穗分化。

2. 湿（渍）害

四川盆地小麦湿（渍）害主要发生在苗期，多为稻茬麦田。四川盆地秋季9—10月降雨量约占全年降雨量的25%。四川盆地小麦的播种时期一般在

10 月下旬至 11 月上旬，稻-麦两熟的种植方式也较多，面积约占 30%。如果遇到 10 月份雨量偏多、偏迟，个别年份 11 月上旬也有连绵秋雨，如果没有开好边沟、厢沟、围沟，没有做好排湿工作，那么就会发生湿（渍）害。据王迪轩（2013）介绍，湿（渍）害的田间表现为：苗期表现种子根伸长受抑，次生根显著减少，根系不发达，苗瘦苗小，种苗霉烂，成苗率低，叶黄，分蘖延迟，分蘖少甚至无分蘖，僵苗不发；拔节至孕穗期根系发育不良，根量少、活力差，黄叶多、植株矮小，茎秆细弱，成穗率低；孕穗期小穗小花退化数增加，结实率降低，穗小粒少；灌浆成熟期绿叶减少，植株早枯，穗粒数减少，千粒重降低，遇高温高湿逼熟，出现青枯死亡。

湿（渍）害防控或补救措施：①及早清沟排水。未开沟麦田，应抓住晴天及时开好排水沟；已开沟麦田，应及时疏通三沟，确保内、外三沟畅通，保证雨后可快速排水、降低土壤含水量。②适宜播期内推迟播种，适当增加用种量。③早施拔节肥。已发生湿（渍）害的黄僵苗，可提早施拔节肥，并适当补增三元复合肥用量。④做好化学除草、化学防倒及病虫害防治工作。

第九节　适时收获

小麦的粒重以蜡熟末期达最高值，此时，籽粒中淀粉、蛋白质含量最高。蜡熟期的判断标准：植株叶穗已落黄，除上部一个节仍为淡绿色外，整个植株呈金黄色，茎秆富有弹性，籽粒基本变黄，仅腹沟略呈绿色，籽粒内含物由软蜡逐渐脱水变硬为硬蜡，籽粒含水量下降，当含水量降至 20% ~ 25% 即可收获。蜡熟期历时 7 ~ 10d。宜在蜡熟中期抢晴天收获，种子脱粒后，应晒干扬净，含水量在 12.5% 以下才能贮藏。

对稻茬麦，几乎都可以采用联合收割机进行收获；对丘陵旱地套作小麦，除了传统的割穗、运回晒场脱粒外，目前也有小型的收割机在生产上应用。如四川省农业科学研究院筛选出的刚毅 4L-0.9A 型收割机和华凯 4LZ-0.7 型收割机，适合丘陵麦区套作小麦的收获。

收获期如遇烂场雨，可在雨歇的间隙，抢时收获，收获后及时入烘干机进行烘干，避免发芽损失。目前通过国家对粮食烘干机的补贴，四川各地有不少的农机合作社、种粮大户与家庭农场都购进了粮食烘干机，不但能满足自身的烘干需要，而且能对外服务（一般烘干成本在 0.16 ~ 0.2 元/kg），解决了收获难题。

第十节 四川盆地小麦高产典型和技术要点

新中国成立以来，四川小麦已进行了六次大面积品种更换，每次品种更替在抗病性和丰产性方面都有明显提高，保证了小麦生产持续稳定发展。但由于生态条件和种植制度等因素限制，该区小麦单产水平总体较低，在 2008 年以前，实收产量始终没能突破 $8t/hm^2$。近年来，由于小麦高产育种和高产栽培技术的突破，小麦产量最终取得了实质性的进展，各地高产验收均取得了 $9t/hm^2$ 以上的产量，最高达到 $10.6t/hm^2$。

一、高产典型

2008 年 5 月 12 日，在川西平原的四川省什邡市师古镇虎林村种植的 30 亩绵杂麦 168 高产示范片，经专家现场测产验收，亩产达 571kg；2009 年 4 月 27 日，凉山州科技局组织相关专家组成验收组，对西昌市高枧乡中所村谢光权家种植的绵杂麦 168 进行全田收打验收。实测面积 1.22 亩，亩产达 668.6kg。

2010 年 5 月 27 日，经专家验收，江油市小麦高产创建万亩示范区选用高产品种川麦 42 和绵杂麦 168，百亩攻关田平均亩产 533.70kg，核心示范区平均亩产 645.46kg，首创四川盆地小麦亩产超 600kg 的最高产量纪录；种粮大户强道周堰边田验收亩产 710.72kg，首创四川省小麦单个田块亩产最高纪录。

2012 年 5 月 8 日，四川省中江县辑庆镇小麦万亩高产示范区选用高产小麦品种绵麦 367，采用精量半精量播种、小麦药剂拌种、测土配方施肥、病虫害综合防控等技术，高产验收示范区小麦亩产达 550.5kg。

2013 年 5 月 11 日，四川省江油市大堰镇小麦高产创建选用川麦 104、绵麦 367、川麦 55 和绵麦 228 等高产品种，采用免耕精量播种、稻草覆盖、N 肥后移、配方施肥、病虫综合防治等技术，经专家实打验收最高亩产达 696.0kg，示范片小麦平均单产 560.3kg。

2014 年 5 月 18 日，四川省农业厅和德阳市农业局组织有关专家，对广汉市小麦高产创建项目进行了测产验收。专家组在连山镇小麦万亩示范片选择了 5 个田块进行机械化实收，验收亩产均超过 550kg，最高亩产为 587.4kg。

2015 年 5 月 11 日，四川省安县河清镇绵麦 51 高产示范片专家验收最高亩产 608.9kg；2015 年 5 月 15 日，四川省江油市大堰镇小麦万亩示范片现场实打验收，蜀麦 969 最高亩产 571.2kg，绵麦 51 最高亩产 631.1kg，川麦 104 最高亩产 654.6kg，示范片小麦平均亩产 563.5kg。

二、技术要点

1. 选择适宜品种，实施轻简栽培。
2. 抓好最佳播种期，提高播种质量。
3. 实行测土配方施肥和氮肥后移技术。
4. 抓好群体促控和病虫害综合防治技术。

第三章 四川盆地小麦品质

第一节 四川盆地小麦品质性状的地域差异

根据 2001 年试行的《中国小麦品质区划方案》，四川盆地被划为中筋、弱筋麦区：包括四川盆地西部平原和丘陵山地。该区年降水量约 1 100mm，湿度较大，光照不足，昼夜温差较小。土壤主要为紫色土和黄壤土，紫色土以沙质黏壤土为主，有机质含量 1.1% 左右；黄壤土质地黏重，有机质含量 <1% 左右。四川盆地西部平原区土壤肥沃，单产水平较高；丘陵山地土层较薄，肥力不足，小麦商品率较低。该区大部分适宜发展中筋小麦，部分地区也可发展弱筋小麦。

在 2012 年农业部小麦专家指导组编著的《中国小麦品质区划与高产优质栽培》一书中，根据小麦生产的地理、气候、土壤和种植制度等自然和生产条件，将四川小麦产区划分为川西平原、盆中丘陵、川西南山地和川西北高原4 个不同的生态大区，再根据各个大区的生态条件、生产状况与小麦品质表现进一步划分为：①盆中平原中筋、弱筋麦区。包括成都市除金堂县外的其余地区，德阳市除中江县外的其余地区，绵阳市涪城区、游仙区、江油市和安县；乐山市市中区、沙湾区、五通桥区、金口河区、峨眉山市、夹江县和峨边县，眉山市东坡区、彭山县、洪雅县、丹棱县和青神县，雅安市雨城区和名山区；②盆中丘陵中强筋、中筋麦区。包括自贡市、遂宁市、内江市、南充市、宜宾市、资阳市、泸州市和广安市全部，及成都市金堂县，德阳市中江县，绵阳市三台县、盐亭县和梓潼县，广元市旺苍县、剑阁县和苍溪县，乐山市犍为县、井研县、沐川县和马边县，眉山市仁寿县，达州市通川区、达川区、宣汉县、开江县、大竹县和渠县，巴中市巴州区、恩阳区和平昌县；③川西北高原及盆周山地中筋麦区。包括甘孜州和阿坝州全部，及绵阳市北川县和平武县，广元市利州区、昭化区、朝天区和青川县，达州市万源县，雅安市荥经县、天全县、芦山县和宝兴县，巴中市通江县和南江县；④西南山地弱筋麦区，主要包括攀枝花市和凉山州全部，及雅安市汉源县和石棉县。

根据上述区划，四川盆地主要是指盆中平原中筋、弱筋麦区和盆中丘陵中强筋、中筋麦区。在盆中平原中筋、弱筋麦区，大部分地块平坦，肥力水平高，保水保肥性好；区内沿岷江、涪江两岸农田，肥力中等或偏下，保肥保水性一般。该区内岷江以东及涪江以南、以西地区，适合发展中筋（馒头类）小麦生产；岷江以西光照弱，涪江以北平均温度低，涪江两岸农田肥力较低，适合发展弱筋小麦生产。而盆中丘陵中强筋、中筋麦区为四川小麦主产区，区内丘陵广布，旱坡地大量分布，且热量充足，优于盆西平原麦区；该区南部和中部，小麦全生育期上午平均温度和灌浆期的日较差均高于该区的北部，较北部降水少且小麦成熟早，收获天气较好，适于发展中强筋（面条类）小麦生产，北部适宜发展中筋（馒头类）小麦生产。

第二节　四川盆地小麦品质概况

一、品质性状概述

（一）四川小麦品种营养品质现状

一般而言，小麦营养品质是其所含的营养物质对人营养需要的适合和满足程度，包括营养成分的多少，各种营养成分是否全面和平衡，这些营养成分可否被人充分吸收和利用，以及是否含有某些抗营养因子和有害物质。由于小麦籽粒中蛋白质和淀粉占80%，所以小麦籽粒中蛋白质含量的多少以及蛋白质中各种氨基酸组成的平衡程度是小麦非常重要的营养品质指标。

《中国小麦品质区划与高产优质栽培》一书中列出了部分2001—2008年四川省审定的小麦品种的基本品质指标。根据四川省审定品种的品质数据（来自两个地点1年或2年的试验），按照国家标准《专用小麦品种品质》（GB/T 17320—1998）的规定，上述79个品种中，强筋小麦3个，中筋小麦36个，弱筋小麦12个，品质数据匹配不平横、暂不能归类的23个，品质分析数据不完整的品种5个。这说明50%的四川自育品种中籽粒粗蛋白含量≥13%。而在2006—2013的《中国小麦质量报告》里，共有165份四川/重庆的小麦大田样品数据，其中46份样品的粗蛋白含量≥14%，43份样品≥13%，18份样品≥12.5%，53份样品＜12.5%。这组数据表明在四川盆地的小麦原粮生产中，也有50%左右的小麦的粗蛋白含量≥13%。

（二）四川小麦品种农艺性状与品质性状的多样性

四川盆地多样的气候、土壤和种植制度，导致了四川小麦品种农艺性状和品质性状的多样性。

陈华萍等（2006）考察了 67 份四川小麦地方品种的株高、穗粒数、有效穗数、小穗数、千粒重和单株产量 6 个农艺性状，并计算出多样性指数。他们认为这 6 个农艺性状在 67 份地方品种中均存在丰富的遗传变异，其中株高、小穗数和单株产量的变异更大，而千粒重的变异相对较小。李式昭（2014）选取了川麦 107、川麦 42 等 10 份 2000 年后在四川推广面积大且具有较大影响力的品种，在理想栽培条件下考查有效穗数、穗粒数、千粒重、产量、生物产量等农艺性状，评价它们的产量潜力并比较了与区试数据的差异。该试验结果表明，10 个品种间有效穗数、穗粒数和千粒重均有明显差异，与区试数据相比较，各品种在理想栽培条件下的有效穗数均有增加，穗粒数减少，千粒重增加，从而使理想栽培条件下达到的产量潜力高于区试产量。但是各个品种增加或减少的幅度是有差异的，比如在理想栽培条件下川麦 44 和川育 20（表 4 - 5）。虽然目前认为产量三因素的关系是从穗数到穗粒数再到粒重的单向制约关系，但从川麦 44 和川育 20 的例子不难看出，不同品种这三因素的制约或补偿能力是有很大差异的。因为川育 20 具有更高的穗粒数的变化能力，所以在区试产量上川育 20 明显高于川麦 44。在四川盆地，因灌浆期长，小麦粒重优势明显；但不同品种不同的灌浆速率是决定粒重的关键。吴小莉（2014）的研究认为在四川盆地生态条件下，选择生育期适中，花期相对较早，籽粒渐增期长，灌浆速率高的品种有利于小麦高产。正是因为小麦品种农艺性状的多样性，人们才能够不断改良品种和筛选适宜本地的推广品种。比如杜小英等（2013）连续三年在四川北部的中江、什邡、三台、江油、苍溪和绵阳对近年四川或国家审定的小麦品种或参加国家和四川省区试的新品系进行筛选试验，确定适合该地区种植的小麦新品种。

表 4 - 5　川麦 44 与川育 20 在理想栽培条件和省区试中的产量及产量三因素
（李式昭，2014）

		亩产量 （kg）	有效穗 （万穗/亩）	穗粒数 （粒/穗）	千粒重 （g）
川麦 44	理想条件	519.15	26.19	40.6	42.7
	区试数据	338.67	21.23	46.5	40.3
川育 20	理想条件	517.12	26.34	36.8	48.5
	区试数据	358.67	21.29	45.9	45.3

陈华萍等（2006）还分析了 67 份四川小麦地方品种的 18 个品质性状和 18 中氨基酸含量的多样性指数，结果认为蛋白质含量、干面筋含量、面筋指数、沉淀值、淀粉含量、支链淀粉含量、脂肪含量、稳定时间和断裂时间等 9

个性状的多样性指数较高，表明这些性状的变异程度较高，而氨基酸尤其是必需氨基酸和赖氨酸的多样性指数均不高，在品种中的变异程度较小。

雷加容等（2015）分析了24份绵阳系列小麦品种（系）的产量和品质等14个性状指标。结果表明，产量、有效穗、穗粒数、千粒重、容重、籽粒蛋白质、降落值、湿面筋、沉降值、稳定时间、软化度、最大抗延阻力、延伸性和曲线面积等这14个性状存在丰富的变异类型。千粒重与产量，籽粒蛋白质与湿面筋、沉降值和面积，降落值与软化度，沉降值与稳定时间、软化度、最大抗延阻力和面积，稳定时间与软化度、最大抗延阻力和面积，软化度与最大抗延阻力和面积，最大抗延阻力与面积呈显著或极显著相关，而穗粒数与有效穗，容重与最大抗延阻力和面积呈极显著负相关。同时，雷加容等（2015）分析了19份绵麦系列小麦品种（系）的农艺性状和品质性状共15个性状指标。结果表明，农艺性状与品质性状间有着复杂的相关关系，有13对性状表现显著或极显著相关，有23对性状表现显著或极显著偏相关。产量与基本苗、千粒重和穗粒数的关联系数较大，产量与稳定时间、最大阻力和籽粒蛋白的关联系数较大，蛋白质与最高苗、有效穗和基本苗的关联系数较大，稳定时间与容重、最高苗和产量的关联系数较大，面积与基本苗、穗粒数和千粒重的关联系数较大。

（三）四川小麦主栽品种的品质性状表现及其稳定性

汤永禄等（2010）选用四川省"十五"以来育成并在生产上得到较大面积推广应用的6个品种（包括强筋品种川麦39、弱筋品种川麦41、中强筋品种川麦44、中弱筋品种川麦42、川麦107和川麦37）以及引自河南省的优质强筋品种豫麦34共7个品种，于2006—2008连续3年，在绵阳、中江、广汉、井研和西昌5个生态点考察了这7个小麦品种在两种N水平下的品质状况及其稳定性。结果表明，3年均值，籽粒容重777g/L，籽粒蛋白质含量12.3%，湿面筋含量25.1%，Zeleny沉降值32.9ml，降落值326s，面粉吸水率56.5%，面团形成时间3.0min，稳定时间4.5min，面条评分78.5分、面包评分62.2分。几乎所有品质性状均存在显著的基因型、环境及其互作效应。籽粒容重、沉降值、降落值、面粉吸水率和面条评分的年份效应大于地点效应，而籽粒蛋白质含量、湿面筋含量、面团形成时间、稳定时间和面包评分则地点效应大于年份效应。在同一年份中，中江、井研两点的蛋白质含量、湿面筋含量、面团形成时间和稳定时间，以及面包评分都是最高或次高的。这也科学地印证了中江面条和井研面条在川内出名的原因，而四川省小麦区域试验也在这两处设置品质取样点以评价新品种的品质。增施N肥对籽粒蛋白质含量、湿面筋含量、沉降值、面团形成时间、稳定时间和面包评分都有显著的增效作用，但对降落值、面粉吸水率和面条评分无明显影响。

品种品质的稳定性因品质性状不同而异。在前述 7 个品种 3 年 5 点的试验中，蛋白质含量居前 3 位的品种，仅豫麦 34 是稳定的，川麦 41、川麦 42 的蛋白质含量低而稳定。湿面筋含量以豫麦 34、川麦 39 表现最稳定。反映面筋质量的沉降值，中弱筋品种（川麦 41 和川麦 37）的稳定性较好，豫麦 34 的沉降值高而稳定，川麦 39 的沉降值最高，但稳定性表现不佳。衡量籽粒穗发芽程度的降落值，以川麦 37 的稳定性最好，其平均 FN 达到 325s，符合优质小麦国家标准（≥300s）。川麦 42 稳定性虽好，但绝对值偏低。面团形成时间列前 3 位的品种都不稳定，面团稳定时间则川麦 39 和川麦 44 不稳定，川麦 41 的稳定时间低而稳定，利于生产优质弱筋原料。从终端品质看，川麦 37 的面条评分最高（82.0 分）且表现稳定，川麦 42、川麦 44 虽然稳定，但评分偏低。川麦 39 的面包评分高而稳定，川麦 41 也是稳定的，但其面包评分最低，仅 43 分。

汤永禄等（2010）的研究结果还表明，除面团形成时间和稳定时间之外的多数品质参数与稳定性没有太大的相关性，进一步说明就某一品质性状而言，某些品种是能够将高品质与高稳定性结合在一起的，决定性状表达的基因与决定该性状稳定性的基因可能是不同的。而研究中面团形成时间、稳定时间与各个稳定性参数都呈较高程度的正相关，可能意味着这两个性状达到较高水平时，其稳定性就可能降低，或者说二者很难结合。某一品种的每个品质性状都同时实现"优"与"稳"的结合比较困难。豫麦 34 在 8 项品质性状中有 5 项是稳定的，但降落值不稳定；川麦 41 的湿面筋含量在井研、中江普遍较高，而降落值在井研点不足 300s，因而影响其作为优质弱筋原料的品质。

雷加容等（2013）对四川北部小麦主产区德阳、绵阳、广元的大田小麦进行了抽样质量调查研究。结果表明，2009 年四川北部大田小麦的千粒重平均为（46.82±4.44）g，容重平均为（775.73±21.06）g/L，籽粒灰分平均为（1.82±0.31）%，籽粒蛋白质含量平均为（12.90±1.44）%，湿面筋含量为（27.12±5.23）%，面筋指数为（71.61±15.52）%，出粉率平均值为（45.28±1.88）%，灰分含量为（0.93±0.20）%，降落数值平均为（280.98±47.42）s，面团的吸水率平均为（55.63±3.66）%，形成时间为（2.24±1.60）min，稳定时间为（4.15±2.59）min，弱化度为（120.93±40.02）BU，评价值为（42.45±24.9）。有 54.54% 小麦样品的籽粒蛋白质含量在 13.0% 以上，49.09% 的小麦样品湿面筋含量在 28% 以上。2009 年在四川北部大田小麦样品中，只有吸水率在德阳和绵阳间存在显著差异（$P < 0.05$），分析的其余参数在抽样地区间无显著差异（$P < 0.05$）。雷加容等

（2014）研究表明，2010年四川北部大田小麦样品中，只有23.45%的小麦样品达到2级小麦的容重要求（在770g/L以上，GB 1351—2008），有49.1%的大田小麦样品面团稳定时间在（3~7）min，符合国家专用小麦品种品质-中筋小麦标准（GB/T 17320—1998）；有34.5%的大田小麦样品面团稳定时间在（0~3）min，符合国家专用小麦品种品质-弱筋小麦标准（GB/T 17320—1998）。四川北部大田小麦样品，中、弱筋样品共占83.6%。广元地区大田小麦的籽粒品质较好，面筋质量和粉质参数较差；绵阳地区大田小麦的蛋白质含量较高，面筋数量和质量及粉质参数较好；德阳地区大田小麦的籽粒品质较差，蛋白质含量较低，面筋质量较好。在四川北部大田小麦的籽粒蛋白质含量、湿面筋含量、面筋指数、降落数值、面团的吸水率、弱化度和评价值等指标参数在抽样地区间存在显著差异（$P<0.05$），而籽粒出粉率、灰分、面团形成时间和稳定时间在抽样地区间无显著差异（$P<0.05$）。

雷加容等（2015）对四川北部仓储小麦的品质情况进行分析研究表明，2009年四川北部的仓储小麦样品中有57.89%小麦样品的容重达到2级标准（≥770g/L），这与2009年四川北部小麦大田品质分析较一致；仓储小麦的面粉容重有31.58%达到馒头用小麦粉行业标准要求，有47.37%小麦面粉容重达到面条用小麦粉普通级和饺子用小麦粉行业标准要求。2009年四川北部仓储小麦样品近半样品见于中、弱筋小麦间，只有15.79%属于弱筋小麦，36.84%属于中筋小麦，适宜制作馒头、面条等，缺少优质强筋。广元和德阳仓储小麦样品的籽粒品质质量较高，广元仓储小麦的蛋白质和湿面筋含量都比绵阳和德阳的高；广元地仓储小麦面团粉质参数较好。总之，在四川北部德阳、绵阳、广元3个地区所抽取仓储小麦样品，其中籽粒容重在抽样地区间存在显著差异（$P<0.05$），而籽粒千粒重、灰分、蛋白质含量、湿面筋含量和面团的粉质参数在抽样地区间无显著差异（$P<0.05$）。雷加容等（2014）对四川北部仓储小麦的质量调查研究表明，容重平均为（756.23±22.27）g/L，有26.67%小麦样品达到2级小麦的容重标准（≥770g/L），有60.00%小麦样品达到3级小麦的容重标准（≥750g/L），还有40.00%小麦样品达4级小麦的容重指标；仓储小麦的籽粒蛋白质和湿面筋含量均较低，达到小麦弱筋指标；有40.74%的仓储小麦样品的降落值达到馒头用小麦粉行业标准要求，有55.56%的仓储小麦样品的降落值达到面条用小麦粉和饺子用小麦粉行业标准要求；有66.67%的仓储小麦样品面团稳定时间达到小麦中筋指标，有33.33%的仓储小麦样品的面团稳定时间达到小麦弱筋指标。2010年四川北部仓储小麦样品的籽粒品质、蛋白质品质、淀粉品质和面团粉质参数在抽样德阳、绵阳和广元3个地区间无显著差异（$P<0.05$）。

（四）四川小麦新品种（系）农艺和品质性状

《中国小麦品质区划与高产优质栽培》一书中列出了 2001—2008 年四川省审定的小麦品种的基本品质指标。2009 年到 2015 年，四川省审定了 63 个小麦品种。这些品种的农艺性状见表 4 - 6，品质性状见表 4 - 7。根据四川省审定品种的品质数据（来自两个地点 1 年或 2 年的试验），按照国家标准《专用小麦品种品质》（GB/T 17320—2013）的规定，上述 63 个品种中，强筋小麦 1 个，中强筋小麦 3 个，中筋小麦 26 个，弱筋小麦 9 个，品质数据匹配不平横、暂不能归类的 23 个，品质分析数据不完整的品种 1 个。

表 4 - 6　2009—2015 四川省审定小麦品种的农艺性状

品种名称	审定年份	亩产量（kg）	有效穗（万穗/亩）	穗粒数（粒/穗）	千粒重（g）	全生育期（d）	株高（cm）	粒色
博麦 1 号	2009	350.2	—	40	45	182	86	白
川育 24	2009	337.6	—	44	47	186	90	白
川麦 56	2009	362.7	—	33	48	184	89	红
科成麦 2 号	2009	342.6	—	44	44	185	83.2	白
川麦 53	2009	351.1	—	40	49	183	88	白
金科麦 33	2009	344	—	42	43	185	85	白
川麦 55	2009	361.1	—	46	42	185	83	白
川麦 54	2009	354.5	—	35	43	180	80	白
川农 27	2009	338.1	—	42	47	183	83	白
先麦 99	2009	333	—	42	42	183	85	白
玉脉 1 号	2009	339.6	—	42	47	185	85	白
川麦 58	2010	381.9	21.22	33	54	178	82	白
川麦 59	2010	373.7	—	48	45	186	87	白
绵麦 228	2011	397.4	25.1	38.7	45.4	186	81	红
国豪麦 15	2011	395.3	21	41	50.5	185	90	白
康麦 9 号	2011	242	25.72	43.4	43.3	—	72.8～107.5	白
昌麦 29	2011	399.9	—	—	50	182	75	白
川麦 61	2012	395.52	22.6	36.2	53	186	89.9	红
川麦 62	2012	401.74	22.5	39.2	49.4	184	89	红
西科麦 7 号	2012	381.18	22.9	43.9	43.4	188	95	白
川麦 104	2012	407.74	21.8	40.6	49.9	186	90	红
川麦 60	2012	387.07	22.7	35.1	48.9	180	91	红
南麦 302	2012	383.01	20.9	45.5	40.6	185	80	红
绵麦 1618	2013	393.6	21.7	46.3	44.7	188～190	85	红
蜀麦 969	2013	384	23.5	41	46.7	185	95	红
昌麦 30	2013	493.2	25	44	54.8	188	78	白

（续表）

品种名称	审定年份	亩产量（kg）	有效穗（万穗/亩）	穗粒数（粒/穗）	千粒重（g）	全生育期（d）	株高（cm）	粒色
西科麦 8 号	2013	396.4	21.8	49.6	44.8	187	89.5	白
南麦 618	2013	381.5	20.7	45.4	48.1	185	92	白
川麦 65	2013	389.6	23	38	49	185	87	红
蜀麦 51	2013	377.6	25	40	45	187	90	红
特研麦南 88	2013	377.7	21.5	50	40	185	83	白
川双麦 1 号	2013	370.76	21.5	46.5	41.8	185	86	白
川麦 63	2013	385.8	21.7	45	42.9	185	86	白
川麦 64	2013	400.3	24	41.5	45.2	187	—	红
内麦 316	2013	375.9	20.9	46	43.9	186	82	红
中科麦 138	2014	388.97	21.06	44.8	49.7	180	83	白
川麦 67	2014	391.6	22.6	47.2	44.3	181	80	白
川麦 80	2014	378.84	21.9	44	44.9	180	92	白
中科麦 47	2014	373.72	19.9	50.9	44.5	181	81	白
川麦 91	2014	375.37	21.04	45.3	47.3	181	87	白
西科麦 9 号	2014	361.75	20.13	44.8	47.9	179	81.8	白
川麦 66	2014	377.31	21.8	44.8	44.4	181	85	白
宜麦 9 号	2014	384.5	22.3	47.5	41.7	180	83	白
川麦 90	2014	371.1	21.5	43.6	49.8	179	87	白
荣春南麦 1 号	2014	364.97	19.7	54.2	37.4	180	75	白
绵杂麦 512	2014	400.17	22.2	49.8	42.7	184	95	红
资 2 号	2014	362.09	19.4	49.4	45.8	182	83	白
西科麦 10 号	2015	364.1	21.2	44.2	45.2	181	82	白
川辐 8 号	2015	372.4	20.3	46.2	46.5	181	98	白
川麦 92	2015	353	20.5	41.7	44.3	182	88	白
科成麦 4 号	2015	367.3	21.9	45.2	44.7	182	92.2	白
川麦 1247	2015	367.3	21.6	36.7	44.4	178	77	红
川育 25	2015	359.9	19.6	42.2	49.8	182	83	白
川麦 69	2015	361.6	19.6	45	47.4	181	90	红
川麦 68	2015	379.5	20.5	43.2	46.6	180	87	白
川麦 81	2015	350.4	20.5	44.5	44.4	180	78	红
绵麦 285	2015	347.5	19.8	49.8	42.2	180	90	红
川辐 7 号	2015	332.3	19.7	41.5	47.7	180	92	白
川农 29	2015	346.3	18.2	48.9	45.7	180	85	白
昌麦 32	2015	484	25.1	45.5	54	189	78	白
川麦 1131	2015	382.8	20.9	52	40.8	179	74	白
南麦 991	2015	356	19	48.9	45.2	179	78	红
川麦 1145	2015	377.2	19.9	51.7	47	180	85	白

数据来源：2009—2015 年四川省农作物品种审定公告

表 4 – 7　2009—2015 四川省审定小麦品种的品质性状

品种名称	容重 （g/L）	湿面筋 含量（%）	粗蛋白 含量（%）	沉降值 （ml）	稳定时间 （min）	评价
博麦 1 号	810	30.6	15.56	31.9	1.6	不符合
川育 24	816	29.8	14.1	30.3	1.6	不符合
川麦 56	784	29	14.31	27.3	3	不符合
科成麦 2 号	791.5	26.9	14.12	27.5	3	不符合
川麦 53	804	26.2	13.49	39.9	3.2	中筋
金科麦 33	795	26.6	13.74	44.7	4.3	中筋
川麦 55	770	29.2	14.48	32.8	5	中筋
川麦 54	740	32.9	15.38	36.6	3.1	中筋
川农 27	802.5	31.9	15.53	42.1	3.4	中筋
先麦 99	774	31.1	14.73	35.8	5.7	中筋
玉脉 1 号	826	30.3	15.36	65.8	9.5	中强筋
川麦 58	788	27.8	13.69	34.5	3.4	中筋
川麦 59	822	27	14.05	50.6	6.4	中筋
绵麦 228	730	30.3	13.9	27.2	2.7	不符合
国豪麦 15	780	25.3	13.37	28.2	4.7	不符合
康麦 9 号	795	28	13.9	34	—	不全
昌麦 29	756	21.8	11.52	15.5	1.3	弱筋
川麦 61	794	34.5	15.16	34.5	2.8	不符合
川麦 62	795	30.37	14.2	24	1.5	不符合
西科麦 7 号	750	26.73	13.64	27.8	2.7	不符合
川麦 104	795	31.7	14.52	32.5	3.5	中筋
川麦 60	813	30.2	14.12	32.5	3.9	中筋
南麦 302	803	33.1	14.42	35.5	3	中筋
绵麦 1618	738	27.6	14.08	48.5	1.9	不符合
蜀麦 969	778	31	14.57	47.3	8.1	强筋
昌麦 30	801	18.7	9.42	15.8	2.4	弱筋
西科麦 8 号	749.5	30.6	15.39	41.8	5	中筋
南麦 618	789.5	28.1	14.02	38	4.3	中筋
川麦 65	806	28	12.87	35.8	6.8	中筋
蜀麦 51	762	29.8	14.3	43	5.1	中筋
特研麦南 88	797	31.7	14.95	46.8	3.3	中筋
川双麦 1 号	756	29.2	14.67	44.5	5.5	中筋
川麦 63	813	31.3	14.97	43.8	5.6	中筋
川麦 64	780	26.6	13.76	43.1	8.8	中筋
内麦 316	794.5	28.8	14.32	48.5	10	中强筋

（续表）

品种名称	容重（g/L）	湿面筋含量（%）	粗蛋白含量（%）	沉降值（ml）	稳定时间（min）	评价
中科麦138	831	26.1	13.55	45.5	2.5	不符合
川麦67	834	24.3	13.14	30.9	2.7	不符合
川麦80	839	25.9	13.27	27.8	2.8	不符合
中科麦47	851	27.9	13.75	32	2.4	不符合
川麦91	819	26.9	14.3	36.8	2.7	不符合
西科麦9号	801	25.3	13.11	36.8	5.8	不符合
川麦66	839	23.7	12.97	25	1.9	弱筋
宜麦9号	820	30.3	14.84	48.3	4.7	中筋
川麦90	817	26.2	13.7	33.1	3.1	中筋
荣春南麦1号	837	26.3	13.67	55.3	5.4	中筋
绵杂麦512	788	30.7	15.23	42.5	5	中筋
资麦2号	827	29.6	14.95	53.8	12.6	中强筋
西科麦10号	756	26.9	12.8	31	2.3	不符合
川辐8号	765.5	21.4	11.42	26.3	2	不符合
川麦92	743	24.7	12.8	33.5	1.2	不符合
科成麦4号	803	27.5	13.2	24.4	1.7	不符合
川麦1247	756.5	22.2	11.1	27.3	3.5	不符合
川育25	757	28.7	14	29.7	5.8	不符合
川麦69	781	23	12	30.6	2.1	不符合
川麦68	761.5	18.5	9.8	25.9	1.7	弱筋
川麦81	748	21.2	10.5	20.5	1.6	弱筋
绵麦285	727.5	21.3	11.1	28.5	0.9	弱筋
川辐7号	778	22.5	11.7	22.2	1.3	弱筋
川农29	778	22.4	11.6	20.2	2.7	弱筋
昌麦32	782	16.1	8.5	15.5	2.5	弱筋
川麦1131	825	28.2	14.5	36	5	中筋
南麦991	784	28.4	13.3	47.5	4.5	中筋
川麦1145	820.5	27	13.5	31.3	3.5	中筋

数据来源：2009—2015年四川省农作物品种审定公告

（五）四川地方小麦品种蛋白质和氨基酸间的相关性

对四川地方小麦品种的研究仍然要回到讨论陈华萍（2005）的研究。陈华萍在对67个地方品种的品质性状分析的基础上，进一步研究了蛋白质含量与17种氨基酸含量之间的相关关系。结果表明，蛋白质含量与谷氨酸、胱氨酸、缬氨酸、异亮氨酸和脯氨酸含量呈显著或极显著正相关，而与其余氨基酸含量间的相关不显著。除赖氨酸以外，其余氨基酸之间大多呈显著或极显著正相关，而赖氨酸含量只与胱氨酸和脯氨酸相关显著。对蛋白质直接正向和负向效应最大的分别是谷氨酸和亮氨酸。67 份四川小麦地方品种的平均蛋白质含量为 11.86%，根据李鸿恩等（1989）的标准来看，绝大多数属中间类型材料。进一步分析认为，蛋白质含量不同，提供的各种氨基酸含量也不同，蛋白质含量高的品种，具有高含量的氨基酸；蛋白质含量低的品种，具有低含量的氨基酸。聚类分析也表明，蛋白质含量高，其单位重量籽粒的赖氨酸含量也高；而蛋白质含量低，其单位重量籽粒的赖氨酸含量也低。

二、品质性状的环境效应

（一）播种期对四川盆地小麦产量和品质的影响

播种期对小麦产量影响很大，同时也对品质有一定的影响。确定四川盆地小麦播种期的一般原则是：在四川盆地，10 月 25 日至 11 月中旬为小麦适宜高产播期，其中，盆西平原以 10 月底至 11 月初最好，迟至 11 月 10 日以后减产明显；而川中丘陵以 11 月上旬播种产量一般最高，迟至 11 月 15 日以后则减产明显。同时，籽粒蛋白质、湿面筋含量有随着播期延迟而提高的趋势。

20 世纪 80 年代，四川盆地的广大平坝、丘陵地区，在大春作物水稻、玉米、棉花和豆类等收获后，如果播种迟播早熟品种，要等到 11 月上旬才能播种，土地空闲的时间较长，不仅浪费了时间和地力，更由于四川盆地的气候特点是 10 月以后雨水急剧减少，丘陵地区土壤瘠薄，水分丧失很快，小麦出苗困难，缺苗现象十分严重，影响产量很大。但生产上推广的小麦品种，大多数是迟播早熟种和个别中播早熟种，缺乏适当的早播早熟品种。为了适应生产需求，绵阳市农科院育成了早播早熟、高产优质小麦品种绵阳 20 号。该品种的生育阶段前期较长，幼苗习性半直立，分蘖力强，生长势旺，播种的时间可以提早到 10 月 22 日左右抢播，可比迟播早熟品种提前 10d 左右播种，此时土壤中的墒情较好，出苗容易，苗多苗齐，能够很大的提高产量。绵阳 20 号的生育阶段后期较短，籽粒灌速度快，充实度好，粒大饱满。成熟期仍与迟播早熟品种同时在 5 月中旬收获，对下一季大春作物的播种和栽插都很有利，可以提高全年的总产量。因此，利用早播早熟品种与迟播早熟品种配套使用，满足生产上的不同要求，获得较好的收成。绵阳 20 由于其早播早熟、抗旱耐瘠特点突出，适应性广泛，产量高而稳定，品质优良，蛋白质含量 14.96% ~ 16.46%，湿面筋含量 28.08%，SDS 沉降值高达 82.5ml，具有良好的烘烤品质。除四川普遍栽培外，还推广到陕西、湖北、湖南、贵州、甘肃、河南、云南等省大面积种植。据庄巧生院士主编的《中国小麦品种改良及系谱分析》

一书统计，绵阳 20 号 1993 年的栽培面积达到 1 237.5 万亩，是西南麦区从 1949—2000 年 7 个年推广面积 1 000 万亩以上的优良品种之一。

在盆西平原多采用稻－麦两熟种植制度，为了更好地利用水稻收获后小麦播种前的空闲时间，谭飞泉、任正隆等（2009）认为，应培育早播早熟型小麦品种以充分利用水稻收后的秋季光热资源，增加小麦穗的分化发育时间，从而充分发挥盆地生态条件优势，使小麦产量潜力达到 7 500 ~ 9 000kg/hm²，实现比现有品种增产 20% ~ 40% 的产量。通过他们对川农 19、川农 23 和品系 J210 的不同播期的研究，认为播期提前至 10 月 24 日，产量分别可以达到 6 685.95kg/hm²、7 140.45kg/hm² 和 8 396.85kg/hm²，分别比 11 月 4 日播种的产量增加 8.80%、3.97% 和 12.64%，而蛋白质、湿面筋含量也比 11 月 4 日播种的高。而周强（2006）在绵阳对 5 个绵阳所培育的小麦品种的播期试验中，绵阳 33 和绵麦 38 的最高产量也出现在 10 月 26 号。所以，四川盆地的小麦播期应当在一般原则的基础上，根据品种特性确定适播期，对早播早熟型品种的播期适当提前，以获得高产和好的品质。

（二）肥料运筹对不同类型专用小麦品质的影响

一般认为，N 肥用量对小麦产量和品质的影响很大；在一定范围内，随施 P 量的增加，小麦籽粒蛋白质呈下降趋势；而增施 K 肥则有促进蛋白质积累，提高籽粒蛋白质含量的功效。而肥料总量及基、追肥比例的不同，对不同类型的小麦品质影响不同。王力坚等（2014）的研究认为，基肥比例高对弱筋小麦品质有利，拔节肥比例越大对弱筋小麦的品质越不利；提高总施肥量能提升中筋小麦的品质，但同时可以适当减少基肥施用量，控制好拔节肥的比例；提高总施肥量、扩大拔节肥的比例，能显著提升强筋小麦的品质。在四川盆地以 135 ~ 150kg/hm² 总纯 N 量即可满足 6 750 ~ 7 500kg/hm² 的产量需求，而对多数中筋或中强筋小麦的生产，适当的 N 肥后移，增加中后期 N 肥比例有利于蛋白质含量和面筋强度的提升。在盆西平原 N 肥的基/追比控制在 0.5 ~ 0.6/0.4 ~ 0.5，而盆中丘陵 N 肥的基/追比控制在 0.6 ~ 0.7/0.3 ~ 0.4，这样既有利于高产稳产，也利于改善中强筋小麦的品质。

周强等（2009）就两种密度（6 万与 12 万基本苗/亩）、3 种施 N 量水平（5、10、15kg 纯 N/亩）及其交互对中筋小麦绵杂麦 168 主要品质性状的影响进行的研究表明，除密度与施 N 量对容重、密度对弱化度、密氮互作对形成时间的影响不显著外，密度与施 N 量及其互作对降落数值、粗蛋白质含量、湿面筋含量、吸水率、稳定时间，密氮互作对容重，密度与施 N 量对形成时间、施 N 量及密氮互作对弱化度影响都达到极显著水平；除吸水率与降落数值外，低用种量（6 万基本苗/亩）下的品质性状优于常规用种量（12 万基本苗/亩）。无论是在低用种量或者常规用种量下，绵杂麦168的各品质性状有随着施N氮量的增加呈改善的趋势，绵杂麦168各品质性状（除吸水率、湿面筋含量）在施N量为15kg纯N/亩下都能达到中筋小麦标准。各品质性状的相互关系是，弱化度与其余品质性状都呈极显著负相关；粗蛋白质含量、湿面筋含量、吸水率、形成时间、稳定时间这五性状间呈互为极显著正相关。周强等（2007）对中筋小麦绵阳33品质的影响因素进行的研究也表明，N肥极显著地影响着品质，K肥、密度与P肥对品质影响较小，未达到显著水平。

周强等（2005）对影响弱筋小麦绵阳30号品质的栽培因素进行了研究，认为在优质弱筋小麦的生产中，施N量不宜偏高（<135kg/hm²）。如果施N量偏高时，密度要相应加大，这样才能生产出优质的弱筋小麦。得出了绵阳30号的优质高效栽培中，密度范围为（195.6～205.8）×10⁴/hm²基本苗，纯N用量81.9～88.2kg/hm²。

（三）磷肥种类对弱筋小麦产量和品质的影响

N肥使用量过高，不利于弱筋小麦的品质表达，而适当增施P肥，则对弱筋小麦的生产有利。蒋小忠等（2013）的研究表明，在施P量0～108kg/hm²范围，随着施P量的增加，小麦产量及其构成因素都相应增加，继续增加施P量，各项指标有所下降；而P肥基追比以基肥/拔节肥=0.5/0.5处理各项指标都高于基肥/拔节肥=1/0处理。在适宜的施P量范围内，随着施P量的增加，籽粒的蛋白质含量、直链淀粉含量、支链淀粉含量、总淀粉含量、湿面筋含量均呈下降趋势，继续增加施P量，又有所回升，籽粒中的醇溶蛋白和谷蛋白含量则呈先上升后下降的趋势。周强等（2005）研究了N、P互作对弱筋小麦绵阳30号品质的影响表明，蛋白质含量随着施P量的变化（0～150kg/hm²），其变异系数较小；而蛋白质含量随着施N量的变化（0～180kg/hm²），其变异系数较大，尤其是当施P磷量较大时。因此在优质弱筋小麦的生产中，一定要严格控制施N量（<135kg/hm²），而P肥的施用量范围则相对较宽。如果施用P肥较少（或者不施），则N肥追肥时期应延至拔节期或后；如果施用P磷肥较多，N肥追肥时期应在拔节期及以前。

结合四川盆地地力及养分状况，弱筋小麦优质丰产的N、P、K配比以1：（0.8～1）：（0.3～0.5）为好，N肥基/追比以0.7/0.3，P肥基/追比以0.5～0.6/0.4～0.5为宜。

三、筋性评价

（一）四川小麦高分子谷蛋白亚基鉴定及分析

小麦面筋蛋白主要由麦谷蛋白和醇溶蛋白构成，它们是决定面团黏弹性的主要因素。麦谷蛋白占小麦面筋蛋白的 35%～45%，赋予面团弹性，醇溶蛋白占小麦面筋蛋白的 50%～60%，赋予面团延展性。根据 SDS-PAGE 电泳迁移率，麦谷蛋白可分为高分子量麦谷蛋白亚基（HMW-GS）与低分子量麦谷蛋白亚基（LMW-GS），二者通过分子间二硫键形成麦谷蛋白聚合体，影响面团流变学特性。而只占小麦贮藏蛋白 5%～10% 的高分子量麦谷蛋白亚基很大程度上决定着小麦面筋质量。HMW-GS 分别由位于第一同源群染色体长臂的 Glu-A1、Glu-B1 和 Glu-D1 位点的基因（统称 Glu-1）编码。每一个位点包括两个紧密连锁的等位基因，分别编码分子量较大的 x 型和分子量较小的 y 型。HMW-GS 具有广泛的多态性，Glu-A1、Glu-B1 和 Glu-D1 三个位点分别编码 6种、19 种和 26 种 HMW-GS 亚基。对 HMW-GS 亚基的鉴定，经典方法是 SDS-PAGE 电泳分离，随着 20 多个 HMW-GS 基因的克隆测序，开发了一批稳定可靠的功能标记对 HMW-GS 亚基进行鉴定。

王春梅等（2003）对四川 2000 年前审定的的 47 个小麦品种的 HMW-GS 进行了 SDS-PAGE 分析，杨恩年等（2008）对 2001—2005 年四川省审定的 44 个小麦品种的 HMW-GS 进行了 SDS-PAGE 分析。在这 91 个材料里（表 4-7）有 4 份品种名称相同，在 87 份品种中，有 3 份品种的在两个独立试验中，结果不一致。在 84 份品种中，仅有 8 种亚基类型，其中 Glu-A1 位点有两种类型（1 和 Null），分别占 46.4% 和 53.5%；Glu-B1 位点具有 5 种类型（6+8、7+8，7+9，17+18，20），分别占 3.6%、42.8%、35.7%、2.4% 和 15.5%；Glu-Dl 位点具有 2种类型（2+12，5+10），分别占 65.5% 和 34.5%。共出现了 15 种亚基组合类型，其中占比例较大的亚基组合有 4 种：Null、7+9 和 2+12（19.07%），Null、7+8 和 2+12（15.5%）；Null、7+8 和 5+10（10.7%）；1、7+8 和 2+12（11.9%）。与优质有关的 5+10、17+18 亚基分别占 34.5% 和 2.4%；7+8 亚基占了 42.8%，但没有鉴别出是 7+8 亚基的 7+8 亚基的 4 种等位变异，包括 7+8，7+8*，7^{OE}+8 和 7^{OE}+8*。川麦 39 具有 Glu-B1 位点的优质亚基 17+18 和 Glu-D1 位点的优质亚基 5+10（表 4-8）。

表 4-8 四川 2000 年前 91 个小麦品种/次的高分子麦谷蛋白亚基组成

品种名称	Glu-A1 位点	Glu-B1 位点	Glu-D1 位点	参考文献
川麦 21	Null	7+9	2+12	王春梅等
川麦 22	1	7+8	2+12	王春梅等
川麦 23	1	7+9	5+10	王春梅等
川麦 24	Null	7+8	5+10	王春梅等

（续表）

品种名称	Glu-A1 位点	Glu-B1 位点	Glu-D1 位点	参考文献
川麦 25	1	7+8	2+12	王春梅等
川麦 26	Null	7+8	5+10	王春梅等
川麦 27	Null	7+8	2+12	王春梅等
川麦 28	Null	7+8	2+12	王春梅等
川麦 29	Null	7+8	2+12	王春梅等
川麦 30	1	7+8	2+12	王春梅等
川麦 31	Null	7+9	2+12	王春梅等
川麦 32	1	20	2+12	王春梅等/杨恩年等
川麦 33	1	7+8	5+10	杨恩年等
川麦 33	Null	7+9	2+12	王春梅等
川麦 35	Null	20	5+10	王春梅等
川麦 35	Null	20	5+12？	杨恩年等
川麦 36	1	7+8	5+10	杨恩年等
川麦 37	Null	7+9	2+12	杨恩年等
川麦 38	Null	6+8	2+12	杨恩年等
川麦 39	1	17+18	5+10	杨恩年等
川麦 41	Null	7+9	2+12	杨恩年等
川麦 42	1	6+8	5+10	杨恩年等
川麦 43	1	6+8	2+12	杨恩年等
川麦 44	1	7+8	5+10	杨恩年等
川麦 45	Null	7+9	2+12	杨恩年等
川麦 46	1	7+9	5+10	杨恩年等
川麦 47	Null	20	2+12	杨恩年等
川农 12	1	7+9	5+10	杨恩年等
川农 16	1	20	5+10	杨恩年等
川农 17	1	7+9	5+10	杨恩年等
川农 18	1	7+9	5+10	杨恩年等
川农 19	Null	7+8	2+12	杨恩年等
川农 20	Null	7+8	5+10	杨恩年等
川农 21	Null	7+8	2+12	杨恩年等
川农 22	1	20	2+12	杨恩年等
川农 23	1	20	2+12	杨恩年等

（续表）

品种名称	Glu-A1 位点	Glu-B1 位点	Glu-D1 位点	参考文献
川育 8 号	1	7 + 8	2 + 12	王春梅等
川育 9 号	Null	7 + 9	2 + 12	王春梅等
川育 10 号	1	7 + 9	5 + 10	王春梅等
川育 11 号	1	7 + 9	2 + 12	王春梅等
川育 12 号	1	7 + 8	5 + 10	王春梅等
川育 13 号	Null	7 + 9	2 + 12	王春梅等
川育 14	1	7 + 8	2 + 12	王春梅等
川育 16	1	20	5 + 10	杨恩年等
川育 17	Null	7 + 9	2 + 12	杨恩年等
川育 18	1	7 + 9	2 + 12	杨恩年等
川育 19	Null	7 + 9	2 + 12	杨恩年等
金丰 626	1	20	2 + 12	杨恩年等
科成麦 1 号	Null	7 + 8	5 + 10	杨恩年等
乐麦 3 号	Null	7 + 9	2 + 12	杨恩年等
良麦 2 号	Null	7 + 8	2 + 12	杨恩年等
良麦 3 号	Null	7 + 8	2 + 12	杨恩年等
绵阳 3 号	Null	7 + 8	2 + 12	王春梅等
绵阳 1 号	1	7 + 8	2 + 12	王春梅等
绵阳 5 号	1	7 + 8	2 + 12	王春梅等
绵阳 6 号	1	7 + 8	2 + 12	王春梅等
绵阳 7 号	Null	7 + 8	2 + 12	王春梅等
绵阳 10 号	Null	7 + 8	2 + 12	王春梅等
绵阳 11	1	7 + 8	2 + 12	王春梅等
绵阳 12	1	20	2 + 12	王春梅等
绵阳 15	1	7 + 8	5 + 10	王春梅等
绵阳 19	Null	7 + 8	5 + 10	王春梅等
绵阳 20	Null	7 + 8	5 + 10	王春梅等
绵阳 21	1	20	2 + 12	王春梅等
绵阳 23	Null	7 + 9	2 + 12	王春梅等
绵阳 24	1	7 + 9	2 + 12	王春梅等
绵阳 25	Null	7 + 8	5 + 10	王春梅等
绵阳 26	Null	7 + 9	2 + 12	王春梅等

（续表）

品种名称	Glu-A1 位点	Glu-B1 位点	Glu-D1 位点	参考文献
绵阳 27	Null	7 + 9	2 + 12	王春梅等
绵阳 28	Null	7 + 8	5 + 10	王春梅等
绵阳 29	Null	7 + 9	2 + 12	王春梅等
绵阳 2 号	Null	7 + 8	2 + 12	王春梅等
绵阳 30	Null	7 + 9	2 + 12	王春梅等
绵阳 31	1	7 + 9	2 + 12	王春梅等
绵阳 32	Null	20	2 + 12	王春梅等
绵阳 33	Null	7 + 8	2 + 12	王春梅等
绵阳 34	Null	7 + 8	2 + 12	王春梅等
绵阳 35	1	?	5 + 10	王春梅等
绵阳 35	Null	7 + 8	5 + 10	杨恩年等
绵麦 37	1	20	5 + 10	杨恩年等
绵麦 38	Null	7 + 8	5 + 10	杨恩年等
绵麦 39	Null	7 + 9	2 + 12	杨恩年等
绵麦 40	Null	7 + 9	5 + 10	杨恩年等
内麦 8 号	Null	7 + 9	5 + 10	杨恩年等
内麦 9 号	Null	7 + 9	5 + 10	杨恩年等
蓉麦 2 号	1	20	2 + 12	杨恩年等
蓉麦 3 号	1	7 + 8	2 + 12	杨恩年等
西科麦 2 号	1	17 + 18	5 + 10	杨恩年等
杏麦 2 号	Null	7 + 9	5 + 10	杨恩年等
宜麦 8 号	1	20	2 + 12	杨恩年等
中国春	Null	7 + 8	2 + 12	王春梅等

周强等（2014）对绵阳市农科所（院）育成的43个小麦品种的高分子谷蛋白亚基组成进行了分析（表4-9），在43个品种中共检测出7种HWM-GS类型和9种亚基组合类型。Glu-A1位点具有2种类型，Null（N）占优势；Glu-B1位点具有3种类型，7+9与7+8占优势；Glu-D1位点具有2种类型，优质亚基5+10占优势。优势亚基组合类型为N，7+8，5+10。在优质亚基中，亚基1出现的频率为27.91%；亚基7+8出现的频率为44.19%；亚基5+10出现的频率高达65.12%。随时间变迁，优质亚基1和5+10呈上升趋势，而7+8呈下降趋势。优质亚基对蛋白质含量、湿面筋含量、稳定时间和

沉降值等品质性状都有正向影响，尤其是优质亚基 1 或 5 + 10 的导入显著提高了沉降值。因此，在四川小麦品质育种中，可以通过聚合优质亚基 1 和 5 + 10 来改善沉降值等品质性状；同时还应引进优质亚基 2 *、17 + 18 和 14 + 15。

表 4 – 9　绵阳（麦）小麦品种及 HMW-GS 组成与品质评分

品种（系）	Glu-A1	Glu-B1	Glu-D1	亚基品质评分	品种数	频率（%）
绵阳 26、绵阳 27、绵阳 29、绵阳 30、绵麦 39、绵麦 41、绵麦 42	N	7 + 9	2 + 12	5	7	16.28
绵阳 1 号、绵阳 3 号、绵阳 4 号、绵阳 10 号	N	7 + 8	2 + 12	6	4	9.3
绵麦 367、绵麦 51	N	6 + 8	5 + 10	6	2	4.65
绵阳 28、绵阳 33、绵麦 37、绵麦 40、绵麦 185、绵麦 46、绵麦 48、绵麦 1618	N	7 + 9	5 + 10	7	8	18.6
绵阳 15、绵阳 19、绵阳 20、绵阳 25、绵阳 35、绵麦 38、绵麦 43、绵麦 1403、绵麦 45、绵麦 49（国豪麦 15）	N	7 + 8	5 + 10	8	10	23.26
绵麦 228	1	6 + 8	2 + 12	6	1	2.33
绵阳 23、绵阳 24、绵阳 31	1	7 + 9	2 + 12	7	3	6.98
绵麦 50（国豪麦 18 号）、绵杂麦 168、绵杂麦 4 号	1	7 + 9	5 + 10	9	3	6.98
绵阳 11、绵阳 21、绵阳 87-23、绵麦 47、绵杂麦 512	1	7 + 8	5 + 10	10	5	11.63
平均				7.23		

（二）四川小麦品种高/低分子量麦谷蛋白亚基基因分析

目前，国内外已开发出多种鉴定小麦品种高/低分子量麦谷蛋白亚基基因等位变异的功能标记，方便进行品质基因的快速检测。李式昭等（2014）利用 7 个 HMW-GS、17 个 LMW-GS 的功能标记，鉴定了 2000 年以来四川育成的 105 份小麦品种的高、低分子量麦谷蛋白亚基基因组成。结果表明：105 份四川小麦品种中，在 Glu-A1 位点，优质 Ax2 * 等位基因的频率很低，为 1.9%；在 Glu-B1 位点，Bx7 和 Bx20 的频率分别为 69.5% 和 24.8%，Bx17 的频率为 3.8%，By8 的频率为 42.9%，By9 频率为 28.6%，主要存在 2 种基因组合形式，即 Bx7 + By8（占 41%）和 Bx7 + By9（占 28.6%）；在 Glu-D1 位点，优质等位基因 Dx5 的频率为 61.9；同时含有优质等位基因 Bx7 + By8 和 Dx5 的品种占 28.6%。在 Glu-A3 位点，Glu-A3a 和优质等位基因 Glu-A3b 的频率均为 1.9%；Glu-A3c 是优势等位基因，占 60%；优质等位基因 Glu-A3d 的频率为 27.6%；Glu-A3f 的频率为 8.6%；无 Glu-A3e 和 Glu-A3g。在 Glu-B3 位点，优质等位基因 Glu-B3b 的频率为 17.1%；优质等位基因 Glu-B3d 的频率为 9.5%；Glu-B3g 是优势等位基因，占 71.4%；Glu-B3f 的频率为 1.0%，Glu-B3i 的频率为 1.0%，未能检测到含有 Glu-B3a、Glu-B3c、Glu-B3e 和 Blu-B3h 的品种；同时含有优质等位基因 Glu-A3d 和 Glu-B3d 的品种只占 1.9%，同时含有优质等位基因 Glu-A3d 和 Glu-B3b 的品种仅占 3.8%。可见，四川小麦品种的 LMW-GS 育种遗传基础狭窄，需要在注重优质 HMW-GS 亚基的改进的同时，注意 LMW-GS 的影响，全面改良四川小麦品质。

四川盆地是生产中筋和弱筋小麦的适宜生态区，随着对小麦品种进一步的品质改良，达到品质指标的中筋和弱筋小麦会越来越多。在小麦原粮生产中采用适宜的播期、肥水运筹和适时收获干燥等栽培技术，配以分级仓储等收购、销售环节，可以改变目前原粮生产上达到中筋或弱筋小麦的品质要求。

第三节 加工品质

一、四川盆地小麦加工品质主要指标

小麦籽粒通过碾磨、过筛，使胚和麸皮（果皮、种皮及部分糊粉层）与胚乳分离，磨成面粉的过程，称为小麦的第一次加工；由面粉制成各类面食品的过程，称为小麦的二次加工。小麦的加工品质可分为磨粉品质和食品加工品质。磨粉品质中，最重要的指标是出粉率。

（一）出粉率

出粉率是指单位重量的籽粒所磨出的面粉与籽粒重量之比。这是一个相对概念，在比较小麦品种出粉率时，应以制成相同灰分含量的小麦粉为依据。面粉灰分是各种矿质元素的氧化物占籽粒或面粉的百分含量，是衡量面粉精度和划分小麦粉等级的重要指标。中国制粉规定小麦粉等级灰分含量指标：一等粉（特制粉）小于 0.70%；二等粉小于 0.85%；标准粉小于 1.10%；普通粉小于 1.40%。灰分含量越小，出粉率越低。影响出粉率主要有两方面的因素，首先是胚乳所占小麦籽粒的比例，第二是制粉时，胚乳与非胚乳成分间分离的难易程度。一般而言，容重与出粉率之间的正相关较大，而且籽粒饱满，容重高的小麦一般灰分含量较低。

（二）其他磨粉品质

面粉粉色和制粉能耗也是重要的磨粉品质指标。小麦粉白度会影响到食品的品质，而小麦籽粒颜色、胚乳质地、制粉工艺、出粉率、黄色素含量、多酚氧化酶含量及活性等因素都对小麦粉白度产生一定影响。制粉能耗降低可提高制粉企业的经济效益。籽粒整齐度和籽粒硬度与能耗关系密切。籽粒整齐度高，可提高出粉率，减少大、小粒分选工序，从而降低能耗；籽粒硬度高，对粉路长的大型设备能耗低于软麦，对中型设备区别不大，对小型设备能耗高于软麦。

影响小麦磨粉品质的主要性状有：小麦籽粒饱满度、整齐度、种皮厚度、腹沟深浅、容重、千粒重、胚乳质地等。一般说来，小麦籽粒饱满整齐、种皮薄、腹沟浅、容重和千粒重高、胚乳透明，则出粉率高。而面粉灰分低、粉色新鲜洁白、出粉率高和能耗低的小麦被认为具有好的磨粉品质。

（三）烘烤品质

对于制作面包的小麦品种，要求其面粉蛋白质含量较高，吸水能力强，面筋强度大，耐搅拌性较强；用这种面粉烘烤的面包具有面包体积大、内部孔隙小而均匀、质地松软有弹性、外形和色泽美观、皮无裂纹、味美可口等特点。而用于制作饼干的小麦品种，则要求其面粉蛋白质含量低，面筋强度弱但延伸性好，吸水能力小，灰分含量低；用这种面粉制作的饼干疏松、可口。

二、主要食品品质

（一）馒头品质

馒头对小麦粉适应性较宽，多数中筋小麦和部分中强筋小麦都适合馒头制品的要求。以蛋白质含量和面筋强度中等，直链淀粉含量较低，不易回生老化，白度较高的中筋小麦为宜。好的馒头小麦粉的蛋白质含量在10%～12%，面团稳定时间在3～7min，弱化度小于100FU，直链/支链淀粉比较低，其制作的馒头表皮光滑、孔隙小而均匀、结构较致密、弹韧性好、有咬劲、爽口不粘牙。

（二）面条品质

多种因素影响面条品质。除了小麦粉的影响外，加工方法、煮面时间以及感官评价对人的依赖等，都影响面条评分的高低。面条品质在对小麦粉的内在品质要求上，蛋白质的品质最为重要，其次是淀粉特性。蛋白质为面条提供理想的适口性和不利的外观，而淀粉则提供良好的外观和富有弹性的质地。培养部分缺失 Wx 基因的小麦品种，降低直链淀粉含量，改良淀粉糊化特性，可改良面条小麦品质。

中江挂面是四川省传统的面食小吃。中江挂面为手工制作，历史悠久，传统工艺独特。它的特点是味甘色白，柔嫩可口，面体因经多次发酵而有微孔，故有"茎直中通"之说，其特别柔嫩易消化也缘于此。自问世以来，数百年间，深受食者的欢迎，声名远播，销势不衰，可称得上是中江食品中的奇葩。中江挂面年产量 350 万 kg 以上。制作中江挂面的小麦品种的湿面筋含量 27% ~ 29%。据调研，20 世纪 60 年代，生产上主要是南麦 5 和南麦 9 用于中江挂面制作；20 世纪 70 年代，生产上主要是繁 6 和繁 7 用于中江挂面制作；20 世纪 80 年代，生产上主要是绵阳 11、绵阳 15 和绵阳 19 用于中江挂面制作；20 世纪 90 年代，生产上主要是绵阳 19、绵阳 30、绵阳 31、川麦 107 和川育 10 用于中江挂面制作；21 世纪以来，生产上主要是川麦 41、绵阳 35、川农 18、金丰 626、绵麦 43、绵杂麦 168、川麦 42、川麦 44、川麦 47、川农 21、内麦 8 号、内麦 9 号、川麦 104、绵麦 367、绵麦 51、西科麦 4 号等用于中江挂面制作。

（三）其他食品加工品质

除馒头、面条、面包、蛋糕、饼干外的其他面制食品，也主要为烘烤类、蒸煮类或油炸油煎类食品。这类食品经常是小麦粉分别混合蛋、乳、油、糖、盐、碱等，经发酵面团或不发酵面团做皮制作而成。因这类食品品质不但与混合蛋、乳、油、糖、盐、碱等的比例有关，还与水合面、油合面、糖酥、油酥等的制作方式有关，反而对面粉的要求比较宽，多数对的中筋和弱筋粉都适合制作。中筋粉适合做如饺子皮、抄手皮、小笼包等是用发酵面团制作的食品；弱筋粉适合制作如春卷等用不发酵面团做皮的食品和多数的中式糕点。

在四川，面条类（包括挂面、鲜面条、饺子、抄手等）是最主要的面制食品，其次是馒头类（包括馒头、包子等），两者在日常生活中需求量大；面包、饼干和其他面制食品属于副食，在日常生活中需要量较小。2006 年以来的《中国小麦质量报告》显示，四川大田生产的小麦的平均品质指标接近中筋小麦水平；四川近年审定品种的数据也表明四川拥有能够适合生产各类面制主副食品的小麦品种；四川省也具有生产中强筋、中筋、弱筋小麦原粮的自然环境和生产条件。随着四川小麦产业化进程的推进，通过合理品种布局、区域化规模种植、应用高产优质栽培技术、按质量（类型、等级）分类收贮和利用等，四川能较好解决优质面条（中强筋）小麦和优质馒头（中筋）小麦的供给问题。还可能利用特殊生态环境发展优质弱筋小麦生产。

本篇参考文献

陈静，张晓科，何中虎，等.2007.面条品质性状相关基因在四川小麦中的分布 [J].麦类作物学报，27（6）：1 010 - 1 015.

陈国跃，姚琦馥，刘亚西，等.2013.四川地方小麦品种条锈病抗性研究 [J].四川农业大学学报，31（1）：1 - 8.

陈华萍，魏育明，郑有良.2005.四川地方小麦品种蛋白质和氨基酸间的相关研究 [J].麦类作物学报，25（5）：113 - 116.

陈华萍，魏育明，王照丽，等.2006.四川小麦地方品种农艺性状分析 [J].西南农业学报，19（5）：791 - 795.

陈华萍，魏育明，郑有良.2006.四川小麦地方品种营养品质分析 [J].中国粮油学报，21（5）：36 - 40.

陈华萍，邓婷，苟璐璐，等.2008.四川小麦地方品种农艺性状与品质性状的多样性分析 [J].麦类作物学报，28（6）：960 - 964.

陈庆华，周小刚，郑仕军，等.2013.四川省小麦田不同耕作方式下杂草的发生规律及防治 [J].杂草科学，31（3）：12 - 15.

崔香环，李欢庆，郝福顺.2007.水分胁迫下小麦幼苗的抗氧化机制分析 [J].河南农业科学（4）：25 - 28.

代寿芬，颜泽洪，刘登才，等.2009.四川藏区小麦地方品种高分子量谷蛋白亚基组成分析 [J].种子，28（1）：21 - 24.

戴高星.小麦.2011.豌豆混种栽培技术 [J].四川农业科技（11）：18 - 19.

单桂萍，王艳平，殷登科.2013.生物有机肥对小麦生长发育的影响 [J].耕作与栽培（5）：29 - 30.

狄红燕.2013.小麦喷施不同剂量矮壮素试验效果 [J].新疆农垦科技（8）：32 - 33.

杜小英，李生荣，任勇，等.2013.四川北部地区小麦新品种筛选试验研究 [J].农业科技通讯（7）：55 - 56，194.

冯达仕，李生荣.1989.绵阳系列小麦新品种的选育 [J].西南农业学报，2（3）：1 - 6.

高阳华，张文等.1992.四川盆地小麦生育进程的气候生态研究 [J].四川气象（4）：35 - 39.

韩文满.2009.小麦品质的影响因素及改良措施 [J].现代农业科技（10）：175.

黄梦琪.2014.冬小麦土壤含水量与土壤水分胁迫系数关系分析 [J].陕西农业科学, 60 (3): 23 - 25, 29.

惠海滨, 刘义国, 刘家斌, 等.2012.灌水量和灌水期对超高产小麦花后旗叶衰老及产量的影响 [J].农学学报, 2 (5): 17 - 23.

姜帅, 居辉, 吕小溪, 等.2013.CO$_2$浓度升高与水分互作对冬小麦生长发育的影响 [J].中国农业气象, 34 (4): 404 - 409.

姜淑欣, 刘党校, 庞红喜, 等.2014.PEG 胁迫及复水对不同抗旱性小麦幼苗脯氨酸代谢关键酶活性的影响 [J].西北农业学报, 34 (8): 1 581 - 1 587.

蒋阿宁, 管建慧, 黄文江, 等.2014.连续三年冬小麦精准施肥的效益分析 [J].四川农业大学学报, 32 (3): 335 - 339.

蒋桂英, 魏建军, 刘萍, 等.2012.滴灌春小麦生长发育与水分利用效率的研究 [J].干旱地区农业研究, 30 (6): 50 - 54.

蒋礼玲, 张怀刚.2005.自然环境因素对小麦品质的影响 [J].安徽农业科学, 33 (3): 488 - 490.

蒋小忠, 封超年, 郭文善.2013.施磷量与磷肥基追比对弱筋小麦产量和品质的影响 [J].耕作与栽培 (5): 7 - 10.

蒋小忠, 封超年, 郭文善.2014.磷肥种类对弱筋小麦产量和品质的影响 [J].耕作与栽培, (3): 1 - 3.

金善宝.1986.中国小麦品种志 (1962—1982) [M].北京: 农业出版社.

金善宝.1997.中国小麦品种志 (1983—1993) [M].北京: 中国农业出版社.

雷加容, 余敖, 李生荣, 等.2013.四川北部小麦品种的品质性状及其区域差异性调查研究 [J].西南农业学报, 26 (增刊): 29 - 32.

雷加容, 余敖, 李生荣, 等.2014.四川北部仓储小麦的质量调查 [J].农业科技通讯 (7): 94 - 97.

雷加容, 余敖, 任勇, 等.2014.四川北部大田小麦品质性状分析 [J].农业科技通讯 (8): 88 - 91.

雷加容, 余敖, 李生荣, 等.2015.四川北部仓储小麦的品质性状分析 [J].农学学报, 5 (3): 11 - 14.

雷加容, 余敖, 杜小英, 等.2015.绵阳系列小麦品种 (系) 产量和品质性状的分析与评价 [J].中国农学通报, 31 (3): 82 - 87.

雷加容, 余敖, 李生荣, 等.2015.绵麦系列小麦品种 (系) 的农艺性状和品质性状分析 [J].中国农学通报, 31 (6): 51 - 56.

李邦发.2016.四川干旱情况下灌水对土壤和小麦产量的影响 [J].中国农学通报 (3)：22-28.

李朝苏,汤永禄,吴春,等.2011.药剂拌种对小麦出苗及病虫防控效果的影响 [J].西南农业学报, 24 (6)：2 197-2 201.

李朝苏,汤永禄,吴春,等.2012.播种方式对稻茬小麦生长发育及产量建成的影响 [J].农业工程学报, 28 (18)：36-43.

李朝苏,汤永禄,吴春,等.2014.施氮量对四川盆地机播稻茬麦生长发育及氮素利用的影响 [J].植物营养与肥料学报, 20 (2)：271-279.

李德宇.2005.四川盆地小麦锈病发生危害与防治对策 [J].四川农业科技 (2)：38,42.

李鸿恩,赵明德,段敏,等.1989.小麦粉样标准物质的研制 [J].西北农林科技大学学报：自然科学版 (4)：89-93.

李慧,赵文才,赵会杰,等.2009.Ca^{2+}参与硝普钠对干旱胁迫下小麦叶片NO水平的调控 [J].中国农学通报, 25 (13)：88-93.

李生荣.1994.高产优质小麦品种选育的进展 [J].麦类作物学报 (5)：39-41.

李式昭,郑建敏,伍玲,等.2014.四川小麦品种高、低分子量麦谷蛋白基因和 1B/1R 易位的分子标记鉴定 [J].麦类作物学报, 34 (12)：1 619-1 626.

李式昭,朱华忠,郑建敏,等.2014.四川小麦品种的产量潜力研究 [J].西南农业学报, 27 (1)：24-29.

李迎春,张超英,庞启华,等.2008.干旱胁迫下小麦在不同生育时期的耐旱性研究 [J].西南农业学报, 21 (3)：621-624.

刘凯,陈兴学.2010.川中丘陵地区"麦/玉/豆"种植模式的特点及技术要点 [J].四川农业科技 (8)：28-29.

刘丽,杨金华,胡银星,等.2012.麦谷蛋白亚基与小麦品质的关系研究进展 [J].中国农业科技导报, 14 (1)：33-42.

刘明学,李邦发,王晓东.2008.干旱胁迫对不同衰老型小麦氧化酶活性的影响 [J].安徽农业科学, 36 (23)：9 851-9 853.

刘锐,魏益民,张影全.2014.谷蛋白大聚体在小麦加工中的作用 [J].中国粮油学报, 29 (1)：119-122,128.

刘伟,刘景辉,萨如拉,等.2014.腐殖酸水溶肥料对水分胁迫下小麦光合特性及产量的影响 [J].中国农学通报, 30 (3)：196-200.

卢红芳,王晨阳,郭天财,等.2014.灌浆前期高温和干旱胁迫对小麦籽粒蛋白质含量和氮代谢关键酶活性的影响 [J].生态学报, 34 (13): 3 612 – 3 619.

吕世华, 罗秦, 刘学军, 等.1996.四川盆地小麦氮营养的快速诊断及其应用 [J].中国农业大学学报, 3 (1): 63 – 67.

罗星聪.2014.小麦免耕机播高产创建栽培技术 [J].四川农业与农机 (1): 45.

马宏亮, 王秀芳, 樊高琼, 等.2015.密度对四川丘陵旱地带状种植小麦群体质量、产量及边际效应的影响 [J].麦类作物学报, 35 (11): 1 551 – 1 557.

莫太相, 李朝苏, 汤永禄, 等.2011.西南旱地小麦机播技术适应性研究 [J].现代农业科技 (5): 33 – 34.

农业部小麦专家指导组.2012.中国小麦品质区划与高产优质栽培 [M].北京: 中国农业出版社.

庞艳梅, 陈超, 潘学标, 等.2014.未来气候情景下四川盆地冬小麦生育期气候资源及生产潜力的变化 [J].中国农业气象, 35 (1): 1 – 9.

任润平.2014.小麦小窝密植技术 [J].四川农业与农机 (2): 36.

任正隆等.2011.雨养农业区的小麦育种 [M].北京: 科学出版社.

石宗飞.2014.浅谈四川水资源环境问题及可持续发展管理 [J].广东科技 (8): 90 – 91.

覃绍一, 李学通.2011.四川省水资源可利用量与承载力初探 [J].人民长江, 42 (18): 41 – 44, 49.

谭飞泉, 宣善勤, 范秀菊, 等.2008.播期提前对四川盆地小麦产量和品质的影响 [J].安徽农业科学, 36 (34): 14 922 – 14 924.

谭飞泉, 蒋华仁, 任正隆.2009.早播对四川盆地小麦新品系 J210 生育进程、籽粒灌浆特性和产量的影响 [J].麦类作物学报, 29 (1): 122 – 127.

谭飞泉, 任正隆.2009.播期提前对四川盆地弱春性小麦新品种的产量效应 [J].四川农业大学学报, 27 (2): 141 – 147.

谭飞泉, 任正隆.2009.四川盆地小麦适播期的研究进展 [J].四川农业大学学报, 27 (1): 32 – 37.

汤永禄, 黄刚.2002.四川盆地小麦春播栽培的意义及技术研究进展 [J].四川农业科技 (1): 14 – 15.

汤永禄, 黄刚, 邓先和, 等.2006.四川盆地稻茬麦垄作栽培技术研究初探 [J].西南农业学报, 19 (6): 1 049 – 1 053.

汤永禄，吴元奇，朱华忠，等.2010.四川小麦主栽品种的品质性状表现及其稳定性 [J].作物学报，36（11）：1 910 – 1 920.

汤永禄，吴德芳，程少兰.2010.稻茬麦免耕高效栽培技术模式 [J].四川农业科技（9）：22 – 23.

汤永禄，李朝苏，吴春，等.2013.四川盆地弱光照生态区小麦超高产技术途径分析 [J].麦类作物学报，33（1）：51 – 59.

王春梅，傅体华，任正隆.2003.四川小麦品种贮藏蛋白位点及 SSR 分析 [J].农业生物技术学报，11（6）：598 – 604.

王迪轩，宋艳欣.2013.小麦湿（渍）害的发生与防止 [J].四川农业科技（1）：40 – 41.

王力坚，吴宏亚，孙成明，等.2014.肥料运筹对不同类型专用小麦品质的影响 [J].广东农业科学（8）：78 – 81，91.

王美芳，雷振生，吴政卿，等.2014.环境变异及施肥措施对强筋小麦品质性状的影响 [J].中国农学通报，30（21）：164 – 168.

王相权，黄辉跃，唐建，等.2010.不同施氮量及种植密度对四川丘陵区冬小麦产量的影响 [J].种子科技，28（12）：25 – 27.

王相权，黄辉跃，王仕林，等.2014.四川冬小麦新品种（系）抗旱性鉴定及分析 [J].中国农学通报，30（15）：39 – 45.

吴晓丽，汤永禄，李朝苏，等.2014.四川盆地小麦籽粒的灌浆特性 [J].作物学报，40（2）：337 – 345.

向运佳，章振羽，沈丽，等.2013.2005—2010 年四川省小麦条锈病菌毒性变化动态 [J].西南农业学报，26（5）：1 858 – 1 863.

杨恩年，晏本菊，唐宗祥，等.2008.四川小麦新品种高分子量谷蛋白亚基遗传变异分析 [J].西南农业学报，21（3）：557 – 561.

杨华，尚海英，李伟，等.2006.四川小麦新品种（系）农艺和品质性状分析 [J].西南农业学报，19（2）：170 – 176.

杨仕雷，邢国风，黄可兵.2006.四川弱筋小麦品种栽培技术 [J].四川农业科技（4）：34 – 34.

杨文钰，雍太文.2009.旱地新三熟麦/玉/豆模式的内涵与栽培技术 [J].四川农业科技（6）：30 – 31.

杨文钰.2010.旱地三熟"麦/玉/豆"新种植模式 [J].四川农业科技（10）：18 – 19.

雍太文，任万军，杨文钰，等.2006.旱地新 3 熟"麦/玉/豆"模式的内涵、特点及栽培技术 [J].耕作与栽培（6）：48 – 50.

雍太文，杨文钰，任万军，等.2009.两种三熟套作体系中的氮素转移及吸收利用［J］.中国农业科学，42（09）：3 170－3 178.

雍太文，杨文钰，樊高琼，等.2009."麦/玉/豆"套作种植模式氮肥周年平衡施用初步研究［J］.中国土壤与肥料（3）：31－35.

游超，王明田，李金健，等.2012.四川省小麦条锈病冬繁农业气候风险区划［J］.高原山地气象研究，32（3）：62－66.

游超，肖天贵，李金建，等.2012.四川省小麦条锈病春季流行的农业气候风险区划［J］.成都信息工程学院学报，27（4）：405－411.

余遥，吴光清，梁伯诚，等.小窝密植在小麦高产中的作用［J］.中国农业科学，1983（4）：36－43.

余遥.1998.四川小麦［M］.成都：四川科学技术出版社.

袁礼勋，汤永禄，黄钢，等.2000.不同类型春性小麦品种的播期效应及其生产意义［J］.西南农业学报，13（2）：25－31.

张彭良.2011.四川小麦高分子谷蛋白亚基鉴定及分析［J］.中国科技纵横（9）：345－346.

张雅倩，张洪生，林琪，等.2011.水分胁迫对不同肥水类型小麦幼苗期抗旱特性的影响［J］.农学学报（6）：1－7.

张玉芳，王明田，游超.2013.四川盆地小麦生育期预报方法研究与应用［J］.生物灾害科学，36（4）：438－442.

张泽全，舒长生，董雪芳，等.2010.低温对小麦种子萌发和幼苗生长的影响［J］.西南农业学报，23（1）：22－25.

郑建敏，廖晓虹，杨梅，等.2011.高产双抗型小麦新品种川麦51密肥与播期研究［J］.安徽农业科学，39（28）：17 221－17 222.

钟华，曾晖，李朝苏，等.2014.简阳旱地套作小麦机播机收技术引进与示范［J］.四川农业科技（2）：18－19.

周强，李生荣，庞启华，等.2005.弱筋小麦新品种绵阳30号优质高产栽培技术研究［J］.麦类作物学报，25（3）：71－75.

周强，李生荣，庞启华，等.2006.四川麦区不同播期对几个小麦新品种产量的影响［J］.中国种业（3）：26－28.

周强，李生荣，欧俊梅，等.2007.密度与肥料因素对小麦品种绵阳33号品质的影响［J］.中国种业，12：36－37.

周强，李生荣，雷加容等.2009.密度和施氮量对两系杂交小麦品种绵杂麦168主要品质性状的影响［J］.麦类作物学报，29（6）：1 078－1 082.

周强，李生荣，陶军，等.2009.杂交小麦品种绵杂麦168稀植高效栽培技

术初探 [J].中国农学通报，25（21）：166 – 169.

周强，李生荣，陶军，等.2010.两系杂交小麦品种绵杂麦 168 高产优质高效栽培技术初探 [J].作物杂志（4）：111 – 116.

周强，张跃非，李生荣，等.2010.密度与施氮量对杂交小麦品种绵杂麦 168 籽粒灌浆特性的影响 [J].西南大学学报：自然科学版，32（10）：1 – 5.

周强，任勇，陶军，等.2014.绵阳（绵麦）系列小麦品种高分子量谷蛋白亚基分析 [J].麦类作物学报，34（11）：1 501 – 1 507.

周文武.2014.新旱三熟——麦/玉/豆种植模式的示范推广探索 [J].农业技术（2·下）：11 – 12.

庄巧生.2003.中国小麦品种改良及系谱分析 [M].北京：中国农业出版社.

Li G Q, Li Z F, Yang W Y, et al. 2006. Molecular mapping of stripe rust resistance gene YrCH42 in Chinese wheat cultivar Chuanmai 42 and its allelism with Yr24 and Yr26 [J]. Theoretical and Applied Genetics, 112, 1 434 – 1 440.

Zhang L Q, Liu D C, Yan Z H, et al. 2004. Rapid changes of microsatellite flanking sequence in the allopolyploidization of new synthesized hexaploid wheat [J]. Science in China Ser. C Life Scinece, 47 (6): 553 – 561.

Zhang Zhi-guo, Lian-quan, NING Shun-zong, ZHENG You-Liang and LIU Deng-cai, 2009. Evaluation of Aegilops tauschii? for heading date and its gene location in a re-synthesized hexaploid wheat [J]. Agricultural Sciences in China, 8 (1): 1 – 7.

Chen W J, Fan X, Zhang B, et al. 2012. Novel and ancient HMW glutenin genes from Aegilops tauschii and their phylogenetic positions [J]. Genetic Resource and Crop Evolution, 59: 1 649 – 1 657.

Huang L, Wang Q, Zhang L Q, et al. 2012. Haplotype variations of genePpd-D1 in Aegilops tauschii and their implications on wheat origin [J]. Genetic Resource and Crop Evolution, 59: 1 027 – 1 032.

作者分工